【博客藏经阁丛书】

深入浅出玩转FPGA
(第4版)

吴厚航　编著
［网名　特权同学］

U0103707

北京航空航天大学出版社

内 容 简 介

本书收集了作者在 FPGA 学习和实践过程中的相关知识和经验点滴。书中既有 FPGA 基本概念和基础语法方面的介绍，也有常用 FPGA 设计方法和技巧的探讨，以及作者在工程实践中的经验和感悟分享，从而帮助读者由浅入深地理解 FPGA 的开发设计。

本书从工程实践出发，旨在引领读者学会如何在 FPGA 的开发设计过程中发现问题、分析问题并解决问题。

本书的主要读者对象为电子、微电子、计算机、自动化等相关专业的在校学生，从事 FPGA 开发设计的工程师以及所有电子设计制作的爱好者们。

图书在版编目(CIP)数据

深入浅出玩转 FPGA / 吴厚航编著. -- 4 版. -- 北京：北京航空航天大学出版社，2023.3

ISBN 978 - 7 - 5124 - 3547 - 6

Ⅰ. ①深… Ⅱ. ①吴… Ⅲ. ①可编程序逻辑器件 Ⅳ. ①TP332.1

中国国家版本馆 CIP 数据核字(2023)第 035297 号

深入浅出玩转 FPGA(第 4 版)

吴厚航　编著

[网名　特权同学]

责任编辑　董立娟

*

北京航空航天大学出版社出版发行

北京市海淀区学院路 37 号(邮编 100191)　http://www.buaapress.com.cn

发行部电话：(010)82317024　传真：(010)82328026

读者信箱：emsbook@buaacm.com.cn　邮购电话：(010)82316936

涿州市新华印刷有限公司印装　各地书店经销

*

开本：710×1 000　1/16　印张：16.75　字数：357 千字

2023 年 3 月第 4 版　2023 年 3 月第 1 次印刷　印数：4 000 册

ISBN 978 - 7 - 5124 - 3547 - 6　定价：62.00 元

前　言

FPGA 器件的应用是继单片机之后、当今嵌入式系统开发中最为热门的关键技术之一,在国内有广泛的应用群体。很多还在高校里深造的学生,甚至一些从未接触过 FPGA 的硬件工程师们,都希望能够掌握这样一门新技术。而基于 FPGA 的开发设计与以往软硬件开发有着很大的不同,Verilog 或 VHDL 等硬件描述语言的使用也有很多的技巧和方法。

如何能够快速掌握这门技术呢? 捷径是没有的,需要学习者多花时间和精力。从笔者的学习经历来看,理论很重要,实践更重要。理论与实践结合过程中更是需要多思考,多分析,多总结。

初学时,笔者也曾买过市面上的 FPGA/CPLD 实验板,开始实践时也只是简单学会了下载配置,对一些通用的外设玩得更娴熟而已。但是这远远不够,在深入底层逻辑电路的学习过程中,笔者深感代码风格的重要性。

玩过这些板子后,笔者重新回归理论,开始大量阅读 FPGA 器件原厂提供的 handbook 和 application note,从中更是领悟了很多设计技巧和方法,也深觉要做一个 FPGA 项目并非易事。在这期间,笔者开始参与一些 FPGA 小项目的开发设计工作。由于没有“高人”指点,花了很多时间和精力琢磨研究,走了不少弯路。但是,功夫不负有心人,一个个设计难点都迎刃而解。FPGA 设计的精髓不仅仅是设计输入,那不过是整个流程中最重要的一部分,还包括如何对综合与布局布线结果进行优化、如何更有效地验证、如何达到时序收敛等问题。设计者需要用心去学习、去分析、去感悟、去总结。FPGA 设计中也不该有绝对的对和错,具体问题具体分析才是最适用的方法。

本书主要收集了笔者在 FPGA 学习和实践过程中的经验点滴。书中既有 FPGA 基本概念和基础语法方面的介绍,也有常用 FPGA 设计方法和技巧的探讨,以及笔者在工程实践中的经验和感悟分享,从而帮助读者由浅入深地理解 FPGA 的开发设计。

全书的内容可以分为三大块。第一部分和第二部分,针对 FPGA 初学者,介绍 FPGA 的基本概念以及 Verilog 语法基础。第三部分和第四部分,介绍 FPGA 常用的设计技巧以及工具的使用技巧。第五部分和第六部分,则从实际的工程实践,总结归纳了笔者遇到的各种常见问题及其解决思路,并分享了笔者这些年成长过程中的心得体会。配套资料包含书中涉及的工程实例代码,读者可以到北京航空航天大学出版社官网(press. buaa. edu. cn)的"下载专区"免费下载。

文稿虽经过多次修改审校,但限于时间精力,不足之处或许仍难以避免,还请读者多包涵理解并欢迎指正。

致谢

感谢曾为本书旧版作序的 EDN China 电子设计技术的编辑们和北京航空航天大学的夏宇闻老师,能得到你们的指点,感觉万分荣幸。

感谢陈卫东、余国峰、廖彩云、黄娜、朱雪薇、王志华以及网友 Ricky Su、riple、wind330、yulzhu(朱玉龙)、缺氧(张亚峰)、Bingo(韩彬)等曾给予笔者的帮助以及对本书出版的支持。

谨以此书献给我所有的家人朋友们,尤其是给了笔者一个健康、温馨成长环境的父母和一直默默无闻地支持我的妻子和孩子们。这本书的顺利出版离不开你们。

此外,还要感谢那本神之于人最美妙、最宝贵的奇书——那是联合国大厦奠基时置于地下基穴之中称"唯此书世界才有和平"的一本书——更是对人类历史产生着巨大影响的一本书——《圣经》。从小在基督徒家庭长大的笔者,研读《圣经》是每天的必修课,不知道这些年来祂改变了笔者多少,但笔者清楚地意识到祂将影响笔者的一生。半导体行业的发展日新月异,也许若干年后,这本书的内容已不再为人所津津乐道。但是《圣经》所启示出的最高标准道德及人生的奥秘才是值得每个人用心去追求的,那才是一本不容错过的真正好书。这也正是笔者选择以祂为本书的每个部分做小结的原因。真心期望这本书的每位读者在浏览过此书后,轻轻地放下它,然后拿起《圣经》……

吴厚航

2009 年 10 月第 1 版初稿

2017 年 01 月第 3 版修改

2023 年 01 月第 4 版修改

目　录

第一部分　基础普及

第二部分　语法学习

深入浅出玩转 FPGA(第 4 版)

目 录

4

第一部分 基础普及

为着将来，替自己积存美好的根基做宝藏。

——提摩太前书 6 章 19 节

笔记 **1**

FPGA 的基本概念

一、FPGA 是什么

简单来说,FPGA 就是"可反复编程的逻辑器件"。如图 1.1 所示,这是一颗 Xilinx 公司(已于 2022 年初正式被 AMD 公司收购,本书仍按照习惯称其为 Xilinx 公司)的 FPGA 器件示意图,从外观上看,和一般的 CPU 芯片没有太大差别。

图 1.1 Xilinx 公司的 FPGA 器件

FPGA 取自 Field Programmable Gate Array 这四个英文单词的首个字母,译为"现场(Field)可编程(Programmable)逻辑阵列(Gate Array)"。1985 年,Xilinx 公司的创始人之一 Ross Freeman 发明了现场可编程门阵列(FPGA),这是一块全部由"开放式门"组成的计算机芯片。工程师采用该芯片可以根据需要灵活编程、添加各种新功能,以满足不断发展的协议标准或规范,甚至可以在设计的最后阶段对它进行修改和升级。Freeman 先生当时就预测低成本、高灵活性的 FPGA 也正是此项伟大的发明使得 Freeman 先生将成为各种应用中定制芯片的替代品。也正是此项伟大的发明使得 Freeman 先生于 2009 年荣登美国发明家名人堂。

二、HDL 语言

说到 FPGA,我们一定关心它的开发方式。由于 FPGA 的开发本质上是一些逻辑电路之间互连从而实现特定的逻辑功能,因此,和现在电子工程师绘制原理图的方式大体相仿,早期的 FPGA 开发也是通过绘制原理图完成的。但随着 FPGA 规模和复杂性的不断攀升,这种落后的设计方式几乎已经被遗忘了,取而代之的是能够实现更好的编辑性和可移植性的代码输入方式。

虽然 FPGA 发展历史上曾经出现过许多用于描述电路功能的语言,但是经过三十多年的风雨洗礼,只有 Verilog 和 VHDL 两种语言最终脱颖而出,成为了公认的行业标准。这两种语言都通过一系列分层次的模块来表示复杂的数字系统,逐个模块仿真验证后,再集成各个模块并交由综合工具生成门级的网表,最后由布局布线工具将其映射到目标 FPGA 器件上。

学习这两种语言时一定会发现 VHDL 完全是一门"异类"语言,因为在我们已有的各种编程语言中,应该找不出语法、格式都类似的"兄弟",但是反观 Verilog 语言,大家一定会产生莫名的好感,为啥?你可能一激动就喊出来了,"这基本就是 C 语言的变种吧"。没错,Verilog 语言就是在 C 语言的基础上,增加一些特殊的语法规则而产生的。

Verilog 是在 1983 年由 Gateway Automation 公司的 Philip Moorby 发明的,此人也是目前 EDA 行业知名的 Cadence 公司的第一合伙人。10 年后,1993 年,几乎所有的 ASIC 厂商都开始支持 Verilog,当然 FPGA 厂商也不例外,此时,IEEE(电气和电子工程师协会)正式将当时的 Verilog2.0 作为标准的提案。1995 年,IEEE 制定了 Verilog 的标准 IEEE 1364—1995,称为 Verilog - 95 的标准。2001 年,在进行了一番修正和扩展之后,发布了 IEEE 1364—2001 标准,即 Verilog - 2001。2005 年,Verilog 再次做出了细微修正,发布了 IEEE1364—2005 标准,即 Verilog - 2005。

一段简单的 Verilog 代码如图 1.2 所示。

VHDL 是 Very High Speed Integrated Circuit Hardware Description Language 的缩写,也诞生于 20 世纪 80 年代初期,但它与 Verilog 的民间背景不同,是美国军方研发且早在 1987 年就被 IEEE 和美国国防部确认为标准硬件描述语言,其标准版本为 IEEE - 1076 - 1987(简称 87 版)。1993 年,IEEE 对 VHDL 进行了修订,从更高的抽象层次和系统描述能力上扩展 VHDL 的内容,公布了新版本的 VHDL,即 IEEE 标准的 1076—1993 版本(简称 93 版)。

一段简单的 VHDL 代码如图 1.3 所示。

```
module led_controller(
        input clk,
        input rst_n,
        output led
     );

reg[27:0] cnt;

always @(posedge clk or negedge rst_n)
    if(!rst_n) cnt <= 28'd0;
    else cnt <= cnt+1'b1;

assign led = cnt[27];

endmodule
```

图 1.2 Verilog 代码

大多数工科生都接触过 C 语言,多少已经有了先入为主的观念,所以学习起 Verilog 语言会更容易一些。换句话说,相比 VHDL,Verilog 学习起来会更快上手、易于使用,所以得到了更多工程师的青睐。而 VHDL 虽然有着"天生不惹人爱"的特点,但"存在即合理",VHDL 最大的特点是语法"严谨";只要上手了,基本能"严谨"到让你不容易在语法上随便犯错,这就是 VHDL 的厉害之处。所以,还是有不少公

```
library IEEE;
use IEEE.std_logic_1164.all;
use IEEE.std_logic_arith.all;
use IEEE.std_logic_unsigned.all;

entity led_controller is
    port (
        clk : in STD_LOGIC;
        rst_n : in STD_LOGIC;
        led : out STD_LOGIC
    );
end entity clkdiv;

architecture counter OF led_controller is
    signal cnt : STD_LOGIC_VECTOR (27 downto 0);
begin

    process (clk,rst_n)
    begin
        if rst_n = '0' then
            cnt <= x"0000000";
        elsif clk'event AND clk = '1' then
            cnt <= cnt+"1";
        end if;
    end process;

led <= cnt(27);

end architecture counter;
```

图 1.3   VHDL 代码

司或组织会毅然决然地选择 VHDL。

　　无论如何,语言只是 FPGA 开发的一个手段或方式,本身并不存在好坏优劣之分,就看设计者怎么使用。而对于一个合格的 FPGA 工程师而言,无论是 Verilog 还是 VHDL,一定要精通其中的一门语言,能够"信手拈来"地服务于开发设计工作;但也绝不能对另一门语言一窍不通,毕竟在实际工作中,很多情况下也会涉及另一门语言的使用。因此,两门语言都不能落下,精通一门是必须的,同时也能够熟练地使用另一门语言那是最好不过的。

三、FPGA 发展历史

　　20 世纪 60 年代中期,TI 公司设计制造了各式各样的、实现基本逻辑门电路功能的芯片,如图 1.4 所示的面对军工应用的 54XX 和商业应用的 74XX 芯片。据说早期的工程师甚至能够单凭着这些芯片架构出一颗 CPU 的功能。万丈高楼平地起,如果说今天在嵌入式领域各种功能强大的 ARM Cortex、DSP 等处理器是万丈高楼,那么称这些基本的逻辑门电路为一砖一瓦一点也不为过。

从 1971 年 Intel 公司的第一颗 4 位微处理器 Intel 4004(如图 1.5 所示)到 20 世纪 80 年代初被奉为经典的 8051 单片机,再到今天各大嵌入式处理器厂商竞相使用的由 ARM 公司推出的各种 Cortex 内核,嵌入式处理器的发展不可不说是翻天覆地。不过,深入处理器的底层结构会发现,它们最本质的东西并没有太大的改变。而处理器再强大,一颗芯片尽可以将各种外设嵌入其中,但对于任何一颗已经批量出货的芯片而言,它的功能是固定的;若想在既有外设功能的基础上有任何的扩展,或许不是遇到电气特性不支持就是遇到 I/O 太少的尴尬,而这些问题也就催生了可编程逻辑器件的诞生。今天的 CPU 周围已很难看见 54 或 74 字样的 ASIC 了,取而代之的可能是引脚密集的 CPLD 或 FPGA。的确,在系统的可扩展性和灵活性方面,FPGA/CPLD 有着得天独厚的优势。当然了,今天动辄上百万门的 FPGA 器件可不是为干这点事情而制造的,它更多地被应用到了通信、网络、图像处理、算法实现等对数据传输吞吐量和处理速度有更高要求的场合。

图 1.4　经典 DIP 封装的 74 芯片　　　　图 1.5　CPU 的鼻祖 Intel 4004

今天大家熟知的 FPGA/CPLD 也不是一开始就有的,第一款可编程逻辑器件(PLD)最初是在 1970 年以 PROM 的形式进入人们视野的。这种 PROM 结构的可编程逻辑器件可以实现简单的逻辑功能,很容易便可替代当时流行的 54 或 74 系列逻辑门电路。

受限于 PROM 的结构,第一款可编程逻辑器件的输入接口相对较少。因此,可编程逻辑阵列(PAL)便应运而生,PAL 由一个可编程的"与"平面和一个固定的"或"平面构成,或门的输出可以通过触发器有选择地置为寄存状态。PAL 器件是现场可编程的,它的实现工艺有反熔丝技术、EPROM 技术和 EEPROM 技术。PAL 的问题在于其实现方式使得信号通过可编程连线的时间相对较长。在 PAL 的基础上又发展了一种通用阵列逻辑 GAL(如图 1.6 所示),它的速度比 PAL 快许多,采用了 EEPROM 工艺,实现了电可擦除、电可改写,其输出结构是可编程的逻辑宏单元,因而它的设计具有很强的灵活性,至今仍有许多人使用。

这些早期 PLD 器件的一个共同特点是可以实现速度特性较好的逻辑功能,但其过于简单的结构也使它们只能实现规模较小的电路。电子领域的发展趋势总是朝着速度更快、功能更强、体积更小、成本更低的方向迈进,复杂可编程逻辑器件(CPLD)的诞生也就顺理成章了。Altera 公司于 1984 年发明了基于 CMOS 和 EPROM 技术相结合的 CPLD(如图 1.7 所示)。CPLD 可实现的逻辑功能相比 PAL 和 GAL 有了大幅度提升,已经可以胜任设计中复杂性较高、速度较快的逻辑功能,尤其在接口转换、总线控制和扩展方面有着较多的应用。经过几十年的发展,今天的 CPLD 功能和性能也得到了进一步提升,其基本结构由可编程 I/O 单元、基本逻辑单元、布线池以及其他相关辅助功能块组成。Altera、Xilinx 和 Lattice 是主要的 CPLD 供应商。

图 1.6　如今已经"绝迹"的 PAL/GAL　　　　图 1.7　"火过一时"的 CPLD

　　其实无论是 PAL、GAL,还是 CPLD,要实现大规模的复杂逻辑电路都显得无能为力。而 ASIC 的设计耗时又费钱,而且功能固定,流片后很难随意更改。因此,Xilinx 创始人之一 Ross Freeman 发明了现场可编程门阵列。图 1.8 是世界上首颗 FPGA 芯片。

　　三十多年后的今天,伴随着制造工艺的不断进步,FPGA 在深亚微米甚至深亚纳米时代一直走在了创新第一线。如今 FPGA 器件的组成不仅限于基本的可编程逻辑单元、可编程 I/O 单元、丰富的布线资源,而且拥有灵活的时钟管理单元、嵌入式块 RAM 以及各种通用的内嵌功能单元,很多器件还顺应市场需求内嵌专用的硬件模块。近些年,Xilinx 公司推出了硬核 CPU+FPGA 的产品 ZYNQ(如图 1.9 所示)以及相关升级产品,此举大有单芯片横扫千军的架势。

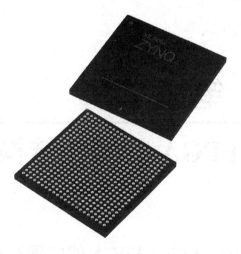

图 1.8　世界上首颗 FPGA 芯片　　　　图 1.9　"野心十足"的 ZYNQ 芯片

　　电子行业在继续挑战摩尔定律的征程中,无论是可编程器件继续大放光彩,还是 ASIC 能够重获新生,可编程器件,尤其是 FPGA 器件的发明和大量应用已经足够让我们肃然起敬。相信对于很多即将或者已经走上电子硬件设计的朋友们,对可编程器件的了解、熟悉甚至精通已成为提升自身技术能力的必经之路。

笔记 **2**

FPGA 的器件结构

一、Xilinx FPGA 的内部结构

FPGA 器件的逻辑资源工作起来通常需要以下基本的模块单元：

- 可配置逻辑块(Configurable Logic Block,简称 CLB)：通常包含了丰富的 FP-GA 逻辑电路资源；
- 线(Wires)：用于连接各个不同的模块单元,FPGA 内部通常有非常丰富的预连线资源,这些连线也都是根据实际应用设计可编程的；
- 输入/输出端口(Input/Output pads)：FPGA 器件与外部芯片互连的引脚。

如图 1.10 所示,围绕在 CLB 周围丰富的行、列走线被称为布线池,用于衔接 FPGA 的各个 CLB 以及其他相关的资源；FPGA 芯片四周的小矩形以及延伸出去的短线,则是 FPGA 和外部芯片接口的 I/O 块的示意。I/O 块的实际位置和 FPGA 器件的封装有关,并不一定处于 FPGA 器件的四周,也可能处于芯片的底部。

现在的 FPGA 器件为了保证在各种应用中都能够最大程度地发挥其性能优势,以满足用户不同的应用需求,所以内部增加了很多额外的用于数学运算、数据存储、时钟管理等特定功能的模块单元。这些额外的 FPGA 资源主要包括以下模块单元：

- 成块出现的 FPGA 内嵌存储器(块 RAM)；
- 用于产生不同时钟频率的锁相环(PLL 时钟发生器)以及相应的时钟布线资源；
- 高速串行收发器；
- 外部存储器控制器(硬核 IP)；
- 用于实现数字信号处理的乘累加模块(DSP Slice)；
- 模拟数字转换模块(Xilinx FPGA 器件特有的 Analog - to - Digital Converter,简称 XADC)。

这些模块单元确保了 FPGA 器件也能够灵活地实现任何运行在处理器中的软件算法,这也使得当前主流的 FPGA 器件演变成了如图 1.11 所示的架构。

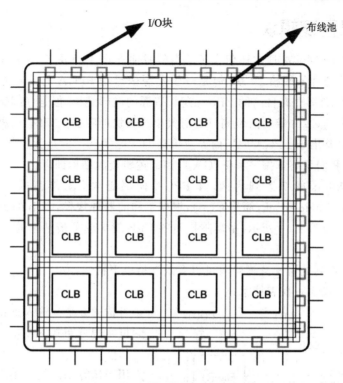

图 1.10　I/O 块、布线池和 CLB

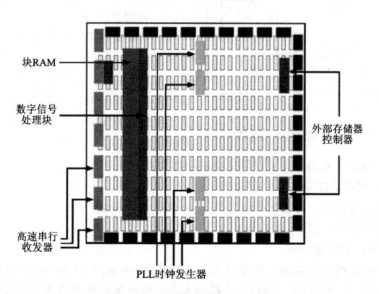

图 1.11　目前主流的 FPGA 架构

二、可配置逻辑块

虽然今天的 FPGA 通常还包含了丰富的时钟资源、I/O 资源、乘法器资源、RAM 资源甚至一些特殊的硬核 IP 块,但是逻辑资源依然是 FPGA 的安身立命之本。不同的 FPGA 厂商都会有自己的 FPGA 逻辑资源的内部结构,但是仔细研究会发现它们是非常相似的,或许唯一的不同只是对大小逻辑块的叫法上有别,这种差异化的命名方式或许只是出于 FPGA 原厂商商业策略的考虑而已。但是无论如何,从学习或使用角度看,我们只要掌握一家 FPGA 厂商的逻辑资源结构即可。

这里以 Xilinx 的 7 系列为例,其 FPGA 内部通常会有丰富的可配置逻辑块 (Configurable Logic Block,简称 CLB),根据不同的器件规模,CLB 的数量从数千到数十万不等。如图 1.10 所示,呈矩阵排布的 CLB 就构成了最基本的 FPGA 逻辑资源的架构。

Xilinx 7 系列的可配置逻辑块可以有效支持以下特性:

➤ 使用 6 输入查找表技术;

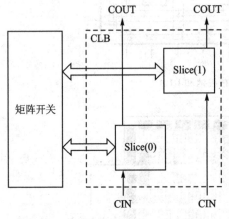

图 1.12　可配置逻辑块的内部结构

➤ 可选的 2 个 5 输入查找表功能;

➤ 可实现分布式 RAM 和移位寄存器功能;

➤ 用于运算功能的专用高速进位链;

➤ 支持丰富的复用开关,最大化资源利用率。

从微观角度看,如图 1.12 所示,CLB 内部主要由 2 个更小的单位 Slice 组成。每个 Slice 都有独立的高速进位链以及独立的布线通道连接到矩阵开关,通过矩阵开关可以实现 Slice 与 FPGA 大布线池之间的灵活编程。

每个 Slice 单元则包含了以下更小的功能块:

➤ 4 个逻辑功能发生器(或查找表);

➤ 8 个存储单元(或触发器);

➤ 功能丰富的复用开关;

➤ 用于运算的进位链。

所有 Slice 的这些功能块都可以用于支持逻辑、运算或 ROM 功能,此时我们称之为 SLICEL;而某些 Slice 则可以支持最大 256 位数据存储的分布式 RAM 或最大 32 个 8 位宽的移位寄存器,此时我们称之为 SLICEM。这种逻辑功能和存储器功能之间的转变其实很好理解。由于 Slice 内部的 4 个 LUT 本身就是一种存储器实现的结构,所以它也就理所当然地可以被轻易设计成 ROM、RAM 或移位寄存器功能了。

图 1.13 和图 1.14 分别是 SLICEL 和 SLICEM 的内部结构,它们的区别其实也只在于 4 个 LUT 的使用上。

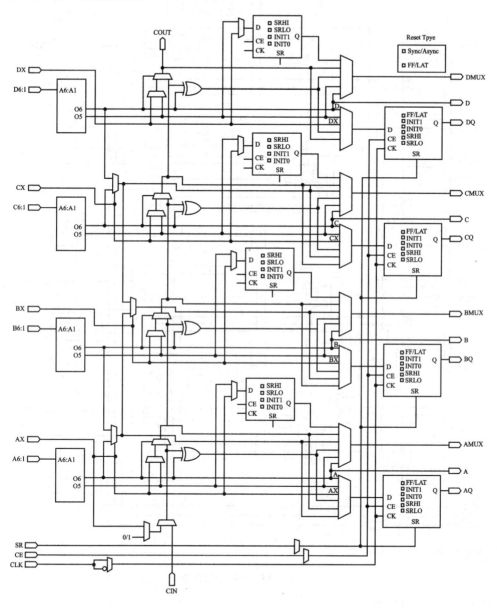

图 1.13　SLICEL 功能框图

最后再来了解一下 Slice 内部 2 个非常基本且重要的结构单元。

➤ 查找表(Look - up table,LUT):用于执行最基本的逻辑操作;

➤ 触发器(Flip - Flop,FF):用于存储 LUT 操作结果的寄存器单元。

对于 Xilinx 的 7 系列 FPGA 器件所使用的 6 输入查找表,通常也可以配置实现

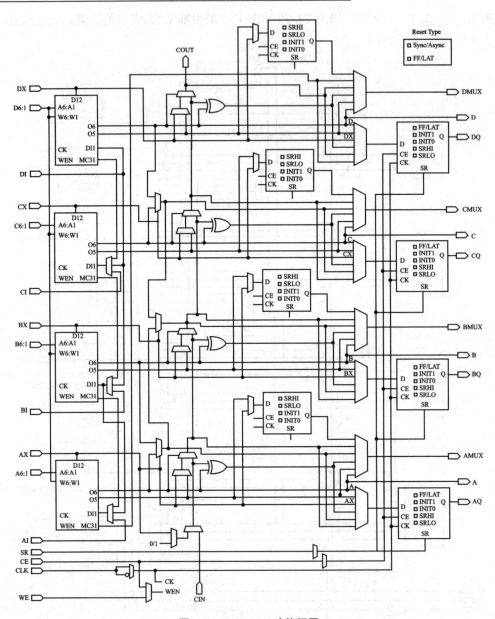

图 1.14　SLICEM 功能框图

以下不同的应用功能：

> 任何用户定义的 6 输入布尔运算功能；
> 任何用户定义的 2 个 5 输入布尔运算功能，前提是 2 个输出分别对应的 5 输入是共用的；
> 任何用户定义的 2 个 3 输入或少于 3 输入的布尔运算功能。

FPGA 内部的 LUT 结构可用于设计出一张张结果已知的查找表，这个表存储着和不同输入对应的所有可能结果。每一个不同的输入在这个查找表中都对应一个唯一的地址,这个地址也有唯一的输出。

　　如图 1.15 所示,这是一个简单的 2 输入 LUT 实现的与非门电路,它用 4 个预存储的数据实现既定功能。输入 x 和 y 的 4 种不同组合可以组成 0~3 这 4 个不同地址,每个地址都对应一个输出结果。

输入x	0	1	0	1
输入y	0	0	1	1
地址	0	1	2	3
输入z	1	1	1	0

图 1.15　2 输入 LUT 实现的与非门电路

　　前面的晶体管结构的逻辑门电路中需要 6 个晶体管实现与门和非门电路,但是用 LUT 来实现时只需要 4 个简单的地址和数据结构就能实现。图 1.16 便是 2 输入 LUT 实现的与门电路。

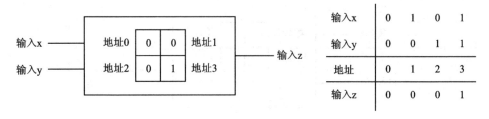

输入x	0	1	0	1
输入y	0	0	1	1
地址	0	1	2	3
输入z	0	0	0	1

图 1.16　2 输入 LUT 实现的与门电路

　　一个 2 输入 LUT 结构可以用 4 个固定的地址和数据实现所有的基本逻辑门电路,并且是"可编程的"。它的可编程性是在这 4 个地址所对应的数据上做文章的,更加简单且巧妙。

　　有了这样的 2 输入 LUT 结构,4 输入 LUT、6 输入 LUT 甚至 8 输入 LUT 结构便应运而生,并且结构同样简单且实用。多输入的 LUT 结构除了实现一些简单的逻辑门电路以外,也可以直接实现一些更为复杂的逻辑运算或处理功能。

　　就以 Xilinx Artix-7 系列 FPGA 器件为例,它使用的是 6 输入 LUT 结构。这 6 个独立的输入(称为 A1~A6)可以配置为单输出(O6)模式和双输出(O5 和 O6)模式。如图 1.17 所示,6 输入 1 输出的 LUT 内部对应着一个 64 个地址的存储单元。

　　如图 1.18 所示,5 输入 2 输出的 LUT 内部对应着 2 组 32 个地址的存储单元,输出 O5 和 O6 都有其对应的独立的 32 个地址单元。它的应用场景是一组最多 5 输入同时对应 2 个输出的情况。

　　触发器也是 FPGA 内部基本的存储单元。触发器单元通常用于配对 LUT 进行

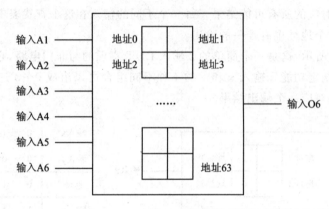

图 1.17　6 输入 1 输出 LUT 结构

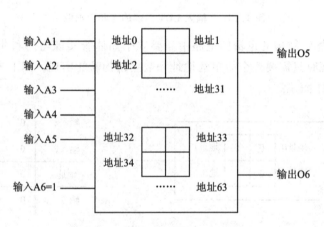

图 1.18　5 输入 2 输出 LUT 结构

逻辑流水线处理和数据存储。基本的触发器结构包括了一个数据输入,一个时钟输

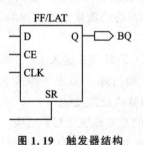

图 1.19　触发器结构

入,一个时钟使能信号,一个复位信号和一个数据输出(以此为标准就不难在图 1.14 或图 1.15 中找到一个 slice 中所包含的 8 个触发器了)。正常操作过程中,数据输入端口上的任何值在每个时钟上升沿将被锁存并送到输出端口上。时钟使能信号是为了使触发器能够连续多个时钟周期保持某个固定电平值。时钟使能信号拉高时,新的数据才会在时钟上升沿被锁存到数据输出端口上。如图 1.19 所示,这是 Xilinx 7 系列 FPGA 的基本触发器结构。

三、片内存储器

　　FPGA 内嵌的存储器单元包括块 RAM(BRAM)和分布式 RAM,它们都可用于随机存取存储器（RAM）、只读存储器（ROM）或移位寄存器。分布式 RAM 是基于 CLB 的查找表,而块 RAM(BRAM)是内嵌于 FPGA 中的双口 RAM,可以满足相对较大存储量的数据存储需求。Xilinx FPGA 中较常见的两类 BRAM 存储器的单块容量分别为 18 kbit 和 36 kbit。不同器件的 BRAM 总存储量大小不一样。BRAM 存储器固有的双口特性使其在同一个时钟周期可以并行访问两个不同的地址单元。

Xilinx 7 系列 FPGA 器件的 BRAM 包括如下特性:

➤ 36 kbit 双口 RAM,支持最大位宽 72 bit;

➤ 可编程的 FIFO 逻辑;

➤ 内置可选的错误校正逻辑。

如图 1.20 所示,BRAM 有丰富的可编程的两组独立数据、地址和控制接口,可以配置为双口 RAM、单口 RAM、FIFO、移位寄存器等常用存储器。

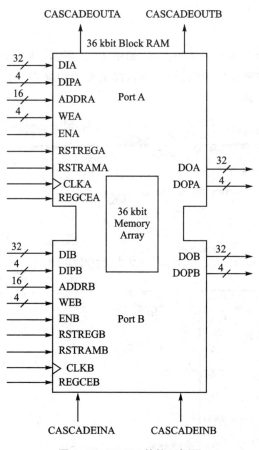

图 1.20　BRAM 的接口框图

如图 1.21 所示,以 Artix-7 系列 FPGA 器件为例,不同器件规模拥有的 BRAM 数量从 20～365 个不等。

	Artix®-7 FPGAs Transceiver Optimization at the Lowest Cost and Highest DSP Bandwidth (1.0V, 0.95V, 0.9V)							
	Part Number	XC7A12T	XC7A15T	XC7A25T	XC7A35T	XC7A50T	XC7A75T	XC7A100T	XC7A200T
Logic Resources	Logic Cells	12,800	16,640	23,360	33,280	52,160	75,520	101,440	215,360
	Slices	2,000	2,600	3,650	5,200	8,150	11,800	15,850	33,650
	CLB Flip-Flops	16,000	20,800	29,200	41,600	65,200	94,400	126,800	269,200
Memory Resources	Maximum Distributed RAM (Kb)	171	200	313	400	600	892	1,188	2,888
	Block RAM/FIFO w/ ECC (36 Kb each)	20	25	45	50	75	105	135	365
	Total Block RAM (Kb)	720	900	1,620	1,800	2,700	3,780	4,860	13,140
Clock Resources	CMTs (1 MMCM + 1 PLL)	3	5	3	5	5	6	6	10
I/O Resources	Maximum Single-Ended I/O	150	250	150	250	250	300	300	500
	Maximum Differential I/O Pairs	72	120	72	120	120	144	144	240
	DSP Slices	40	45	80	90	120	180	240	740
Embedded Hard IP Resources	PCIe® Gen2[1]	1	1	1	1	1	1	1	1
	Analog Mixed Signal (AMS) / XADC	1	1	1	1	1	1	1	1
	Configuration AES / HMAC Blocks	1	1	1	1	1	1	1	1
	GTP Transceivers (6.6 Gb/s Max Rate)[2]	2	4	2	4	4	8	8	16
Speed Grades	Commercial	-1, -2	-1, -2	-1, -2	-1, -2	-1, -2	-1, -2	-1, -2	-1, -2
	Extended	-2L, -3	-2L, -3	-2L, -3	-2L, -3	-2L, -3	-2L, -3	-2L, -3	-2L, -3
	Industrial	-1, -2, -1L	-1, -2, -1L	-1, -2, -1L	-1, -2, -1L	-1, -2, -1L	-1, -2, -1L	-1, -2, -1L	-1, -2, -1L

图 1.21　Artix‐7 系列 BRAM 数量

四、时钟资源

　　FPGA 内部充斥着各种各样的连线,如图 1.22 所示,如果把这些逻辑间的互联线比作大城市里面密密麻麻的街道和马路,那么专为快速布线而定制的时钟布线资源则是城市里的快速路。

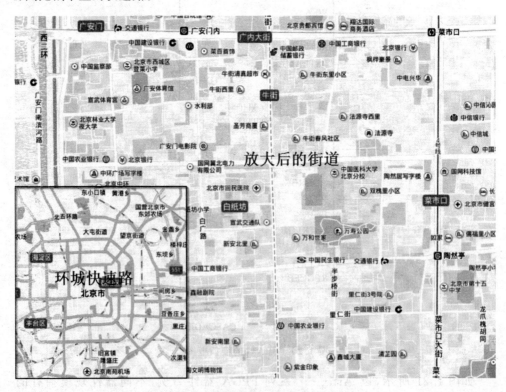

图 1.22　城市快速路与密密麻麻的街道

与城市快速路总是喜欢以互联互通的环线形式出现很类似，FPGA 内部的时钟布线池也是横平竖直的矩阵式排布，意图让每一条"小路"能够尽快地找到可以就近"上高速"的"匝道"。

在实际使用中，FPGA 的开发工具通常在编译综合过程中会自动识别代码中的一些时钟信号和高扇出信号，在实现过程中将其布线安置到"时钟布线资源"上。当然，FPGA 内部的时钟布线资源是有限的，极端情况下，设计中出现时钟布线资源紧张也是有可能的。Xilinx FPGA 内部会将时钟布线资源划分到不同的"时钟区"中，每个时钟区有一定的"势力范围"，它对应一定的 I/O 口数量、逻辑资源、存储器资源或 DSP Slices 资源，同时也会有一个时钟管理单元（Clock management tiles，简称 CMT）相对应。这个 CMT 包含一个混合时钟管理器（Mixed - mode clock manager，简称 MMCM）和锁相环（phase - locked loop，简称 PLL），用于产生不同频率的时钟、去时钟偏斜、时钟抖动滤波等功能。当然，每个时钟区都有数个固定的 I/O 引脚专用于连接到时钟布线资源上，一般 FPGA 器件外部输入的时钟信号必须连接到这类引脚上。

如图 1.23 所示，以 Artix - 7 系列 FPGA 器件为例，其不同规模器件的 CMT 数量从 3～10 个不等。

Artix®-7 FPGAs
Transceiver Optimization at the Lowest Cost and Highest DSP Bandwidth
(1.0V, 0.95V, 0.9V)

	Part Number	XC7A12T	XC7A15T	XC7A25T	XC7A35T	XC7A50T	XC7A75T	XC7A100T	XC7A200T
Logic Resources	Logic Cells	12,800	16,640	23,360	33,280	52,160	75,520	101,440	215,360
	Slices	2,000	2,600	3,650	5,200	8,150	11,800	15,850	33,650
	CLB Flip-Flops	16,000	20,800	29,200	41,600	65,200	94,400	126,800	269,200
Memory Resources	Maximum Distributed RAM (Kb)	171	200	313	400	600	892	1,188	2,888
	Block RAM/FIFO w/ ECC (36 Kb each)	20	25	45	50	75	105	135	365
	Total Block RAM (Kb)	720	900	1,620	1,800	2,700	3,780	4,860	13,140
Clock Resources	CMTs (1 MMCM + 1 PLL)	3	5	3	5	5	6	6	10
I/O Resources	Maximum Single-Ended I/O	150	250	150	250	250	300	300	500
	Maximum Differential I/O Pairs	72	120	72	120	120	144	144	240
	DSP Slices	40	45	80	90	120	180	240	740
Embedded Hard IP Resources	PCIe® Gen2[1]	1	1	1	1	1	1	1	1
	Analog Mixed Signal (AMS) / XADC	1	1	1	1	1	1	1	1
	Configuration AES / HMAC Blocks	1	1	1	1	1	1	1	1
	GTP Transceivers (6.6 Gb/s Max Rate)[2]	2	4	4	4	4	8	8	16
Speed Grades	Commercial	-1, -2	-1, -2	-1, -2	-1, -2	-1, -2	-1, -2	-1, -2	-1, -2
	Extended	-2L, -3	-2L, -3	-2L, -3	-2L, -3	-2L, -3	-2L, -3	-2L, -3	-2L, -3
	Industrial	-1, -2, -1L	-1, -2, -1L	-1, -2, -1L	-1, -2, -1L	-1, -2, -1L	-1, -2, -1L	-1, -2, -1L	-1, -2, -1L

图 1.23　Artix - 7 系列 CMT 数量

五、数字信号处理块

如图 1.24 所示，数字信号处理（Digital Signal Processing，简称 DSP）块是 Xilinx FPGA 内部最复杂的运算单元。DSP 块是内嵌到 FPGA 中的算术逻辑单元，由 3 个不同的链路块组成。DSP 块的算术链路由一个加减器连接到乘法器，再连接到一个乘累加器所组成。这个链路可以实现如下公式的运算：

$$P = A * (B+D) + C$$
$$P += A * (B+D)$$

对于很多算法运算的实现，DSP 块提供的乘累加器非常实用。而各种复杂运算

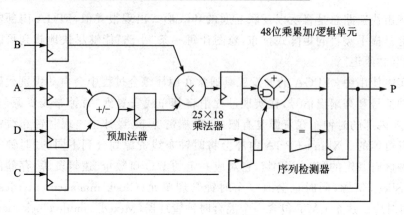

图 1.24　DSP 块结构

的实现也是 FPGA 器件非常重要的一个应用领域，因此在今天的 FPGA 器件中，DSP 块成为了标配资源。如图 1.25 所示，以 Artix-7 系列 FPGA 器件为例，不同规模器件的 DSP Slices 资源从 40~740 个不等。

Artix®-7 FPGAs
Transceiver Optimization at the Lowest Cost and Highest DSP Bandwidth
(1.0V, 0.95V, 0.9V)

	Part Number	XC7A12T	XC7A15T	XC7A25T	XC7A35T	XC7A50T	XC7A75T	XC7A100T	XC7A200T
Logic Resources	Logic Cells	12,800	16,640	23,360	33,280	52,160	75,520	101,440	215,360
	Slices	2,000	2,600	3,650	5,200	8,150	11,800	15,850	33,650
	CLB Flip-Flops	16,000	20,800	29,200	41,600	65,200	94,400	126,800	269,200
Memory Resources	Maximum Distributed RAM (Kb)	171	200	313	400	600	892	1,188	2,888
	Block RAM/FIFO w/ ECC (36 Kb each)	20	25	45	50	75	105	135	365
	Total Block RAM (Kb)	720	900	1,620	1,800	2,700	3,780	4,860	13,140
Clock Resources	CMTs (1 MMCM + 1 PLL)	3	5	3	5	5	6	6	10
I/O Resources	Maximum Single-Ended I/O	150	250	150	250	250	300	300	500
	Maximum Differential I/O Pairs	72	120	72	120	120	144	144	240
	DSP Slices	40	45	80	90	120	180	240	740
Embedded Hard IP Resources	PCIe® Gen2[1]	1	1	1	1	1	1	1	1
	Analog Mixed Signal (AMS) / XADC	1	1	1	1	1	1	1	1
	Configuration AES / HMAC Blocks	1	1	1	1	1	1	1	1
	GTP Transceivers (6.6 Gb/s Max Rate)[2]	2	4	4	4	4	8	8	16
Speed Grades	Commercial	-1, -2	-1, -2	-1, -2	-1, -2	-1, -2	-1, -2	-1, -2	-1, -2
	Extended	-2L, -3	-2L, -3	-2L, -3	-2L, -3	-2L, -3	-2L, -3	-2L, -3	-2L, -3
	Industrial	-1, -2, -1L	-1, -2, -1L	-1, -2, -1L	-1, -2, -1L	-1, -2, -1L	-1, -2, -1L	-1, -2, -1L	-1, -2, -1L

图 1.25　Artix-7 系列 DSP Slices 资源

六、高速串行收发器

　　FPGA 的 I/O 接口支持丰富的电平标准和协议，尤其是对高速差分对的支持，从几百 MHz 的普通 LVDS 接口，到上 GHz 或数十 GHz 的 Gbit 串行收发器，可以满足各种高速数据传输的需求。这一类差分接口通常需要 FPGA 器件内部提供高速的串化器和解串器，以及低时延、高速率的时钟处理单元。如图 1.26 所示，在 Artix-7 系列 FPGA 器件中达到 6.6 Gbit/s 的 GTP Transceivers 有 2~16 个不等，能够满足一般性的应用。而对于普通的 LVDS 接口，小规模型号的 FPGA 器件中也能够提供多达几十对的差分接口，并且这些接口既可以作为 LVDS 接口，也可以复用为一般的 I/O 引脚使用。

Artix®-7 FPGAs
Transceiver Optimization at the Lowest Cost and Highest DSP Bandwidth
(1.0V, 0.95V, 0.9V)

	Part Number	XC7A12T	XC7A15T	XC7A25T	XC7A35T	XC7A50T	XC7A75T	XC7A100T	XC7A200T
Logic Resources	Logic Cells	12,800	16,640	23,360	33,280	52,160	75,520	101,440	215,360
	Slices	2,000	2,600	3,650	5,200	8,150	11,800	15,850	33,650
	CLB Flip-Flops	16,000	20,800	29,200	41,600	65,200	94,400	126,800	269,200
Memory Resources	Maximum Distributed RAM (Kb)	171	200	313	400	600	892	1,188	2,888
	Block RAM/FIFO w/ ECC (36 Kb each)	20	25	45	50	75	105	135	365
	Total Block RAM (Kb)	720	900	1,620	1,800	2,700	3,780	4,860	13,140
Clock Resources	CMTs (1 MMCM + 1 PLL)	3	5	3	5	5	6	6	10
I/O Resources	Maximum Single-Ended I/O	150	250	150	250	250	300	300	500
	Maximum Differential I/O Pairs	72	120	72	120	120	144	144	240
	DSP Slices	40	45	80	90	120	180	240	740
Embedded Hard IP Resources	PCIe® Gen2[1]	1	1	1	1	1	1	1	1
	Analog Mixed Signal (AMS) / XADC	1	1	1	1	1	1	1	1
	Configuration AES / HMAC Blocks	1	1	1	1	1	1	1	1
	GTP Transceivers (6.6 Gb/s Max Rate)[2]	2	4	4	4	4	8	8	16
Speed Grades	Commercial	-1, -2	-1, -2	-1, -2	-1, -2	-1, -2	-1, -2	-1, -2	-1, -2
	Extended	-2L, -3	-2L, -3	-2L, -3	-2L, -3	-2L, -3	-2L, -3	-2L, -3	-2L, -3
	Industrial	-1, -2, -1L	-1, -2, -1L	-1, -2, -1L	-1, -2, -1L	-1, -2, -1L	-1, -2, -1L	-1, -2, -1L	-1, -2, -1L

图 1.26 Artix‑7 系列 GTP Transceivers 资源

七、外部存储器控制器

可以说,高速并行处理越来越离不开 FPGA 器件了,而高速并行处理往往需要大容量、高吞吐量、高带宽的缓存,FPGA 的片内存储器(如 BRAM)虽然速度、带宽上都不是问题,但是容量受限,所以对 DDR3、DDR4 等外部高速存储器的支持也成为了中高端 FPGA 器件必备的资源。

如图 1.27 所示,FPGA 器件内部往往内嵌了一个或多个 DDR3、DDR4 控制器硬核 IP。这个存储器控制器包括用户接口(User Interface)模块、存储器控制器(Memory Controller)模块、初始化和校准(Initialization/Calibration)模块、物理层(Physical Layer)模块。用户接口模块用于连接 FPGA 内部逻辑,存储器控制器模块

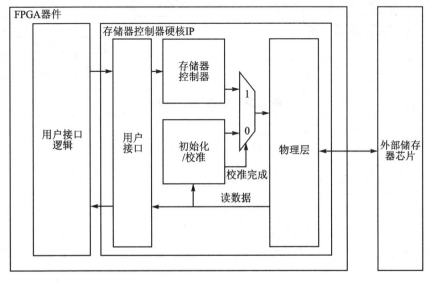

图 1.27 DDR3 控制器硬核 IP

19

用于实现外部存储器芯片的主要读/写时序和数据缓存交互,初始化/校准模块用于实现外部存储器芯片的上电初始化配置以及时序校准,物理层模块则用于实现和外部存储器芯片的接口。

八、模拟/数字转换模块

Xilinx FPGA 器件特有的 XADC(Xilinx Analog-to-Digital Converter)模块创新性地将模拟信号处理混合到 FPGA 器件中,便于对板级模拟信号进行采集、处理以及对板级温度、电源电压的监控。如图 1.28 所示,XADC 功能框图内部有专门的温度传感器和电压传感器,用于监控 FPGA 器件本身的工作状态,也提供了 16 个可复用的差分通道模拟电压采集接口。内部的 2 个 ADC 支持 12 bit 采样深度和 1 MSPS 采样速率,可以外接精密基准电压源作为参考电压,基本可以满足一般应用。此外,也有专门的控制接口可以和 FPGA 逻辑互连,便于编程控制。

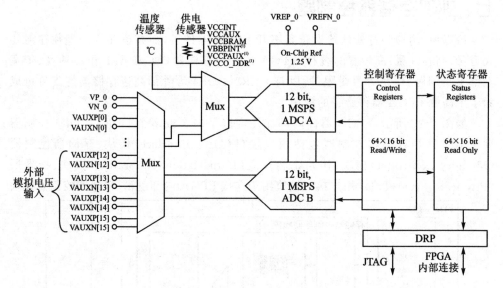

图 1.28　XADC 功能框图

笔记 **3**

FPGA 的优势与应用

一、FPGA 的优势

若要准确评估 FPGA 技术能否满足开发产品的功能、性能以及其他各方面的需求，深入理解 FPGA 技术至关重要。在产品的整个生命周期中，如果产品功能必须进行较大的升级或变更，那么使用 FPGA 技术来实现就会有很大的优势。

在考虑是否使用 FPGA 技术来实现目标产品时，我们需要重点从以下几个方面进行评估：

> 可升级性：产生在设计过程中甚至将来发布后，是否有较大的功能升级需求？是否应该选择具有易于更换的同等级、不同规模的 FPGA 器件？

> 开发周期：产品开发周期是否非常紧迫？若使用 FPGA 开发，是否比其他方案具有更高的开发难度？能否应对必须在最短的时间内开发出产品的挑战？

> 产品性能：产品的数据速率、吞吐量或处理能力上是否有特殊要求？是否应该选择性能更好或速度等级更快的 FPGA 器件？

> 实现成本：是否有基于其他 ASIC、ARM 或 DSP 的方案，能够以更低的成本实现设计？FPGA 开发所需的工具、技术支持、培训等额外的成本有哪些？通过开发可复用的设计，是否可以将开发成本分摊到多个项目中？是否有已经实现的参考设计或者 IP 核可供使用？

> 可用性：器件的性能和尺寸的实现，是否可以赶上量产？是否有固定功能的器件可以代替？在产品及其衍生品的开发过程中，是否实现了固定功能？

> 其他限制因素：产品是否要求低功耗设计？电路板面积是否大大受限？工程实现中是否还有其他的特殊限制？

基于以上的这些考虑因素，我们可以从如下三大方面总结出在产品的开发或产品的生命周期中，使用 FPGA 技术实现所能够带来的潜在优势。

(1) 灵活性

> 可重编程，可定制；

➢ 易于维护,方便移植、升级或扩展;

➢ 降低 NRE 成本,加速产品上市时间;

➢ 支持丰富的外设接口,可根据需求配置。

(2) 并行性

➢ 更快的速度、更高的带宽;

➢ 满足实时处理的要求。

(3) 集成性

➢ 更多的接口和协议支持;

➢ 可将各种端接匹配元件整合到 FPGA 器件内部,有效降低 BOM 成本;

➢ 单片解决方案,可以替代很多数字芯片;

➢ 减少板级走线,有效降低布局布线难度。

当然,在很多情况下,FPGA 不是万能的,也存在一些固有的局限性。从以下方面看,选择 FPGA 技术来实现产品的开发设计有时并不是明智的决定。

➢ 在某些性能上,FPGA 可能比不上专用芯片;比如在稳定性方面,FPGA 可能要逊色一些。

➢ 如果设计不需要太多的灵活性,则 FPGA 的灵活性反而是一种浪费,会潜在地增加产品的成本。

➢ 相比特定功能、应用集中的 ASIC,使用 FPGA 实现相同功能可能产生更高的功耗。

➢ FPGA 中除了实现专用标准器件(ASSP)所具有的复杂功能,还得添加一些额外的功能,这是个大挑战。FPGA 的设计复杂性和难度可能会给产品的开发带来一场"噩梦"。

二、FPGA 的应用

FPGA 目前虽然还受制于较高的开发门槛以及器件本身昂贵的价格,应用的普及率上和 ARM、DSP 还是有一定的差距,但是在非常多的应用场合,工程师还是会"别无选择"地使用它。FPGA 固有的灵活性和并行性是其他芯片不具备的,所以它的应用领域涵盖很广。从技术角度来看,主要是有以下需求的应用场合:

➢ 逻辑粘合,如一些嵌入式处理常常需要地址或外设扩展,CPLD 器件尤其适合。今天已经少有项目会选择一颗 FPGA 器件专门用于逻辑粘合的应用,但是在已经使用的 FPGA 器件中顺便做些逻辑粘合的工作倒是非常普遍。

➢ 实时控制,如投影显示或电机驱动等应用也以 CPLD 或低端 FPGA 为主。

➢ 高速信号采集和处理,如高速 AD 前端或图像前端的采集和预处理,近年来持续升温的机器视觉应用也几乎无一例外地使用了 FPGA 器件。

➢ 协议实现,如更新较快的各种有线和无线通信标准、广播视频及其编解码算法、各种加密算法等,诸如此类小批量、定制化、更新换代频繁的应用使用

FPGA 比 ASIC 更有竞争力。

➢ 各种原型系统验证。由于工艺的提升,流片成本也不断攀升,而在流片前使用 FPGA 做前期的验证或使用 FPGA 对已经流片的芯片做测试验证的相关应用也非常普遍。

➢ 并行计算。过去传统的 CPU 计算受限于其串行顺序处理的架构,已经很难适应今天的云计算和数据中心对大数据运算的需求了;而 GPU 虽然在并行处理以及所使用的高级编程语言上有不小的优势,也在过去一段时间内成了此类应用的主流方案,但也受限于极高的成本和功耗代价;相比之下,单位功耗性能是 GPU 的 3~4 倍的 FPGA 在某些场景下也更具竞争力。

➢ 片上系统,如 Xilinx 公司的 ZYNQ,这类 FPGA 器件既有成熟的 ARM 硬核处理器,又有丰富的 FPGA 资源,大有单芯片"一统天下"的架势。

若从具体的行业细分来看,FPGA 在电信、无线通信、有线通信、消费电子产品、视频和图像处理、车载、航空航天和国防、ASIC 原型开发、测试测量、存储、数据安全、医疗电子、高性能计算以及各种定制设计中都有涉猎,如图 1.29 所示。总而言之,FPGA 诞生并发展的时代是一个好时代,与生俱来的一些特性也注定了它将会在这个时代的舞台上大放光彩。

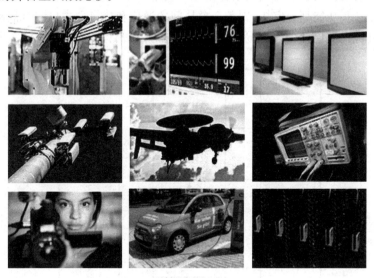

图 1.29　FPGA 应用精彩纷呈

笔记 **4**

FPGA 的开发之路

一、FPGA 开发流程

如图 1.30 所示,这是一个典型的 FPGA 开发流程图。在此之前,当 FPGA 项目提上议程时,设计者就需要进行 FPGA 功能的需求分析,然后进行模块的划分,比较复杂和庞大的设计则会通过模块划分把工作交给一个团队的多人协作完成。各个模块的具体任务和功能划分完毕,则各个模块间的通信和接口方式也同时被确定,于是可以着手进行详细设计,其各个步骤包括设计输入、设计综合、约束输入、设计实现、

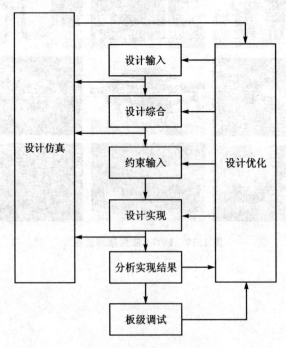

图 1.30 FPGA 开发流程

分析实现结果(查看工具给出的各种报告结果)。为了保证设计达到预期要求,设计仿真以及设计优化须穿插其间。在 EDA 工具上验证无误后,则可以生成下载配置文件并烧录到实际器件中进行板级的调试工作。从图 1.30 中的箭头示意不难看出,设计的迭代性是 FPGA 开发过程中的一个重要特点,若设计者能从设计一开始就非常认真细致、尽量减少潜在的错误,那么后续就可能大大减少花费在返工迭代上的时间,从而加速开发进程。

下面基于 Xilinx 的 Vivado 集成开发工具对以上开发流程所涉及的各个步骤做简要的说明。

(1) 设计输入

在设计输入阶段,设计者需要创建 FPGA 工程,并且创建或添加设计源文件到工程中。FPGA 工程包含了各种不同类型的源文件和设计模块,比如 HDL 文件、EDIF 或 NGC 网表文件、原理图、IP 核模块、嵌入式处理器以及数字信号处理器模块等。

(2) 设计综合

在设计综合阶段,FPGA 开发工具的综合引擎将编译整个设计,并将 HDL 源文件转译为特定结构的设计网表。Vivado 中内置综合工具,也支持 Synplify、Synplify Pro 和 Precision 等第三方综合工具。

(3) 约束输入

在约束输入阶段,设计者可以指定时序、布局布线或者其他的设计要求。Vivado 工具支持专用的编辑器实现时序约束、I/O 引脚约束和布局布线约束。

(4) 设计仿真

在整个开发过程的多个阶段,设计者都可以使用仿真工具对 FPGA 工程进行功能验证。Vivado 内置仿真器可以应付一些简单的功能验证,也支持 ModelSim 等第三方仿真软件。

(5) 设计实现

设计综合之后,接着进行设计实现,将逻辑设计进一步转译为可以被下载烧录到目标 FPGA 器件中的特定物理文件格式。使用 Vivado 的工程导航窗口中支持的目标和策略设置属性,可以设定不同的设计实现以及结果的优化策略。

(6) 分析实现结果

完成设计实现后,必须对设计约束、器件资源占用率、实现结果以及功耗等设计性能进行分析;既可以查看结果的静态报告,也可以使用 Vivado 中内置的工具动态来查看设计综合实现的结果。对于时序结果和功耗结果,Vivado 内置工具中可以进行查看。此外,系统调试时也可以使用在线逻辑分析仪 ILA 完成。

(7) 设计优化

基于对设计结果的分析,设计者可以对设计源文件、编译属性或设计约束进行修改,然后重新综合、实现以达到设计最优化。

(8) 板级调试

生成下载配置文件后,设计者便可以对 FPGA 器件进行调试。在此过程中,既可以进行配置文件的快速在线烧录,以支持实时的调试验证;也可以进行配置文件的固化烧录,使其离线运行在终端产品中。

对于没有实际工程经验的初学者而言,可能不那么容易理解这个流程图。这里会简化这个过程,从实际操作角度,以一个比较简化的顺序的方式来理解这个流程。如图 1.31 所示,从大的方面来看,FPGA 开发流程不过是 3 个阶段,第一个是概念阶段,也可以称为架构阶段,这个阶段的任务是项目前期的立项准备,如需求的定义和分析、各个设计模块的划分;第二个是设计实现阶段,这个阶段包括编写 RTL 代码并对其进行初步的功能验证、逻辑综合和布局布线、时序验证,这是详细设计阶段;第三个是 FPGA 器件实现阶段,除了器件烧录和板级调试外,其实这个阶段也应该包括第二个阶段的布局布线和时序验证,因为这两个步骤都是与 FPGA 器件紧密相关的。我们这么粗略地划分 3 个阶段,并没有把 FPGA 整个设计流程完全孤立开来,恰恰相反,从这里的阶段划分中也可以看到 FPGA 设计的各个环节是紧密衔接、相互影响的。

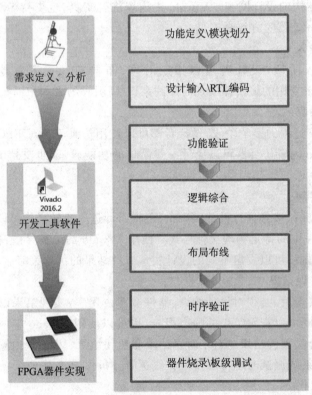

图 1.31　简化的 FPGA 开发流程

二、FPGA 开发技能

在 FPGA 技术的应用领域不断扩展的同时,工程师或开发团队所需要具备的技能比过去要多得多,甚至超过了其他任何可编程芯片(如 MCU、ARM 或 DSP)。今天的 FPGA 工程师可能需要精通系统级的设计、功能定义和划分、嵌入式处理器实现、DSP 算法实现,HDL 设计输入、仿真、设计优化和高速电路板的布局布线以及各种不同的信号接口标准,可能需要来自系统、算法、软件和硬件工程的设计技能。

很少有技术像 FPGA 开发一样,需要丰富的经验基础才能充分利用其技术优势。FPGA 设计是一种整合的技术,要求从不同的设计领域融合多种设计技能。如图 1.32 所示,在一些复杂的 FPGA 开发过程中,极可能涉及多种交叉的设计技能。

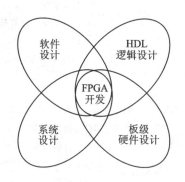

图 1.32　FPGA 多种设计技能的交叉

FPGA 开发所需的各方面技能,大体罗列如图 1.33 所示。

完成一个 FPGA 工程所需要的设计技能初看起来似乎非常广泛。例如,在设计的输入和仿真阶段用的是 HDL,偏重软件技能;而在设计实现阶段使用的是 FPGA 器件的物理资源,包含了混合的 I/O 单元、存储单元、寄存器、布线和特定功能的电路,这些都偏重于硬件技能。

在 FPGA 开发的各个阶段中,往往要求工程师掌握很多设计技能。而在掌握这些技能的同时还需要完成整个设计,这是一件很有挑战的任务。若能够拥有一个多学科的设计团队,就能具备一系列独特的优势和经验,实属最佳的人力资源方案。可惜,这样理想的设计团队往往由于各方面的资源限制而无法组建。因此,实际的 FPGA 开发团队就要求每个成员在项目开发过程中不断延伸和拓展新的技能。这就意味着,每个团队成员都有机会尽可能多地熟悉 FPGA 开发过程中的各个要素。

深入浅出玩转FPGA（第4版）

28

所需各方面技能
- 板级硬件设计
  - FPGA 器件和封装选择
  - 电源电路设计
  - 上电时序设计
  - 功耗优化与去耦设计
  - 接口电路设计
  - 引脚分配
  - I/O 特性的定义
  - Layout 设计
  - 信号完整性和终端匹配
  - 板级电路调试
- 逻辑（HDL）设计
  - 需求分析
  - 功能定义与模块划分
  - HDL 语言的设计输入
  - IP 核的配置与接口实现
  - 脚本实现自动化处理
  - 设计测试平台的开发
  - 设计约束
  - 支持设计复用
  - 接口协议的实现
  - DSP 算法的实现
- 系统设计
  - 处理器需求分析
  - 处理器架构的选择
  - 系统级设计的层次结构定义
  - 系统模块的集成与接口测试
  - 设计数据流的定义
  - 硬件/软件实现的权衡
  - 功能划分和模块化设计
  - 系统级测试，调试和验证
- 固件/DSP/软件设计
  - 处理器代码模块的定义
  - 嵌入式处理器的编程实现
  - 常规的代码调试和验证
  - 在处理器上运行操作系统
  - 代码的编写和测试
  - DSP 算法的软件实现
  - 代码的配置管理

图 1.33　FPGA 开发所需的各方面技能

三、FPGA 技术进阶

FPGA 工程师的成长需要经历 3 个阶段。

（1）入门阶段

这个阶段是从无到有的阶段，初识 FPGA 的你是一个不折不扣的"菜鸟"。这个阶段不仅要初步了解 FPGA 是什么、能做什么等基本的理论，更重要的是要学会 HDL 语言（Verilog 或 VHDL），能够使用 EDA 工具完成 FPGA 的代码设计、仿真验证、时序设计（这一步相对较难一些，往往需要结合实际应用，所以也可以属于下一阶段）、综合和映射，能够在开发板上下载并跑例程，这可以说是完成了入门阶段。这一阶段的目标是"熟练"。

（2）精通阶段

接下来，如何提高自己的设计和调试能力，属于提高阶段。这一阶段的目标是"精通"。例如，这个阶段对 HDL 语言的使用不能还停留在会与不会的层面上，而应该是更多地掌握如何用合适的 HDL 语法风格设计出最优的电路；对 EDA 工具的使用，也不仅仅是会用就好，而应该让 EDA 工具的不同设置功能服务于具体的设计优化；同时也应该掌握不同的板级调试手段，毕竟这门技能对于真正的产品而言是非常重要的。

（3）从业阶段

再接下来的阶段属于从业阶段，是最长也是最难的。这个阶段以 FPGA 产品开发作为自己的职业，致力于让 FPGA 技术以最优的方式服务于产品。这一阶段的目标是"专业"。

精通阶段通常是从毕业后的第一份工作开始，经过两到三年的在职培训和实践，能够独立地维护一款小产品或者一款大产品的一个或几个部分；而从业阶段通常从我们参与一个新项目、开发一款新产品开始。当然了，对于很多工程师而言，或许精通阶段和从业阶段的界限并不那么清晰，很多时候往往是通过"从业"来"精通"。

29

第二部分　语法学习

这些事你要殷勤实行,并要投身其中,

使众人看出你的长进来。

——提摩太前书 4 章 15 节

笔记 5

浅谈语法学习

　　FPGA 器件的设计输入有很多种方式,如绘制原理图、编写代码或调用 IP 核。早期的工程师对原理图的设计方式"情有独钟",这种输入方式应付简单的逻辑电路还凑合,算得上简单实用,但随着逻辑规模的不断攀升,这种设计方式已显得力不从心。取而代之的是代码输入的方式,当今绝大多数的 FPGA 工程都采用代码设计来完成。

　　FPGA 开发所使用的代码,我们通常称之为硬件描述语言(Hardware Description Language),目前最主流的是 VHDL 和 Verilog。VHDL 发展较早,语法严谨;Verilog 类似 C 语言,语法风格比较自由。IP 核调用通常是 GUI 配置加上代码例化输入,今天很多 EDA 工具的供应商都在打 FPGA 的"如意算盘",FPGA 的设计也在朝着软件化、平台化的方向发展,也许在不久的将来,越来越多的工程只需要设计者从一个类似苹果商店的 IP 库中索取组件进行配置,然后像搭积木一样完成一个项目,或者整个设计都不需要见到一句代码。当然,未来什么情况都有可能发生,但是底层的代码逻辑编写方式无论如何还是有其生存空间的,毕竟一个个 IP 组件都是代码写出来的。所以对于初入这个行当的新手而言,掌握基本代码设计的技能是必须的。

　　这里不过多谈论 VHDL 和 Verilog 语言孰优孰劣,总之这两种语言是当前业内绝大多数开发设计所使用的语言,从二者对电路的描述和实现上看,有许多相通之处。无论是 VHDL 还是 Verilog,建议初学者先掌握其中一门;至于到底先"下手"哪一门,则需要读者根据自身的情况进行考虑。对于没有什么外部情况限制的初学者,若之前有一定的 C 语言基础,建议先学 Verilog,这有助于加快对语法本身的理解。在将其中一门语言学精、用熟之后,最好也能够着手掌握另一门语言。虽然在单个项目中很少需要"双语齐下",但实际工作中还是很可能需要接触另一门语法所写的工程。所以,对于 VHDL 和 Verilog 的取舍问题,建议先学精一门,也别忘了兼顾另一门。无论哪一种语言,至少也要能看懂别人的设计。

　　HDL 语言虽然和软件语言有许多相似之处,但由于其实现对象是硬件电路,所以它们之间的设计思想存在较大差异。尤其是那些做过软件编程的读者，很喜欢用软件的顺序思想来驾驭 HDL 语言，而实际上 HDL 实现的硬件电路大都是并行处理的。也许就是这么个"大弯"转不过来，所以很多读者在研究 HDL 语言实现的功能时常常百思不得其解。对于初学者，尤其是软件转行过来的初学者，笔者的建议是不要抛开实际电路而研究语法，在一段代码过后要多花些精力比对实际逻辑电路，必要时做做仿真，最好能再找些直观的外设在实验板上看看结果。长此以往，若能达到代码和电路都心中有数，那才证明真正掌握了 HDL 语言的精髓。

HDL 语言的语法条目虽多，但并非所有的 HDL 语法都能够实现到最终的硬件电路，由此进行划分，可实现为硬件电路的语法常称为可综合的语法，而不能够实现到硬件电路中、却常常可作为仿真验证的高层次语法则称为行为级语法。很多初学者在学习语法时抱着一本语法书晕头转向地看，最后实战的时候却常常碰到这语法不能用那语法不支持的报错信息，从而更加抱怨 HDL 不是好东西、学起来真困难，其实就是因为没有分清可综合的语法和行为级的语法。

可综合的语法是一个很小的子集，对于初学者，建议先重点掌握好这个子集，实际设计中或许靠着 10 来条基本语法就可以打天下了。怎么样？HDL 语言一下变简单了吧。也不是说掌握了可综合的语法子集就万事大吉了，行为级语法也非一无是处。一个稍微复杂的设计，若是在板级调试前不经过几次三番的仿真测试，一次性成功的概率几乎为零。而仿真验证也有自己的一套高效便捷的语法，如果再像底层硬件电路一样搭仿真平台，那就太浪费时间了。行为级语法最终的实现对象不是 FPGA 器件，而是咱手中的计算机——动辄上 G 甚至双核、四核的 CPU，所以行为级语法帮助我们在仿真过程中利用好手中的资源，能够快速、高效地完成设计的初期验证平台搭建。因此，掌握行为级的语法可以服务于我们在设计的仿真验证阶段的工作。

对于 HDL 语言的学习，笔者根据自身的经验，提几点建议：

首先，手中需要准备一本比较完整的语法书籍，这类书市场上很多，内容相差无几，初学者最好能在开始 FPGA 的学习前花些时间认真地看一遍语法，尽可能地理解每条语法的基本功能和用法。当然，只需要做到心中有数，需要时能找着就好。语法的理论学习是必需的，能够为后面的实践打下坚实的基础。对于有些实在不好理解的语法也不要强求，今后遇到类似语法在实例中的参考用法时再掌握不迟。

其次，参考一些简单的例程，并且自己动手编写代码实现相同或相近的电路功能。这个过程中可能需要结合实际的 FPGA 开发工具和入门级学习套件。目前最普及的应该要数 Xilinx 的 FPGA 器件，可以基于其主打的集成开发环境 Vivado，学会新建一个工程、编写代码、分配引脚、进行编译、下载配置文件到目标电路板中。入门级的学习套件，简单说，就是一块板载 FPGA 器件的电路板，不需要很多高级外设，一些简单的常见外设即可（如蜂鸣器、按键、拨码开关、流水灯、数码管、UART、I^2C、SPI 等）；另外，还需要一条用于下载配置和在线调试的下载器。通过开发工具可以进行工程的建立和管理，而通过学习套件就可以直观地验证工程是否实现了既定的功能。实践的过程中一定要注意自己的代码风格,当然,这很大程度上取决于参考例程的代码风格。至于什么样的学习套件配套的参考例程是规范的,倒也没有一个严格的界定,建议选择口碑较好的学习套件的同时,也非常推荐多读 Altera(qts_qii5v1.pdf)或 Xilinx(xst.pdf)的官方文档,其文档手册中有各种常见电路的实现代码风格和参考实例。在练习的过程中,也要学会查看开发工具生成的各种视图,尤其是 RTL 视图或综合视图。RTL 视图是用户输入代码进行综合后的逻辑功能视图,很好地将用户的代码用逻辑门的方式诠释出来。初学者可以通过查看 RTL 视图的方式来看看自己写的代码所能实现的逻辑电路,以加深对语法的理解;反之,也可以通过 RTL 视图来检验当前所写的代码是否实现了期望的功能。

　　总之,HDL 语言的学习需要初学者多看、多写、多思考、多比对。

　　本书以 Verilog 语言为主。笔记 6 将会给出常用的 Verilog 语法的使用说明、用法模版、应用实例和仿真验证,希望可以引领读者学以致用。当然,语法本身总是枯燥乏味的,更建议初学者通过实践来学习、掌握语法。

笔记 **6**

Verilog 语法速查手册

该笔记提供的一些工程实例大都包含相关源码和测试脚本,在 Modelsim 中可以运行。具体 Modelsim 测试环境的搭建和基本的测试方法可参考笔者录制的《Verilog 边码边学》视频教程(已经在 B 站分享)的"Lesson03 Modelsim 安装配置与库编译"和"Lesson04 Modelsim 自动仿真环境搭建"两个课时。

一、数据类型

1. 数值 0、1、x 和 z

Verilog 中支持的数值包括 0、1、x 和 z:

> 0,代表逻辑低电平或 FALSE 状态。
> 1,代表逻辑高电平或 TRUE 状态。
> x,代表未知值,在仿真中 x 是寄存器类型变量的默认值。数值 x 表示不确定的状态(未知值),实际硬件电路中并不存在这种状态,因此它多在行为级语法中用于仿真。
> z,代表高阻态,是线网类型变量的默认值。

Verilog 主要有两大类数据类型,即线网(net)和变量(variable),代表了两种不同的硬件结构。wire 和 reg 分别是最典型、最常用、可综合的线网和变量类型,而 integer 则是较常用的行为级的变量类型,其他线网或变量类型并不常用,因此这里只对提到的这几个具体数据类型做介绍和说明。

2. 线网 wire

wire 是线网数据类型,相当于物理连线,表示直通;即只要输入有变化,输出马上无条件地反映输入的变化。线网类型定义的范围从最高有效位开始,到最低有效位为止,默认的线网类型位宽为 1。

【语法结构】:

wire[MSB:LSB]【线网名 1】,【线网名 2】,【线网名 3】;

MSB 表示定义的 wire 的最高有效位,LSB 表示定义的 wire 的最低有效位。可以用逗号分隔多个相同位宽的 wire 类型线网名。

3. 寄存器 reg

reg 是寄存器类型的数据类型,通常用于硬件寄存器的建模。寄存器一定要有触发逻辑,输出才会反映输入。reg 也可以定义一个寄存器数组做存储器。寄存器类型定义的范围从最高有效位开始,到最低有效位为止,默认的寄存器类型位宽为 1。

【语法结构】:

```
reg[MSB:LSB]【变量名 1】,【变量名 2】,【变量名 3】;
```

MSB 表示定义的 reg 的最高有效位,LSB 表示定义的 wire 的最低有效位。可以用逗号分隔多个相同位宽的 reg 类型变量名。

4. 数组类型

Verilog 支持对线网或变量定义一些多维的数组。

【语法结构】:

```
wire [MSB:LSB]【参数名】[M:N];
reg[MSB:LSB]【参数名】[M:N];
```

MSB 表示定义的 wire 或 reg 的最高有效位,LSB 表示定义的 wire 或 reg 的最低有效位。参数名后的括号中定义数组个数,其下标从 N 到 M。

【实例】:

```
reg[7:0] mem[255:0];          //数组深度 256(0～255),单个数据位宽 8 bit(bit0～bit7)
always @(posedge clk) begin
    mem[0] = 8'd0;            //给第 0 个数组数据赋值为 0
    mem[100] = 8'd35;         //给第 100 个数组数据赋值为 35
end
```

5. 整型 integer

integer 意为整数,表示对 integer 后参数的数据类型定义为 integer 类型,是寄存器类型的数据类型。整数型寄存器是一个 32 位的有符号数,包含整数值及符号。

【语法结构】:

```
integer 参数名 1,参数名 2,参数名 3;
integer 参数名[数组最高位:数组最低位];
```

二、运算符

Verilog 的运算符与 C 语言基本类似,包括算术运算符、关系运算符、等式运算符、逻辑运算符、位运算、缩减运算符、移位运算符、条件运算符、拼接运算符等。

Verilog 的运算符如表 2.1 所列。

表 2.1　Verilog 运算符列表

运算符符号	名　称	运算符符号	名　称
{}	拼接符	!=	逻辑不等于
{{}}	重复拼接	===	全等于
+	算术加	!==	不全等于
−	算术减	~	取反
*	算术乘	&	与
/	算术除	|	或
**	算术乘幂	^	异或
%	算术取模	^~	同或
<	小于	~^	同或
<=	小等于	~&	与非
>	大于	~|	或非
>=	大等于	<<	逻辑左移
!	逻辑非	>>	逻辑右移
&&	逻辑与	<<<	算术左移
||	逻辑或	>>>	算术右移
==	逻辑相等	?:	条件运算符

各种位运算符与条件运算符在同时使用时，具有一定的优先级。其优先级顺序（从高到低）如图 2.1 所示。

图中同一行运算符具有相同的优先级，使用相同优先级的符号时按照代码从左到右的书写顺序执行。例如，A＋B－C 中的＋和－优先级相同，按照从左到右的顺序，先执行＋，后执行－。

若希望低优先级的符号先被执行，则可以用（）来实现。例如，A＋B/C，按照优先级，先执行/，后执行＋；若希望先执行＋，后执行/，则可以写成（A＋B）/C。

1．算术运算符

算术运算符的使用说明如下：

图 2.1　运算符优先级

A + B	//A 加上 B
A - B	//A 减去 B
A * B	//A 乘以 B
A / B	//A 除以 B
A * * B	//A 的 B 次乘幂
A % B	//A 除以 B 的余数

需要注意的是,除法(/)或取模(%)运算时,如果 B 取值为 0,那么仿真输出的运算结果将会是不确定值 x;如果进行运算的值 A 或 B 有任何位的值是 x 或 z,那么运算的整个结果值都会是 x。取模(%)运算结果的符号只与 A 的符号一致。

【实例 001】:

```
module testbench_top();
integer A,B;
integer C;
initial begin
    A = 100;
    B = 33;
    C = A + B;                //A 加上 B
     $ display("%0d + %0d = %0d",A,B,C);
    C = A - B;                //A 减去 B
     $ display("%0d - %0d = %0d",A,B,C);
    C = A * B;                //A 乘以 B
     $ display("%0d * %0d = %0d",A,B,C);
    C = A / B;                //A 除以 B
     $ display("%0d / %0d = %0d",A,B,C);
    A = 10;
    B = 3;
    C = A * * B;              //A 的 B 次乘幂
     $ display("%0d * * %0d = %0d",A,B,C);
    C = A % B;                //A 除以 B 的余数
     $ display("%0d % % %0d = %0d",A,B,C);
    A = 100;
    B = 20;
    C = A % B;                //A 除以 B
     $ display("%0d % % %0d = %0d",A,B,C);
    A = -100;
    B = 33;
    C = A % B;                //A 除以 B
     $ display("%0d % % %0d = %0d",A,B,C);
    A = 100;
    B = -33;
    C = A % B;                //A 除以 B
     $ display("%0d % % %0d = %0d",A,B,C);
     $ stop;
end
```

测试脚本中运行运算打印的结果如下:

```
# 100 + 33 = 133
# 100 - 33 = 67
# 100 * 33 = 3300
# 100 / 33 = 3
# 10 * * 3 = 1000
# 10 % 3 = 1
# 100 % 20 = 0
# - 100 % 33 = -1
# 100 % -33 = 1
```

2. 关系运算符

关系运算符的使用说明如下：

```
A < B        //A 小于 B
A > B        //A 大于 B
A <= B       //A 小于或等于 B
A >= B       //A 大于或等于 B
```

使用关系运算符的表达式结果若是 TRUE,则返回结果 1(一位);结果若是 FALSE,则返回结果 0(一位)。参与关系运算的任意一个数据中若包含 x 或 z,则其仿真结果必定是一位的不确定值 x。当关系运算符两侧的数据位宽不一致时,位宽较少的数据会自动扩展到与位宽较多的数据一样的位宽,扩展位的数据都以 0 填充。所有关系运算符具有相同的运算优先级。

3. 等式运算符

等式运算符包括逻辑等号(logical equality)==、逻辑不等号(logical inequality)!=、全等号(case equality)!== 和不全等号(case inequality)!==。等式运算符的使用说明如下：

```
A == B       //A 等于 B
A != B       //A 不等于 B
A === B      //A 全等于 B
A !== B      //A 不全等于 B
```

等式运算符将会实现逐位比较,若等式两侧的位宽不同,则位宽较少的数据将自动扩展位宽并与位宽较多的数据位宽相等,扩展位以 0 填充。与关系运算操作一样,等式运算操作在结果为 TRUE 时,返回结果 1(一位);结果为 FALSE 时,则返回结果 0(一位)。

全等号(case equality)!== 和不全等号(case inequality)!== 可用于仿真测试脚本,但不可综合。全等式运算(!== 或 ===)中可以包含 x 和 z,并参与逐位比较。逻辑等式运算(!= 或 ==)的任意一个数据中若包含 x 或 z,则其仿真结果必定是一位的不确定值 x。

4. 逻辑运算符

逻辑与(&&)、逻辑或(||)、逻辑非(!)的使用如下：

```
! A                //对 A 进行逻辑非运算,判断 A 是否为非 0
```

A 的取值为 0,即 TRUE,返回结果 1(一位);A 的取值为非 0,即 FALSE,返回结果 0(1 位)。

逻辑非在如下的判断语句中经常用到:

```
if(!A)
//等效于:
if(A == 0)
```

逻辑与的应用实例如下:

```
A&& B          //A 与 B 逻辑与
```

若 A 和 B 的取值都为非 0,则逻辑与的结果为 TRUE,返回结果 1(一位);若 A 取值为 0 或 B 取值为 0,则逻辑与的结果为 FALSE,返回结果 0(一位)。

逻辑或的应用实例如下:

```
A|| B          //A 与 B 逻辑或
```

若 A 和 B 的取值都不为 0,则逻辑或的结果为 TRUE,返回结果 1(一位);若 A 和 B 的取值都为 0,则逻辑或的结果为 FALSE,返回结果 0(1 位)。

5. 位运算符

位运算符包括位与(&)、位或(|)、位取反(~)、位异或(^)、位同或(~^或^~)。位运算符实现运算数值间逐位的逻辑运算操作。

【实例 002】:

```
module testbench_top();
reg[7:0] A,B;
reg[7:0] C;
initial begin
    A = 8'b1010_1110;
    B = 8'b1001_0110;
    C = A & B;              //A 和 B 位与运算
    $ display("%b & %b = %b",A,B,C);
    C = A | B;              //A 和 B 位或运算
    $ display("%b | %b = %b",A,B,C);
    C = ~A;                 //A 位取反运算
    $ display("~%b = %b",A,C);
    C = A ^ B;              //A 和 B 位异或运算
    $ display("%b ^ %b = %b",A,B,C);
    C = A ~^ B;             //A 和 B 位同或运算
    $ display("%b ~^ %b = %b",A,B,C);
    $ stop;
end
endmodule
```

位运算实例仿真结果如下:

```
# 10101110 & 10010110 = 10000110
# 10101110 | 10010110 = 10111110
# ~10101110 = 01010001
# 10101110 ^ 10010110 = 00111000
# 10101110 ~^ 10010110 = 11000111
```

6. 缩减运算符

缩减运算符对单个操作数的每个位之间进行递推运算,最后的运算结果是一位的二进制数。缩减运算符包括缩减与(&)、缩减或(|)、缩减与非(~&)、缩减或非(~|)、缩减异或(^)、缩减同或(~^)。

【实例003】:

```
module testbench_top();
reg[3:0] A,B,C,D;
initial begin
    A = 4'b1111;
    B = 4'b0000;
    C = 4'b0110;
    D = 4'b1000;
    $display("  A = %b,   B = %b,   C = %b,   D = %b", A, B, C, D);
    $display(" &A = %b,  &B = %b,  &C = %b,  &D = %b", &A, &B, &C, &D);
    $display(" |A = %b,  |B = %b,  |C = %b,  |D = %b", |A, |B, |C, |D);
    $display("~&A = %b, ~&B = %b, ~&C = %b, ~&D = %b", ~&A, ~&B, ~&C, ~&D);
    $display("~|A = %b, ~|B = %b, ~|C = %b, ~|D = %b", ~|A, ~|B, ~|C, ~|D);
    $display(" ^A = %b,  ^B = %b,  ^C = %b,  ^D = %b", ^A, ^B, ^C, ^D);
    $display("~^A = %b, ~^B = %b, ~^C = %b, ~^D = %b", ~^A, ~^B, ~^C, ~^D);
    $stop;
end
endmodule
```

缩减运算实例仿真结果如下:

```
#   A = 1111,   B = 0000,   C = 0110,   D = 1000
#  &A = 1,  &B = 0,  &C = 0,  &D = 0
#  |A = 1,  |B = 0,  |C = 1,  |D = 1
# ~&A = 0, ~&B = 1, ~&C = 1, ~&D = 1
# ~|A = 0, ~|B = 1, ~|C = 0, ~|D = 0
#  ^A = 0,  ^B = 0,  ^C = 0,  ^D = 1
# ~^A = 1, ~^B = 1, ~^C = 1, ~^D = 0
```

7. 移位运算符

移位运算符包括逻辑运算符(逻辑左移<<和逻辑右移>>)和算术运算符(算术左移<<<和算术右移>>>)两类。

下面介绍的语法结构中,左移运算符(<<或<<<)将运算符左侧的数值(A或B)向左移动 num 个位,低位补 0;右移运算符(>>或>>>)将运算符左侧的数值(C 或 D)向右移动 num 个位,高位补 0。如果赋值结果是无符号数,则算术右移(>>>)的高位补 0;如果赋值结果是有符号数,则算术右移(>>>)的高位补 1。

【语法结构】:

```
A < < num
B < < < num
C > > num
D > > num
```

【实例 004】:

```
module testbench_top();
reg[3:0] A,B;
reg signed [3:0] C,D;
initial begin
    A = 4'b0001;           //1
    B = (A < < 2);         //4
    $ display("(A < < 2) = % b",B);
    C = 4'b1000;           // - 8
    D = (C > > > 2);       // - 2
    $ display("(C > > > 2) = % b",D);
    $ stop;
end
endmodule
```

移位运算实例仿真结果如下:

```
# (A < < 2) = 0100
# (C > > > 2) = 1110
```

8. 条件运算符

条件运算符?:的基本格式如下:

```
A = B ? C : D;
```

若 B 表达式为 TRUE,即取值为 1,则 C 表达式赋值给变量 A;若 B 表达式为 FALSE,即取值为 0,则 D 表达式赋值给 A。

【实例 005】:

```
module testbench_top();
reg flag;
reg[3:0] A,B,C;
wire[3:0] D;
initial begin
    A = 8;
    B = 2;
    flag = 1;
    #20;
    flag = 0;
    #20;
    $ stop;
end
assign D = flag ? (A + B) : (A - B);
always @( * ) begin
```

```
    C = flag ? A:B;
end
endmodule
```

条件运算符在持续赋值 assign 和过程赋值 always 中都可以使用。该实例仿真波形如图 2.2 所示,持续赋值 assign 和条件运算符一起使用,当 flag 为 1 时,D=A+B=8+2=10;当 flag 为 0 时,D=A−B=8−2=6。过程赋值 always 和条件运算符一起使用,当 flag 为 1 时,C=A=8;当 flag 为 0 时,C=B=2。

图 2.2 条件运算符仿真波形

9. 拼接运算符

拼接运算符使用一对大括号 { } 实现。在 { } 中将几个信号的某些位详细列出来,中间用逗号分隔开,表示一个由多个位拼接在一起的信号。常量或变量都可以使用拼接运算符。

拼接运算符也允许嵌套使用。拼接运算符前加上数字表示多次重复的拼接运算,常见的使用方式如下:

```
{A,B,C}
{3{A}}              //等效于{A,A,A}
{A,{2{A,B}},C}      //等效于{A,A,B,A,B,C}
```

【实例 006】:

```
module testbench_top();
reg[1:0] A = 2'b00, B = 2'b11, C = 2'b10;
reg[5:0] D = 'bz;
reg[5:0] E = 'bz;
reg[11:0] F = 'bz;
initial begin
    #10;
    D = {A,B,C};
    $display("D = {A,B,C} = {%b,%b,%b} = %b",A,B,C,D);
    E = {3{A}};
    $display("E = {3{A}} = {3{%b}} = %b",A,E);
    F = {A,{2{A,B}},C};
    $display("F = {A,{2{A,B}},C} = {%b,{2{%b,%b}},%b} = %b",A,A,B,C,F);
    #10;
    $stop;
end
endmodule
```

该实例仿真运行后打印信息如下:

43

```
# D = {A,B,C} = {00,11,10} = 001110
# E = {3{A}} = {3{00}} = 000000
# F = {A,{2{A,B}},C} = {00,{2{00,11}},10} = 000011001110
```

三、特殊符号

1. 事件 or

or 符号可用于表示一个事件触发的多个表达式的"或"关系。

例如,下面这两行代码所实现的逻辑功能是等效的。变量 trig 与 enable 作为触发条件,它们之间的关系是"或"(用 or 进行分隔,以实现"或"关系);即 trig 或 enable 二者任意一个变量值发生变化都会触发事件,执行其后的表达式(rega = regb;)。

```
@(trig or enable) rega = regb;
@(trig , enable) rega = regb;
```

2. 下划线 _

下划线 _ 在 Verilog 中虽然没有什么实际含义,但可以在一些变量命名或数值(注意,下划线不能作为首字符)中用于分割,提高易读性。EDA 工具的路径名称一般不支持中文或各种标点符号,但是支持下划线 _ 。

```
wire[7:0] temp_flag;
assign temp_flag = 8'b1001_0011;
```

上面的两行代码示例中,先是定义了一个 8 bit 的 wire 类型 temp_flag(注意,wire 名称中包含了下划线 _),然后给 temp_flag 赋值 8 位的常量值 8'b1001_0011,这个数值中的下划线 _ 没有任何含义,等效于 8'b10010011,但是加了下划线后易读性大大提高。

3. 位定义与操作 [ ]

可以说位(bit)是 Verilog 中最基本的操作单位,而且非常灵活和强大。每个数据变量都有一定的位宽,中括号 [] 用于定义位宽和具体的某个位。

【实例 007】:

```
module testbench_top();
reg[7:0] A = 8'b1011_0100;
reg[4:7] B = 4'b1011;
initial begin
    $display("A = %b", A);
    $display("A[2] = %b", A[2]);
    $display("A[7:4] = %b", A[7:4]);
    $display("B = %b", B);
    $display("B[5] = %b", B[5]);
    #10;
    $stop;
end
endmodule
```

44

该实例中,"reg[7:0] A=8'b1011_0100;"语句定义了变量 A 为 reg 类型,位宽是 8(bit7~bit0),且给它赋值为 8'b1011_0100,bit7 在中括号":"的左侧,因此与赋值数据的最左侧对应,即 A 的 bit7 取值为 1;同理,bit0 在中括号":"的右侧,因此与赋值数据的最右侧对应,即 A 的 bit0 取值为 0;其他位按照数字排序依次对应。

因此,A[2]即 A 的 bit2 的取值是 8'b1011_0100 时从右往左第 2 个位(从 0 开始,即 0,1,2),取值是 1。A[7:4]对应 8'b1011_0100 的高 4 位,即 1011。

语句"reg[4:7] B = 4'b1011;"定义的变量 B 的位宽是 4(bit4~bit7),按照前面左右对称的赋值规律,得到 B[4] = 1,B[5] = 0,B[6] = 1,B[7] = 1。类似 B 这种位宽定义方式只有在某些特殊情况下允许使用,一般不建议这么赋值,最好统一按照变量 A 的这种左侧为高位、右侧为低位且低位最好从 0 开始的定义方式。

以上实例仿真后打印信息如下:

```
# A = 10110100
# A[2] = 1
# A[7:4] = 1011
# B = 1011
# B[5] = 0
```

4. 注　释

Verilog 支持//和/* */两种注释方式。所谓注释,就是在代码中写入一些和代码功能实现相关的,但不参与代码编译的描述或备忘信息。也就是说,注释写在代码中,但不是代码;代码中有无注释对代码功能的正常运行没有任何影响,但可能影响对代码的理解和阅读。

使用//时,对其后的内容进行注释,一直到本行结束,换行无效。使用/* */时,从/*之后开始,到*/之前的内容进行注释;注释内容可以跨行,即/* */注释可以实现多行的注释。

【语法结构】:

```
【有效代码】 /*注释内容
...
        注释内容*/
【有效代码】 //注释内容
```

例如,以下实例中的文字描述部分都是注释内容。编译器将会跳过这些内容。

```
    //赋值模块
module vlg_design(
    input[7:0] i_data,
    output[7:0] o_data
);
assign o_data = i_data;      /* 将输入信号 i_data,直接赋值给输出信号 o_data,8 个数
                               据位逐个位赋值 */

endmodule
```

四、宏定义与条件编译

1. 宏定义 define

define 对 define 后的参数进行定义,用于文本替换。对于一般的参数定义,这里更推荐使用 parameter 或 localparam 语法,而不是类似 C 语言一样使用 define 语法定义。

【语法结构】:

```
'define 参数名 表达式
```

【实例 008】:

```
module testbench_top();
'define A 1000
'define B 0
initial begin
    $ display("A = % d", 'A);
    $ display("B = % d", 'B);
    #10;
    $ stop;
end
endmodule
```

该实例使用 define 语法定义了两个宏变量 A 和 B,注意,宏定义语法在 define 前面需要加上一个半角的撇号(键盘左上角和～复用同一个位置);在使用宏变量 A 和 B 时,也必须加上撇号。该实例打印结果如下:

```
# A =          1000
# B =             0
```

2. 条件编译 ifdef

如果 ifdef 后的参数被编译过,则编译 ifdef 语句后的内容,忽略 else 后的内容;如果 ifdef 后的参数没有被编译过,则编译 else 语句后的内容。条件编译的范围以 ifdef 开始,以 endif 结束。else 部分可以没有。

【语法结构】:

```
'ifdef 参数名
    内容
'else
    内容
'endif
```

【实例 009】:

```
module testbench_top();
'define USE_A
'ifdef USE_A
integer a = 1000;
```

```
'endif
'ifdef USE_B
integer b = 2000;
'endif
initial begin
'ifdef USE_A
    $ display("a = ", a);
'else
    $ display("unuse a");
'endif
'ifdef USE_B
    $ display("b = ", b);
'else
    $ display("unuse b");
'endif
    #10;
    $ stop;
end
endmodule
```

该实例中用 define 定义了一个宏 USE_A,但是未定义 USE_B。而代码中分别使用 ifdef 语法对 USE_A 和 USE_B 做条件编译处理。编译时,上面的代码相当于如下的代码:

```
module testbench_top();
integer a = 1000;
initial begin
    $ display("a = ", a);
    $ display("unuse b");
    #10;
    $ stop;
end
endmodule
```

最终打印的结果如下。这里定义了宏的 USE_A,条件编译处理后申明了 integer a 并打印出 a 的取值信息;而对于未定义的宏 USB_B,条件编译后不会申明 integer b,且打印了 unuse b 的信息。

```
# a =          1000
# unuse b
```

3. include

include 语句表示插入 include 后的文件的完整内容。文件名既可以用相对路径定义也可以用全路径定义。

【语法结构】:

```
'include"文件名"
```

47

五、赋值语句 always 与 assign

1. always

always 意为一直,其后加@(输入信号或电平),括号中为触发方式;括号中的任何一个输入信号或电平发生变化时,该语句后的内容将会重复执行,或者说循环执行,当内容的最后一行代码执行完成后,再从第一行代码开始执行。如果用 begin...end 规定执行范围,则执行范围以 begin 开始,以 end 结束。

【语法结构】:

```
always @(触发方式)begin
        内容;
end
```

2. assign

assign 意为指定,可以将一个变量的值连续地赋值给另一个变量,就像把两个变量连在一起,相当于连线。assign 后面接 ♯ 数字,表示有这个数字单位时间的延时。

【语法结构】:

```
assign ♯数字 变量1 = 变量2;
```

六、参数定义

1. 参数 parameter

参数 parameter 表示对 parameter 后命名的常量赋值为等号右边的常量值或常量表达式。对 parameter 赋值的常量表达式必须仅包含常量或其他已被定义的 parameter。

在同一个模块中,相同名称的 parameter 只能被申明并赋值一次。parameter 申明时可以同时定义数据类型和位宽。

关于 parameter 申明时的数据类型与位宽定义,有如下规则:

➤ parameter 申明时若没有指定数据类型和位宽(语法结构中可以不指定数据类型与位宽),则该 parameter 的数据类型与位宽由最终赋值给它的常量的数据类型与位宽决定。

➤ parameter 申明时若未指定数据位宽,也未指定或指定数据类型为无符号数,并且最终赋值给该 parameter 的常量也未指定数据位宽,则该 parameter 的数据位宽至少为 32 位;若最终赋值的常量位宽高于 32 位,那么该 parameter 的数据位宽等于该常量的数据位宽。

➤ parameter 申明时若指定了数据位宽,但未指定数据类型,则该 parameter 的数据类型为无符号数,其数据类型与位宽不会因给它赋值的常量而改变。

➤ parameter 申明时若指定了数据类型,但未指定数据位宽,则该 parameter 的数据位宽由最终赋值给它的常量的数据位宽决定。

> parameter 申明时若指定了数据类型和位宽,则对其进行赋值的常量的数据类型与位宽必须与此保持一致。

【语法结构】:

```
//对一个参数进行赋值
parameter 参数名 1 = 表达式;
//对多个参数进行赋值
parameter    参数名 1 = 表达式,
             参数名 2 = 表达式,
             参数名 3 = 表达式;
```

【实例】:

```
//用 parameter 定义一个参数
parameterIMAGE_WIDE = 16;
//用 parameter 定义多个参数
parameter   IMAGE_WIDTH = 640,
            IMAGE_HEIGHT = 480;
//parameter 的赋值包含常量和已被定义的 parameter
parameterIMAGE_SIZE = IMAGE_WIDTH * IMAGE_HEIGHT * IMAGE_WIDE/8;
```

2. 本地参数 localparam

本地参数 localparam 的基本功能、用法与 parameter 类似。只是 localparam 定义的参数通常只在所在模块范围内使用,其赋值无法被模块之外的参数定义所改变。

【语法结构】:

```
//对一个参数进行赋值
localparam 参数名 1 = 表达式;
//对多个参数进行赋值
localparam    参数名 1 = 表达式,
              参数名 2 = 表达式,
              参数名 3 = 表达式;
```

3. parameter 的跨模块传递

parameter 在一个模块中的赋值方式通常有两种,即在一个 module 的端口申明之后和端口申明之前两种方式。

【语法结构】:

```
//在 module 的端口申明之前进行 parameter 定义
module【模块名】#(【参数定义】)
(【端口列表】);
    【参数定义】
    【逻辑功能】
endmodule
//在 module 的端口申明之后进行 parameter 定义
module【模块名】(【端口列表】);
    【参数定义】
    【逻辑功能】
endmodule
```

　　若希望 parameter 赋值能在模块之间传递，即 parameter 值从上层模块传递到其例化的下层模块，则通常建议在下层模块的端口申明之前进行 parameter 定义。

　　若上层模块不对下层模块申明的 parameter 进行赋值更改，则下层模块中的 parameter 取值由其模块本身的赋值决定。若上层模块通过例化的方式传递不同的 parameter 赋值，则下层模块的 parameter 赋值将被上层模块的新赋值所覆盖，即上层模块对 parameter 的赋值优先级高于下层模块。

【实例 010】：

```
//下层模块
module para_example_sub#(
parameter MSB = 3,
parameter LSB = 0
)
(
    input[MSB:0] i_data,
    output[MSB:LSB] o_data
    );
assign o_data = i_data[MSB:LSB];
endmodule
//上层模块
module vlg_design(
    input[7:0] i_data,
    output[7:0] o_data
    );
localparam LOCAL_MSB = 7;
localparam LOCAL_LSB = 4;
para_example_sub#(
        .MSB(LOCAL_MSB),
        .LSB(LOCAL_LSB)
    )
    uut_para_example_sub(
        .i_data(i_data[LOCAL_MSB:0]),
        .o_data(o_data[LOCAL_MSB:LOCAL_LSB])
    );
assign o_data[LOCAL_LSB - 1:0] = 'b0;
endmodule
```

　　仿真运行后，如图 2.3 所示，可以看到在上层模块 vlg_design 中定义的本地参数 LOCAL_MSB 和 LOCAL_LSB 分别为 7 和 4。这里的本地参数定义中没有指定数据位宽和数据类型，所以它的默认数据位宽为 32 位。

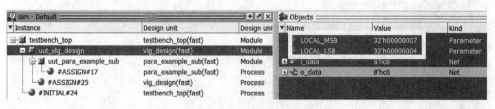

图 2.3　parameter 仿真的上层模块

如图 2.4 所示,下层模块 para_example_sub 中定义的参数 MSB 和 LSB 的取值并非在本模块中定义的 3 和 0,而是上层模块传递过来的 7 和 4。

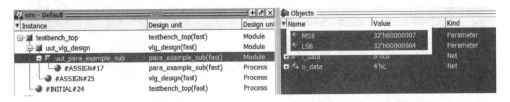

图 2.4　parameter 仿真的下层模块

七、判断语句 if 和 case

1. 条件判断 if

if 意为如果,当其后的表达式为 TRUE(表达式结果为非 0)时,则执行 if 语句后的内容;当其后的表达式为 FALSE(表达式结果为 0)时,则执行下一条 else if 或 else 语句的内容。else 语句表示在前面所有 if 或 if else 语句为 FALSE 的情况下,则执行 else 分支的内容。if 语句用 begin...end 规定执行范围,执行范围以 begin 开始,以 end 结束。

【语法结构】:

```
//语法 1
if (【表达式】)begin
    【逻辑处理 1】
end
elsebegin
    【逻辑处理 2】
end
//语法 2
if (【表达式 1】) begin
    【逻辑处理 1】
end
else if(【表达式 2】) begin
    【逻辑处理 2】
end
……     //可以有更多的 else if 分支语句
elsebegin
    【逻辑处理 n】
end
```

由于条件语句 if 对表达式的判断主要基于结果是否为 0,因此,if 中的表达式也可以简写为如下形式:

```
if(expression)
等效于
if(expression != 0)
```

　　条件语句 if 在语法上允许不写 else 部分。但是,在多级 if 语句平行或嵌套使用的情况下,建议 if 语句后尽量加上 begin……end。例如,

```
if(index > 0)
    if(rega > regb)result <= rega
    else result <= regb;
//建议根据实际逻辑的功能,清晰地写成以下两种形式的一种
//修改 1
if(index > 0) begin
    if(rega > regb)result <= rega
    else result <= regb;
end
//修改 2
if(index > 0) begin
    if(rega > regb)result <= rega
end
else begin
    result <= regb;
end
```

【实例 011】:

```
//条件判断 if 实现的 3 - 8 译码器
module vlg_design(
    input[2:0] i_sel,
    output reg[7:0] o_data
    );

always @( * ) begin
    if(i_sel == 3'd0) o_data = 8'b0000_0001;
    else if(i_sel == 3'd1) o_data = 8'b0000_0010;
    else if(i_sel == 3'd2) o_data = 8'b0000_0100;
    else if(i_sel == 3'd3) o_data = 8'b0000_1000;
    else if(i_sel == 3'd4) o_data = 8'b0001_0000;
    else if(i_sel == 3'd5) o_data = 8'b0010_0000;
    else if(i_sel == 3'd6) o_data = 8'b0100_0000;
    else o_data = 8'b1000_0000;
end
endmodule
```

2. 分支判断 case

　　分支判断 case 用于寻找与表达式的值相匹配的数值,然后执行数值后相应的逻辑处理;如果没有找到相匹配的数值,则执行 default 后的逻辑处理。case 语句以 case 开始,以 endcase 结束。语法允许不写 default 语句。在没有 default 语句的 case 语法中,若 case 表达式没有找到匹配的数值,则不会执行任何逻辑处理。

　　【语法结构】:

```
case(【表达式】)
    【数值 1】:【逻辑处理 1】;
```

```
        【数值 2】:【逻辑处理 2】;
        【数值 3】:【逻辑处理 3】;
        ……
        【数值 n】:【逻辑处理 n】;
        default:【逻辑处理 m】;
    endcase
```

【实例 012】:

```
//分支判断 case 实现的 3-8 译码器
module vlg_design(
    input[2:0] i_sel,
    output reg[7:0] o_data
    );
always @( * ) begin
    case(i_sel)
        3'd0: o_data = 8'b0000_0001;
        3'd1: o_data = 8'b0000_0010;
        3'd2: o_data = 8'b0000_0100;
        3'd3: o_data = 8'b0000_1000;
        3'd4: o_data = 8'b0001_0000;
        3'd5: o_data = 8'b0010_0000;
        3'd6: o_data = 8'b0100_0000;
        3'd7: o_data = 8'b1000_0000;
        default:;
    endcase
end
endmodule
```

在实际代码书写过程中,为了保证语法的完整性和规范性,通常建议读者写上 default;即便没有逻辑处理,也可以书写如下的空语句:

```
default:;
```

相比于 casez 和 casex 语句,case 语句要求表达式结果与分支数值完全匹配时才执行相应的逻辑处理;而 casez 和 casex 则允许数值中的任何位出现不确定的取值状态。在可综合的代码设计中,x 和 z 状态都是不支持的,但是可以使用 casez 语句和 "?"("?"表示取值为 0 或 1)配合,过滤不相关的位。由于 casez 和 casex 是不可综合的语法,使用的场景也不多,这里不详细介绍。

八、模块与端口

1. 模块 module

模块 module 是 Verilog 基本的较高层级的描述单位,其后的内容用来描述某个设计的功能或结构及其与其他模块通信的外部端口。

module 后接用户自定义的模块名,模块名后接括号,括号中是端口列表,模块以 module 开始,以 endmodule 结束。

一个工程中通常包含多个设计模块,模块之间通过"例化(instantiation)"实现接口的数据交互。多个模块使得设计具备一定的层级结构,处于最上层的模块称为"顶层模块(top‐level module)",顶层模块引出的端口将会连接到 FPGA 器件的物理引脚上,即连接到 FPGA 外部的芯片;其他的模块将会直接或间接地与顶层模块实现连接,实现数据交互。下层模块通常称之为其上层模块的"子模块(submodule)"。

【语法结构】:

```
module【模块名】(【端口列表】);
    【逻辑功能】
endmodule
```

2. 端口 port

端口 port 用于设计模块对外的接口信号的描述,不同模块之间通过 port 的连接定义实现数据交互。整个设计工程的顶层模块通过 port 定义 FPGA 器件与外部芯片的接口信号。FPGA 设计中的每个模块通常必须有 port 定义,只有对设计进行仿真验证的测试脚本的顶层模块可以无须 port 定义。

port 主要有 input(输入端口)、output(输出端口)和 inout(输入输出双向端口)3 种类型。通常在一个 module 开始时就对 port 进行申明,port 申明时可以同时指定数据类型,如 wire 或 reg 类型。input 和 inout 端口不能定义数据类型为 reg。

【实例 013】:

```
//模块名称为 logic_and
//端口定义在模块名称后的()内
module logic_and(i_clk, i_d1, i_d2, o_d);
//端口类型申明
input i_clk;
input i_d1,i_d2;
output reg o_d;
//逻辑实现
always @(posedgei_clk)
    o_d <= i_d1 & i_d2;
endmodule
//模块名称为 vlg_design
//端口以及端口类型同时定义在模块名称后的()内
module vlg_design(
    input i_clk,
    input[3:0] i_d,
    output[1:0] o_d
    );
//以下两次例化同一个子模块 uut_logic_and_2,但是名称定义必须不同
//这种方式可以实现模块的复用
//例化子模块 logic_and,名称为 uut_logic_and_1
//端口中按顺序定义和子模块连接的信号
logic_anduut_logic_and_1(i_clk, i_d[0], i_d[1], o_d[0]);
```

```
//例化子模块 logic_and,名称为 uut_logic_and_2
//端口中按照一一映射的方式连接子模块中的信号
//.后的信号名与子模块中的信号一致,()内的信号名与本模块的信号名一致
logic_anduut_logic_and_2(
    .i_clk(i_clk),
    .i_d1(i_d[2]),
    .i_d2(i_d[3]),
    .o_d(o_d[1])
);
endmodule
```

测试脚本中的端口定义,通常将被例化模块的 input 或 inout 端口申明为 wire 数据类型,将被例化模块的 output 端口申明为 reg 数据类型。

```
reg clk;
reg[3:0] i_d;
wire[1:0] o_d;
vlg_designuut_vlg_design(
    .i_clk(clk),
    .i_d(i_d),
    .o_d(o_d)
    );
```

vlg_design 模块中的端口申明比较简洁,是比较推荐的书写方式。

```
module vlg_design(
    input i_clk,
    input[3:0] i_d,
    output[1:0] o_d
    );
```

名为 uut_logic_and_2 的模块例化方式,子模块内外的接口信号映射关系清晰,一目了然,且无强制的顺序要求,是推荐的书写方式。

```
logic_anduut_logic_and_2(
    .i_clk(i_clk),
    .i_d1(i_d[2]),
    .i_d2(i_d[3]),
    .o_d(o_d[1])
);
```

九、文件读/写

1. 文件打开 $ fopen

系统任务 $ fopen 用于打开指定文件名的文件,并返回一个 32 位的多通道描述符或 32 位的文件描述符(取决于文件操作类型的设置)。

文件操作类型指定文件打开的方式,其可用的字符或字符串如表 2.2 所列。

表 2.2　文件描述符类型

符　号	描　述
r 或 rb	打开文件进行读取
w 或 wb	创建文字进行写入
a 或 ab	增补内容；打开文件在末尾写入增补内容，或创建文件进行写入
r+、r+b 或 rb+	打开文件进行更新（读文件或写文件）
w+、w+b 或 wb+	删除或创建文件进行内容更新
a+、a+b 或 ab+	增补内容；打开或创建文件，在末尾更新内容

任务 $fopen 的语法结构允许不指定文件操作类型。在不指定文件操作类型时，文件打开后处于可写入状态，并且返回一个 32 位的多通道描述符；此时，最多只能同时打开 31 个文件进行操作。在指定文件操作类型并返回一个 32 位的文件描述符情况下，不受此限制。

【语法结构】：

```
//指定文件操作类型的语法结构
integer [文件描述符] = $fopen("[文件名]","[文件操作类型]");
//不指定文件操作类型的语法结构
integer [多通道描述符] = $fopen("[文件名]"
```

2. 文件关闭 $fclose

系统任务 $fclose 用于关闭任务 $fopen 已经打开的文件。

【语法结构】：

```
$fclose("[文件描述符或多通道描述符]");
```

3. 文件写入 $fwrite

系统任务 $fwrite 用于向指定文件写入数据，写入后不自动换行。

【语法结构】：

```
$fwrite("[文件描述符或多通道描述符]","[字符串或数据格式]","[寄存器等]");
```

【实例 014】：

```
//打开 output_file 文件夹并创建一个文本 result_data.txt,定义文件描述符 w_file
//注意,output_file 文件夹必须事先创建好,否则可能报错
//文本 result_data.txt 则无须创建,此代码会自动新建
integer w_file;
initial begin
    w_file = $fopen("./output_file/result_data.txt","w");
    //向文件中写入字符串
    $fwrite(w_file, "The result of counter is:\n");
end
//o_dout 信号以 16 进制写入 w_file 指向的文本文件中
```

```
always @(posedgeclk) begin
    if(o_vld) begin
        $fwrite(w_file, "%4x\n", o_data);
    end
end
```

4. 十六进制文件读取 $readmemh

系统任务 $readmemh 读取十六进制文件。$readmemh 的作用是将文件中的数据一次性地读入某个数组中，然后可以依次从数组中取出单个的数据进行处理。读取的内容只包括空白位置(空格、换行、制表格)、注释行、十六进制的数字。语法结构中的起始地址与终止地址可省略。

【语法结构】：

$readmemh("文件名"，存储器名,起始地址,终止地址)；

【实例 015】：

```
module testbench_top();
////////////////////////////////////////////////////////
//十六进制文件读取操作
//从 input 文件夹下读取十六进制文本 hex_file_1.txt
//读取的文本数据存储在 data_mem_1 数组寄存器中
//data_mem_1 数组寄存器的深度为 8,位宽为 16 bit
reg[15:0]data_mem_1 [7:0];
initial $readmemh("./input_file/hex_file_1.txt", data_mem_1);
//从 input 文件夹下读取十六进制文本 hex_file_2.txt
//读取的文本数据存储在 data_mem_2 数组寄存器中
//data_mem_2 数组寄存器的深度为 8,位宽为 16 bit
reg[15:0]data_mem_2 [7:0];
initial $readmemh("./input_file/hex_file_2.txt", data_mem_2);
//从 input 文件夹下读取十六进制文本 hex_file_3.txt
//读取的文本数据存储在 data_mem_3 数组寄存器中
//data_mem_3 数组寄存器的深度为 8,位宽为 16 bit
reg[15:0]data_mem_3 [7:0];
initial $readmemh("./input_file/hex_file_3.txt", data_mem_3);
//从 input 文件夹下读取十六进制文本 hex_file_4.txt
//读取的文本数据存储在 data_mem_4 数组寄存器中
//data_mem_4 数组寄存器的深度为 8,位宽为 16 bit
reg[15:0]data_mem_4 [7:0];
initial $readmemh("./input_file/hex_file_4.txt", data_mem_4);
////////////////////////////////////////////////////////
//打印读取到的文本内容
integer i;
initial begin
    #10;
    $display("read from hex_file_1:");
    for(i=0;i<8;i=i+1)
        $display("%4h",data_mem_1[i]);
    $display("read from hex_file_2:");
```

```
      for(i = 0;i < 8;i = i + 1)
            $ display(" % 4h",data_mem_2[i]);
      $ display("read from hex_file_3:");
      for(i = 0;i < 8;i = i + 1)
            $ display(" % 4h",data_mem_3[i]);
      $ display("read from hex_file_4:");
      for(i = 0;i < 8;i = i + 1)
            $ display(" % 4h",data_mem_4[i]);
end
endmodule
```

任务 $readmemh 读取的数据之间可以使用空格(space)、换行(enter)、制表格(tab)进行分隔,若文件中读取的数据个数不足以填满寄存器数组所定义的深度,那么余下的数据以 x 填充。

(1) 测试用例 1

读取文本 hex_file_1.txt,其中以回车分隔,共有 8 个 16 进制数据。hex_file_1.txt 文本中的数据排列如图 2.5 所示。

$readmemh 读取并打印的数据如下:

```
# read from hex_file_1:
# f001
# e002
# d003
# c004
# b005
# a006
# 9007
# 1008
```

hex_file_1.txt	
1	f001
2	e002
3	d003
4	c004
5	b005
6	a006
7	9007
8	1008

图 2.5　hex_file_1.txt 文本内容

(2) 测试用例 2

读取文本 hex_file_2.txt,其中以空格分隔,共有 8 个 16 进制数据。hex_file_2.txt 文本中的数据排列如图 2.6 所示。

hex_file_2.txt							
1	1001	1002	1003	1004	1005	1006	1007	1008

图 2.6　hex_file_2.txt 文本内容

$readmemh 读取并打印的数据如下:

```
# read from hex_file_2:
# 1001
# 1002
# 1003
```

```
# 1004
# 1005
# 1006
# 1007
# 1008
```

（3）测试用例 3

读取文本 hex_file_3.txt，其中以制表格分隔，共有 8 个 16 进制数据。hex_file_3.txt 文本中的数据排列如图 2.7 所示。

hex_file_3.txt							
1　a001	a002	a003	a004	a005	a006	a007	a008

图 2.7　hex_file_3.txt 文本内容

$readmemh 读取并打印的数据如下：

```
# read from hex_file_3：
# a001
# a002
# a003
# a004
# a005
# a006
# a007
# a008
```

（4）测试用例 4

读取文本 hex_file_4.txt，其中以回车分隔，仅有 4 个 16 进制数据。hex_file_4.txt 文本中的数据排列如图 2.8 所示。

$readmemh 读取并打印的数据如下：

```
# read from hex_file_4：
# f001
# e002
# d003
# c004
# xxxx
# xxxx
# xxxx
# xxxx
```

hex_file_4.txt
1　f001
2　e002
3　d003
4　c004
5
6
7
8

图 2.8　hex_file_4.txt 文本内容

5. 二进制文件读取 $readmemb

系统任务 $readmemb 读取二进制文件。读取的内容只包括空白位置（空格、换行、制表格）、注释行、二进制的数字。语法结构中的起始地址与终止地址可省略。$readmemb 的用法与 $readmemh 基本一致。

【语法结构】：

```
$ readmemb("文件名",存储器名,起始地址,终止地址);
```

十、语句重复 generate 与 genvar

generate 语法可以实现某些语句的重复。genvar 与 generate 是 Verilog 2001 才有的,功能非常强大,可以配合条件语句、分支语句等做一些有规律地例化或者赋值等操作;对于提高简洁代码很有帮助,同时也减少了人为的影响。

generate 语法有 generate for、genreate if 和 generate case 这 3 种。可以在 generate 中使用的语法语句包括 module(模块)、UDP(用户自定义原语)、门级原语、连续赋值语句、always 语句和 initial 语句等。

使用 generate 时,需要定义 genvar 作为 generate 的循环变量。

【语法结构】:

```
genvar 循环变量名;
generate
    //generate 循环语句,或 generate 条件语句,或 generate 分支语句
    //或嵌套的 generate 语句
endgenerate
```

可以通过以下 3 个实例代码体会 genvar 与 generate 的妙用。

【实例 016】:

```
//1 bit 移位功能
module vlg_design(
    input i_clk,
    input i_rst_n,
    input i_data,
    output o_data
    );
////////////////////////////////////////////////
//参数和寄存器申明
parameter DATA_SIZE = 8;
reg [DATA_SIZE - 1:0] r_data;
////////////////////////////////////////////////
    //锁存输入数据
always @ (posedgei_clk)
    r_data[0] <= i_data;
    //输出数据赋值
assign o_data = r_data[DATA_SIZE - 1];
////////////////////////////////////////////////
//使用 generate/genvar 语句实现 always 语句复用
genvari;
generate
    for (i = 1; i < DATA_SIZE; i = i + 1) begin
        always @ (posedgei_clk) begin
            if(!i_rst_n) r_data[i] <= 1'b0;
            else r_data[i] <= r_data[i - 1];
        end
```

```
        end
    endgenerate
endmodule
```

【实例 017】：

```
//格雷码解码功能实现
module vlg_design#(
    parameter integer DATA_SIZE = 8)
(
    input i_clk,
    input i_en,
    output reg o_vld,
    input[DATA_SIZE - 1:0] i_gray_code,
    output reg[DATA_SIZE - 1:0] o_bin_data
    );
/////////////////////////////////////////////
//输出数据有效
always @(posedgei_clk)
    o_vld <= i_en;
/////////////////////////////////////////////
//使用 generate/genvar 语句实现 always 语句复用
genvari;
generate
    for (i = 0; i < DATA_SIZE; i = i + 1) begin
        always @(posedgei_clk) begin
            if(i_en) o_bin_data[i] <= ^i_gray_code[DATA_SIZE - 1:i];
            else o_bin_data[i] <= 'b0;
        end
    end
endgenerate
endmodule
```

【实例 018】：

```
//脉冲检测与计数子模块
module pulse_counter(
    input i_clk,
    input i_rst_n,
    input i_pulse,
    input i_en,
    output reg[15:0] o_pulse_cnt
    );
reg[1:0] r_pulse;
wire w_rise_edge;
/////////////////////////////////////////////
//脉冲边沿检测逻辑
always @(posedge i_clk)
    if(!i_rst_n) r_pulse <= 2'b00;
    else r_pulse <= {r_pulse[0],i_pulse};
assign w_rise_edge = r_pulse[0] & ~r_pulse[1];
```

```
//////////////////////////////////////////
//脉冲计数逻辑
always @(posedge i_clk)
    if(i_en) begin
        if(w_rise_edge) o_pulse_cnt <= o_pulse_cnt + 1;
        else /* o_pulse_cnt <= o_pulse_cnt */;
    end
    else o_pulse_cnt <= 'b0;
endmodule
//使用 generate for 对子模块做 16 次重复例化
module vlg_design(
    input i_clk,
    input i_rst_n,
    input[15:0] i_pulse,
    input i_en,
    output[15:0] o_pulse_cnt0,
    output[15:0] o_pulse_cnt1,
    output[15:0] o_pulse_cnt2,
    output[15:0] o_pulse_cnt3,
    output[15:0] o_pulse_cnt4,
    output[15:0] o_pulse_cnt5,
    output[15:0] o_pulse_cnt6,
    output[15:0] o_pulse_cnt7,
    output[15:0] o_pulse_cnt8,
    output[15:0] o_pulse_cnt9,
    output[15:0] o_pulse_cnta,
    output[15:0] o_pulse_cntb,
    output[15:0] o_pulse_cntc,
    output[15:0] o_pulse_cntd,
    output[15:0] o_pulse_cnte,
    output[15:0] o_pulse_cntf
    );
wire[15:0] r_pulse_cnt[15:0];
genvar i;
generate
    for(i = 0; i < 16; i = i + 1) begin
        pulse_counteruut1_pulse_counter(
            .i_clk              (i_clk),
            .i_rst_n            (i_rst_n),
            .i_pulse            (i_pulse[i]),
            .i_en               (i_en),
            .o_pulse_cnt(r_pulse_cnt[i])
            );
    end
endgenerate
assign o_pulse_cnt0 = r_pulse_cnt[0];
assign o_pulse_cnt1 = r_pulse_cnt[1];
assign o_pulse_cnt2 = r_pulse_cnt[2];
assign o_pulse_cnt3 = r_pulse_cnt[3];
```

```
assign o_pulse_cnt4 = r_pulse_cnt[4];
assign o_pulse_cnt5 = r_pulse_cnt[5];
assign o_pulse_cnt6 = r_pulse_cnt[6];
assign o_pulse_cnt7 = r_pulse_cnt[7];
assign o_pulse_cnt8 = r_pulse_cnt[8];
assign o_pulse_cnt9 = r_pulse_cnt[9];
assign o_pulse_cnta = r_pulse_cnt[10];
assign o_pulse_cntb = r_pulse_cnt[11];
assign o_pulse_cntc = r_pulse_cnt[12];
assign o_pulse_cntd = r_pulse_cnt[13];
assign o_pulse_cnte = r_pulse_cnt[14];
assign o_pulse_cntf = r_pulse_cnt[15];
endmodule
```

十一、阻塞赋值(＝)和非阻塞赋值(＜＝)

阻塞赋值(＝)与非阻塞赋值(＜＝)不仅在 RTL 级语法中使用时有讲究,在行为级语法中使用时也很讲究,使用得当才能够产生期望的激励时序。

单从字面意思看,"阻塞"就是执行的时候在某个地方被堵塞了,必须等这个操作执行完才能继续执行后面的语句;而"非阻塞"就是不管当前语句执行与否,下面的语句都不受影响,照常执行。Verilog 中的阻塞赋值与非阻塞赋值确实就是这个含义。

在实际使用中,阻塞赋值实现的语句按照代码先后顺序执行;而非阻塞赋值则同时并行执行,没有先后顺序。

【实例 019】:

```
'timescale 1ns/1ps
module testbench_top();
reg a1 = 0, b1 = 0;
reg a2 = 0, b2 = 0;
initial begin
    a1 = #5 1;              //在第 5 ns 赋值
    b1 = #2 1;              //在第(5＋2)ns 赋值
end
initial begin
    a2 <= #10 1;            //在第 10 ns 赋值
    b2 <= #9 1;             //在第 9 ns 赋值
end
initial begin
    $ monitor("a1 = % b,b1 = % b,a2 = % b,b2 = % b at % 0dns",a1,b1,a2,b2,
$ time);
    #20;
    $ stop;
end
endmodule
```

在该实例中,a1、b1、a2 和 b2 这 4 个寄存器在初始化时(第 0 ns)都直接赋值为 0。
在第一个 initial 语句中,a1 和 b1 的赋值使用阻塞赋值(＝),执行的顺序先是

a1 ＝ ♯5 1，然后是 b1 ＝ ♯2 1。由于 a1 赋值做了 5 ns 的延时，所以在 a1 赋值为 1
之后已经是第 5 ns 了；接着执行 b1 赋值，由于 b1 赋值做了 2 ns 的延时，所以在 b1
赋值完成已经是第(5＋2)ns，即第 7 ns 了。

　　在第 2 个 initial 语句中，a2 和 b2 的赋值使用了非阻塞赋值语句(＜＝)，因此 a2
和 b2 两条赋值语句的执行是同时发生的。由于 a2 的赋值做了 10 ns 延时，那么 a2
就是在第 10 ns 被赋值为 1；b2 的赋值做了 9 ns 延时，那么 b2 就是在第 9 ns 被赋值
为 1。这么一来，反而后面一条语句 b2 的赋值先实现了。而使用阻塞赋值时这种情
况是无论如何不会发生的。

　　使用 $ monitor 监控的赋值和时间戳打印如图 2.9 所示，和前面的说明一致。

```
# a1 = 0,b1 = 0,a2 = 0,b2 = 0 at 0ns
# a1 = 1,b1 = 0,a2 = 0,b2 = 0 at 5ns
# a1 = 1,b1 = 1,a2 = 0,b2 = 0 at 7ns
# a1 = 1,b1 = 1,a2 = 0,b2 = 1 at 9ns
# a1 = 1,b1 = 1,a2 = 1,b2 = 1 at 10ns
```

图 2.9　阻塞赋值与非阻塞赋值实例结果打印

十二、任务和函数

　　任务 task 和函数 function 是偏行为级语法。之所以说是偏行为级而非纯粹的
行为级，是因为可以将其写成符合可综合的形式，被编译器识别并转化为实际的电
路。但对于初学者，存在较多的陷阱，建议编写可综合的语法时慎用。

1. 任务 task

　　任务 task 是某一段代码功能的封装，实现了对同一块代码功能的多次执行，有
利于精简代码、提升可读性和可调试性。task 只有调用的时候才执行，其后接用户
自定义的任务名；任务模块以 task 开始，以 endtask 结束。

　　task 中可以有 input、output 和 inout 接口信号，在任务名之后进行申明，随后在
begin 和 end 之间输入具体的逻辑。一个 task 中既可以包含另一个 task，也可以包
含 function。可以使用 task 产生多次顺序执行的测试激励。

　　【语法结构】：

```
task <任务名>;
    input <输入端口名称>;
    <其他输入端口定义>
    output <输出端口名称>;
    <其他输出端口定义>
    begin
        <逻辑功能>;
    end
endtask
```

【实例 020】：

```
always begin                        //LED 控制时序
    red = on;                       //红灯点亮
    light(red, red_tics);           //任务调用,延时并关闭红灯
    green = on;                     //绿灯点亮
    light(green, green_tics);       //任务调用,延时并关闭绿灯
    amber = on;                     //黄灯点亮
    light(amber, amber_tics);       //任务调用,延时并关闭黄灯
end
//名为 light 的任务,在 color LED 关闭前延时 tics 个时钟周期
task light;
    output color;
    input [31:0] tics;
    begin
        //延时 tics 个时钟周期
        repeat (tics) @ (posedgeclk);
        //关闭 LED
        color = off;
    end
endtask
```

2. 函数 function

函数 function 主要用于希望获取返回值的表达式。与 task 类似,function 实现了对同一块代码功能的多次执行,有利于精简代码、提升可读性和可调试性。只有函数模块被引用在一个表达式的时候才执行,function 后接用户自定义的函数名;函数模块以 function 开始,以 endfunction 结束。

function 使用时有以下限制：

➢ 不能执行带时序控制的功能,即不能使用任何包含 #、@或 wait 的语句。

➢ 不能调用 task。

➢ 端口中至少应该包含一个 input 信号。

➢ 端口中不能包含 output 和 inout 信号。

➢ 必须包含对与函数名称相同变量的赋值。

➢ 不能含有非阻塞赋值语句。

【语法结构】：

```
function[<MSB>;<LSB>]<函数名称>;
    input <输入端口名称>;
    <其他输入端口定义>
    begin
        <逻辑功能>
    end
endfunction
//function 的调用
<信号名> = <函数名称>(<输入信号1,输入信号2,……>);
```

【实例 095】:

```
//名称为 grag_encode 的函数,返回 4 bit 位宽的数据
function  [3:0] gray_encode;
    input [3:0] binary_input;
    begin
        gray_encode[3] = binary_input[3];
        for (k = 2; k >= 0; k = k - 1) begin
        gray_encode[k] = binary_input[k + 1] ^ binary_input[k];
        end
    end
endfunction
//function 的调用
get_encode = gray_encode(4'b1011);
```

十三、其他常用行为级语法

　　行为级是 RTL 级的上一层,或者说是相比 RTL 级更高级的语法,其语法更符合人类思维的描述方式。行为级语法可用于快速验证算法的正确性,或快速构建一个复杂的系统模型。仿真验证中使用行为级的语法可以充分发挥仿真平台的优越性,用更简洁、高效的语法语句简化并加快仿真系统的构建,让设计者把更多的时间和精力集中在设计、调试上。

　　行为级多以直接赋值、指定延迟、算术运算等不可综合的形式进行,只关注结果。行为级并不关注电路的具体结构,因为行为级语法运行在仿真工具(如 Modelsim)上并不需要直接综合成实际的电路结构运行到 FPGA 器件中。

1. initial 和 always

　　initial 和 always 语句所实现的行为级语法遵循硬件固有的并行性特点,它们在仿真过程中可以独立并行地运作。

　　initial 和 always 语句在仿真开始的 0 ns 时刻同时并行开始工作,且无论在一个测试脚本中有一个还是多个的 initial 或 always 语句,它们都会从仿真的 0 ns 开始并行工作。initial 语句在整个仿真过程中只会运行一次,而 always 语句则会不断重复运行,直到仿真运行停止。

【实例 021】:

```
'timescale 1ns/1ns
module testbench_top();
reg a, b;
initial begin
    a = 'b1;
    b = 'b0;
end
initial begin
    #1000;
```

```
        $ stop;
end
always begin
    #50 a = ~a;
end
always begin
    #100 b = ~b;
end
endmodule
```

在该实例代码中,2 个 initial 语句和 2 个 always 语句在仿真运行的第 0 ns 将同时并行执行。第一个 initial 语句对寄存器 a 和 b 在 0 ns 时分别赋初值 1 和 0。第一个 always 语句每延时 50 ns 对寄存器 a 做一次数值翻转,第 2 个 always 语句每延时 100 ns 对寄存器 b 做一次数值翻转;而第 2 个 initial 语句在延时 1 000 ns 后停止仿真($ stop)。仿真停止时的波形如图 2.10 所示,可以看出 2 个 initial 和 2 个 always 语句确实如我们预期一样并行工作。

图 2.10　initial 与 always 实例仿真波形

2. 时间刻度 'timescale

'timescale 对时间单位代表的物理时间进行定义,其后接时间单位和时间精度,二者之间用反斜杠(/)分隔。

【语法结构】:

```
'timescale【时间单位】/【时间精度】
```

3. 时间戳 $ time

时间戳 $ time 是一个系统函数,可以返回一个 64 位的整数来表示当前的仿真时刻,返回值的单位和 'timescale 定义的时间单位一致。时间戳 $ time 在使用 $ display 打印时,若指定输出格式为%t,则输出数据以 'timescale 定义的时间精度为单位;若指定输出格式为%d,则输出数据以 'timescale 定义的时间单位为单位。

【语法结构】:

```
$ time
```

【实例 022】:

```
'timescale 1ns/1ps
module testbench_top();
initial begin
    #10;
    $ display(" % 0tps", $ time);
    #5.481;
```

```
        $ display(" % 0tps", $ time);
        #10.58289;
        $ display(" % 0tps", $ time);
        $ display(" % 0dns", $ time);
        $ stop;
    end
endmodule
```

'timescale 1 ns/1 ps 表示时间单位是 1 ns,时间精度是 1 ps。#10 表示 10 个时间单位(ns)的延时,即 10 ns,打印的第一条延时信息为 10 000 ps;#5.481 表示延时 5.481 个时间单位(ns),两次延时后的时间是 15.481 ns(10 ns+5.481 ns)。使用 $ time 进行时间打印时,返回的整数值的单位是 'timescale 定义的时间单位,当前定义的时间单位是 1 ns(1 000 ps),15.481 的小数部分四舍五入后就是 15 ns(15 000 ps),所以打印的第二条时间信息为 15 000 ps;#10.58289 表示延时 10.582 89 个时间单位(ns),由于时间精度是 1 ps(0.001 ns),所以 1 ps 下一位四舍五入后只有 10.583 是有效数字,那么总的延时时间是 26.064 000 ns(10.000 ns+5.481 ns+10.582 ns)。使用 $ time 进行时间打印时,只显示四舍五入后的整数 26,即打印 26 000 ps。若打印的格式为%d,那么只取整数部分,以 ns 为单位,则打印 26 ns。仿真的打印信息如下:

```
#  10000ps
#  15000ps
#  26000ps
#  26ns
```

4. 时间戳 $ realtime

时间戳 $ realtime 是一个系统函数,返回的时间数字是一个实型数;该实型数也是以时间尺度为基准的。时间戳 $ realtime 在使用 $ display 打印时,若指定输出格式为%t,则输出数据以 'timescale 定义的时间精度为单位;若指定输出格式为%f,则输出数据以 'timescale 定义的时间单位为单位。

【实例 023】:

```
'timescale 1ns/1ps
module testbench_top();
initial begin
    #10;
    $ display(" % 0fns", $ realtime);
    #5.481;
    $ display(" % 0fns", $ realtime);
    #10.58289;
    $ display(" % 0fns", $ realtime);
    $ stop;
end
endmodule
```

'timescale 1 ns/1 ps 表示时间单位是 1 ns,时间精度是 1 ps。#10 表示 10 个时

间单位(ns)的延时，即 10 ns，打印的第一条延时信息为 10.000 000 ns；♯5.481 表示延时 5.481 个时间单位(ns)，由于时间精度是 1 ps(0.001 ns)，所以 15.481 都是有效数字，打印的第二条延时信息为 15.481 000 ns(10.000 000 ns＋5.481 000 ns)；♯10.58289 表示延时 10.582 89 个时间单位(ns)，由于时间精度是 1 ps(0.001 ns)，所以 1 ps 下一位四舍五入后只有 10.583 是有效数字，因此打印的第三条延时信息为 26.064 000 ns(10.000 000 ns＋5.481 000 ns＋10.582 000 ns)。

仿真的打印信息如下：

```
♯ 10.000000ns
♯ 15.481000ns
♯ 26.064000ns
```

5. 持续赋值 assign 和 deassign

使用 assign 语句可以对变量进行持续的赋值，deassign 则恰恰相反，可以结束 assign 语句对某个变量的持续赋值。

【实例 024】：

```verilog
'timescale 1ns/1ps
module testbench_top();
/////////////////////////////////////////////////
//参数定义
'define CLK_PERIORD    10        //时钟周期设置为 10 ns(100 MHz)
/////////////////////////////////////////////////
//接口申明
reg clk;
/////////////////////////////////////////////////
//复位和时钟产生
//时钟和复位初始化、复位产生
initial begin
    clk <= 0;
end
    //时钟产生
always ♯('CLK_PERIORD/2) clk = ~clk;
/////////////////////////////////////////////////
//使用 assign 和 deassign 对 a 进行赋值
reg a;
initial begin
    a = 0;
    ♯100;
    assign a = clk;
    ♯100;
    deassign a;
    ♯100;
    $ stop;
end
endmodule
```

该实例中，在 0～100 ns，a 保持初始化值 0；在第 100 ns 时，assign 语句将周期性时钟信号 clk 赋值给 a,所以在接下来的第 100~200 ns,a 的取值和 clk 一样,为周期性的时钟信号;延时了 100 ns,即在第 200 ns,deassign 语句终止了 a 和 clk 的赋值关系,所以第 200 ns 之后,clk 不再赋值给 a 了,从仿真波形上看,a 保持了 deassign 语句生效时刻的取值(1)不变,如图 2.11 所示。

图 2.11　assign 和 deassign 实例仿真波形

6. 持续赋值 force 和 release

force 语句和 assign 语句有类似的功能,可以实现持续地赋值。但 force 语句除了可以对变量进行持续赋值,甚至还可以对一个已经使用 assign 赋值了的变量进行强制赋值,这或许就是 force 取名的意义。而 release 语句则可以终止 force 语句的赋值。

【实例 025】:

```
`timescale 1ns/1ps

module testbench_top();
/////////////////////////////////////////////////////////
//参数定义
`define CLK_PERIORD10//时钟周期设置为 10 ns(100 MHz)
/////////////////////////////////////////////////////////
//接口申明
reg clk;
/////////////////////////////////////////////////////////
//复位和时钟产生
    //时钟和复位初始化、复位产生
initial begin
    clk <= 0;
end
    //时钟产生
always #(`CLK_PERIORD/2) clk = ~clk;
/////////////////////////////////////////////////////////
reg a;
initial begin
    assign a = clk;
    #100;
    force a = 0;
    #100;
    release a;
    #100;
    $ stop;
end
endmodule
```

在第 0 ns,周期性时钟信号使用 assign 语句赋值给 a;在第 100 ns,force 语句将 a 赋值为 0,a 的 0 值一直保持到第 200 ns,release 语句释放了 force 语句的赋值;因此,从第 200 ns 开始,a 的值重新由开始的 assign 语句赋值的周期性时钟信号,如图 2.12 所示。

图 2.12　force 和 release 实例仿真波形

7. 循环语句 forever、repeat、while 和 for

行为级语法支持 forever、repeat、while 和 for 这 4 类循环语句,可以实现对一段代码的不执行、一次执行或多次执行。

(1) forever

forever 意为永远,表示连续执行 forever 语句后的逻辑功能;当最后一行代码执行完成后,再从第一行代码开始重新执行,如此反复,直到仿真结束。如果用 begin...end 规定执行范围,执行范围以 begin 开始,以 end 结束。forever 语句必须写在 initial 语句中。

【语法结构】:

```
forever begin
    【逻辑功能】;
end
```

(2) repeat

repeat 意为重复,表示连续执行 repeat 后的逻辑功能,其后括号中的数值是执行的次数,当最后一行代码执行完成后,再从第一行代码开始执行,直到完成执行的次数后停止。如果用 begin...end 规定执行范围,则执行范围以 begin 开始,以 end 结束。

【语法结构】:

```
repeat(【数值】)begin
    【逻辑功能】;
end
```

【实例 026】:

```
module testbench_top();
integer cnt;
reg en;
initial begin
    en = 0;
    cnt = 0;
    #100;
    repeat(8) begin
```

```
                en = 1;
                cnt = cnt + 1;
                #10;
            end
            en = 0;
            cnt = 0;
            #100;
            $ stop;
    end
    endmodule
```

该实例中，repeat 语句执行 8 次 cnt 递增运算（每隔 10 ns），且在此期间 en 信号拉高，所以如图 2.13 所示，在仿真波形中可以看到 en 拉高的 80 ns 时间里 cnt 从 1 递增到 8。

图 2.13　repeat 实例仿真波形

(3) while

while 表示"当...时"，当 while 后括号中的表达式为 TRUE 时，连续执行 while 语句后的逻辑功能；当最后一行代码执行完成后，再从第一行代码开始执行，直到表达式为 FALSE 时停止。如果用 begin...end 规定执行范围，则执行范围以 begin 开始，以 end 结束。

【语法结构】：

```
while(【表达式】)begin
    【逻辑功能】;
end
```

【实例 066】：

```
module testbench_top();
/////////////////////////////////////////////////////////
//参数定义
'define CLK_PERIORD    10      //时钟周期设置为 10 ns(100 MHz)
/////////////////////////////////////////////////////////
//接口申明
reg clk;
/////////////////////////////////////////////////////////
//时钟产生
    //时钟信号初始化
initial begin
    clk <= 0;
end
    //时钟产生
always #('CLK_PERIORD/2) clk = ~clk;
```

72

```
////////////////////////////////////////////////////////
reg[7:0] cnt = 0;
always @(posedge clk)
    cnt <= cnt + 1;
initial begin
    $ display("Simulation Start.");
    while (cnt < 8) begin
        $ display("cnt = % 0d",cnt);
        @(posedge clk);
        #1;
    end
    $ display("Simulation End.");
    $ stop;
end
endmodule
```

该实例在仿真一开始,打印字符串"Simulation Start."之后,就使用 while 语句判断 cnt 取值是否小于 8。若为 TRUE,则每隔一个时钟周期打印一次 cnt 数值;若为 FALSE,则不再打印 cnt 数值;最后打印字符串"Simulation End.",然后结束仿真。

```
# Simulation Start.
# cnt = 4
# cnt = 5
# cnt = 6
# cnt = 7
# cnt = 8
# Simulation End.
```

(4) for

for 语句根据其表达式中的变量初始、变化和判断条件,实现其后逻辑功能的多次执行。for 后面的括号中有 3 个表达式;首先以 for 后面括号中第一个表达式为初始条件;当 for 后面括号中第二个表达式为 TRUE 时,连续执行 for 语句后的逻辑功能;当最后一行代码执行完成后,执行一次 for 后面括号中的第三个表达式;再回头执行 for 后面第二个表达式,若为 TURE,则继续执行其后的逻辑功能,如此反复,直到第二个表达式为 FALSE 时停止。如果用 begin...end 规定执行范围,则执行范围以 begin 开始,以 end 结束。

【语法结构】:

```
for (表达式 1; 表达式 2; 表达式 3)begin
    【逻辑功能】;
end
```

【实例 028】:

```
module testbench_top();
////////////////////////////////////////////////////////
//参数定义
'define CLK_PERIORD    10      //时钟周期设置为 10 ns(100 MHz)
```

73

深入浅出
玩转
FPGA
（第4版）

```
///////////////////////////////////////////////////////
//接口申明
reg clk;
///////////////////////////////////////////////////////
//时钟产生
    //时钟信号初始化
initial begin
    clk <= 0;
end
    //时钟产生
always #('CLK_PERIORD/2) clk = ~clk;
///////////////////////////////////////////////////////
integer cnt;
initial begin
    $ display("Simulation Start.");
    for (cnt = 4; cnt <= 8; cnt = cnt + 1) begin
        $ display("cnt = %0d",cnt);
        @(posedge clk);
    end
    $ display("Simulation End.");
    $ stop;
end
endmodule
```

　　该实例中使用 for 语句给 cnt 赋初值为 4，然后每隔一个时钟周期打印 cnt 值并
递增；当 cnt 取值不满足 cnt≤8 时，退出 for 循环，结束仿真。因此，cnt 取值从 4～8
都会打印出来。

```
# Simulation Start.
# cnt = 4
# cnt = 5
# cnt = 6
# cnt = 7
# cnt = 8
# Simulation End.
```

8. 时间控制

　　在行为级语法的过程赋值中的时间控制主要有两大类，一类使用 # 实现精确的
时间延时控制，另一类使用事件表达式（如 @ 和 wait 语句）实现事件触发的时间
控制。

(1) 时间延时

　　时间延时 # 可后接数值、常量表达式（如定义的参数）或变量，表示延时若干个时
间单位，时间单位和精度由 'timescale 语法申明。若 # 后的延时时间设置值中某些
位出现 x 或 z，则延时时间将被强制设定为 0；若 # 后的延时时间设置值为负数，则延
时时间将被强制设定为 2 s。

　　【实例 029】：

```
`timescale 1ns/1ps
module testbench_top();
parameter  DELAY_PARA = 50;
real delay_vari;
real t1,t2,t3,t4;
initial begin
    delay_vari = 25.338;
    t1 = $ realtime;
    #100;     //延时 100 ns
    t2 = $ realtime;
    $ display("#100 = % 0fns",(t2 - t1));
    #delay_vari;
    t3 = $ realtime;
    $ display("# delay_vari = % 0fns",(t3 - t2));
    #DELAY_PARA;
    t4 = $ realtime;
    $ display("# DELAY_PARA = % 0fns",(t4 - t3));
    $ stop;
end
endmodule
```

该实例分别使用数字、变量和参数进行延时设定,打印延时时间如下,和设定值一致:

```
#100 = 100.000000ns
#delay_vari = 25.338000ns
#DELAY_PARA = 50.000000ns
```

(2) 事件触发@

时间触发@可以基于某个信号或变量的取值变化,也可以基于某个数据位的方向变化,如使用 posedge 或 negedge 分别表示取值从 0 变化为 1 或从 1 变化为 0。

➤ negedge 可以用于检测从 1 变化为 x、z 或 0,从 x 或 z 变化为 0。

➤ posedge 可以用于检测从 0 变化为 x、z 或 0,从 x 或 z 变化为 1。

【实例 030】:

```
`timescale 1ns/1ps
module testbench_top();
reg en;
integer dly;
initial begin
    en = 0;
    #10;
    en = 1;
    #10;
    en = 0;
end
initial begin
    dly = 0;
    #20;
```

75

```
        dly = 1;
        #20;
        dly = 2;
        #20;
        dly = 3;
        #20;
        dly = 4;
    end
    initial begin
        @(posedge en);
        $ display("@(negedge en) at %0fns",$realtime);
        @(negedge en);
        $ display("@(negedge en) at %0fns",$realtime);
        @(dly == 3);
        $ display("@(dly == 3) at %0fns",$realtime);
        $ stop;
    end
    endmodule
```

该实例使用@(posedge en)、@(negedge en)和@(dly == 3)作为触发事件,分别打印实际触发的时间。打印时间如下,和事件发生的实际时间吻合:

```
#  @(negedge en) at 10.000000ns
#  @(negedge en) at 20.000000ns
#  @(dly == 3) at 60.000000ns
```

【实例 031】:

```
'timescale 1ns/1ps
module testbench_top();
/////////////////////////////////////////////////////////
//参数定义
'define CLK_PERIORD    10    //时钟周期设置为 10 ns(100 MHz)
/////////////////////////////////////////////////////////
//接口申明
reg clk;
reg rst_n;
reg a,b,c;
reg d1,d2,d3;
/////////////////////////////////////////////////////////
//时钟产生
    //时钟初始化
initial clk <= 0;
    //时钟产生
always #('CLK_PERIORD/2) clk = ~clk;
/////////////////////////////////////////////////////////
//测试激励产生
initial begin
    rst_n <= 1;
    a <= 0;
    b <= 0;
```

```
        c <= 0;
        #12;
        a <= 1;
        b <= 0;
        c <= 0;
        #12;
        a <= 1;
        b <= 1;
        c <= 1;
        #12;
        a <= 0;
        b <= 1;
        c <= 1;
        #20;
        #12;
        a <= 1;
        b <= 1;
        c <= 1;
        #12;
        rst_n <= 0;
        #20;
        $ stop;
end
always @(a or b or c)
    d1 = a & b & c;
always @(posedge clk or negedge rst_n)
    if(!rst_n) d2 <= 1'b0;
    else d2 <= a & b & c;
always @( * )
    d3 = a | b | c;
endmodule
```

77

该实例中,@(a or b or c)表示敏感表中的 a、b 或 c 有任何值变化就触发事件进行 d1 的赋值运算;@(posedge clk or negedge rst_n)表示 clk 上升沿或 rst_n 下降沿触发事件,进行 d2 的赋值运算;@(*)等效于@(a or b or c),即给 d3 赋值的所有信号都作为事件触发的信号。仿真波形如图 2.14 所示。

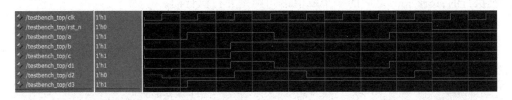

图 2.14　时间出发@实例仿真波形

@与 always 一起使用时,表示某事件(敏感信号)触发时执行处理。注意,在下面这种情况下,逻辑处理可能永远不会执行:

```
always @ ( * ) begin
    #10;
    a <= ~a;
end
```

若设计者的意图是希望产生一个每隔 10 个时间单位电平翻转的 a 信号,那么 always 就不能和时间触发@一起使用,应该写成下面这种方式:

```
always begin
    #10;
    a <= ~a;
end
```

(3) 事件等待 wait

事件等待 wait 为电平敏感的事件控制语法。wait 后的括号内的表达式若为 FALSE,则一直等待,直到表达式为 TRUE,才执行后续逻辑代码。

【实例 032】:

```
'timescale 1ns/1ps
module testbench_top();
reg[7:0] cnt = 0;
always #10 cnt = cnt + 1;
initial begin
    wait(cnt == 10) begin
        $display("cnt == 10 at %0dns", $time);
    end
    $stop;
end
endmodule
```

wait(cnt == 10)表示 cnt 取值为 10 时继续执行后面的代码,否则一直等待。因为 cnt 从 0 ns 开始,每隔 10 ns 递增 1,所以 cnt 取值为 10 时,经过了 10×10 ns = 100 ns。打印时间信息如下,即 100 ns:

```
# cnt == 10 at 100ns
```

9. 顺序块 begin end 和并行块 fork join

行为级仿真中,begin end 之间的多个使用阻塞赋值=的赋值语句,是按顺序依次执行的;fork join 之间的多个赋值语句则是并行执行的。

【实例 033】:

```
'timescale 1ns/1ps
module testbench_top();
reg a1 = 0,b1 = 0,c1 = 0;
reg a2 = 0,b2 = 0,c2 = 0;
initial begin
    $monitor("a1 = %b,b1 = %b,c1 = %b,a2 = %b,b2 = %b,c2 = %b
at %0dns",a1,b1,c1,a2,b2,c2, $time);
end
initial begin
```

```
    begin
    #10 a1 = 1;
    #10 b1 = 1;
    #10 c1 = 1;
    end
    #10;
    $ stop;
end
initial begin
    fork
    #5 a2 = 1;
    #5 b2 = 1;
    #5 c2 = 1;
    join
end
endmodule
```

该实例中,a1、b1 和 c1 使用 begin end 每隔 10 ns 赋值,由于是顺序执行,所以 a1 在 10 ns 由 0 赋值为 1,b1 在 20 ns 由 0 赋值为 1,c1 在 30 ns 由 0 赋值为 1;a2、b2 和 c2 使用 fork join 进行赋值,它们是并行执行的,因此虽然在它们的赋值语句前都有 5 ns 延时,但它们最终的赋值最终都是在 5 ns 时刻。数据变化的监控打印如下所示:

```
# a1 = 0,b1 = 0,c1 = 0,a2 = 0,b2 = 0,c2 = 0 at 0 ns
# a1 = 0,b1 = 0,c1 = 0,a2 = 1,b2 = 1,c2 = 1 at 5 ns
# a1 = 1,b1 = 0,c1 = 0,a2 = 1,b2 = 1,c2 = 1 at 10 ns
# a1 = 1,b1 = 1,c1 = 0,a2 = 1,b2 = 1,c2 = 1 at 20 ns
# a1 = 1,b1 = 1,c1 = 1,a2 = 1,b2 = 1,c2 = 1 at 30 ns
```

10. 数据类型转换函数

以下 4 个系统函数支持 real 和 int、real 和 bit 数据类型之间的互相转换。

real_data 为任意 real 类型的数据,调用该函数将返回 real_data 转换为 int 类型后的数据。

```
$ rtoi(real_data);
```

int_data 为任意 int 类型的数据,调用该函数将返回 int_data 转换为 real 类型后的数据。

```
$ itor(int_data);
```

real_data 为任意 real 类型的数据,调用该函数将返回 real_data 转换为 64 位二进制寄存器类型后的数据。

```
$ realtobits(real_data);
```

bits_data 为任意 64 位二进制寄存器类型的数据,调用该函数将返回 bits_data 转换为 real 类型后的数据。

```
$ bitstoreal(bits_data);
```

【实例 034】:

```
'timescale 1ns/1ps
module testbench_top();
integer int_a = 108;
real real_a = 59.23;
integer int_b;
real real_b;
initial begin
    int_b = $rtoi(real_a);
    real_b = $itor(int_a);
    $display("int_b = $rtoi(real_a) = $rtoi(%0f) = %0d",real_a,int_b);
    $display("real_b = $itor(int_a) = $itor(%0d) = %0f",int_a,real_b);
    $stop;
end
endmodule
```

该实例进行 int 和 real 两种数据类型的相互转换,仿真打印信息如下:

```
# int_b = $rtoi(real_a) = $rtoi(59.230000) = 59
# real_b = $itor(int_a) = $itor(108) = 108.000000
```

11. 随机数生成 $random

每次调用系统函数 $random(seed)都可以产生一个新的 32 位随机数。如果不设置 seed,则每次取得的随机数是相同的。也就是说,$random 所产生的随机数,其实对于系统而言,不过是提前预设好的 32 位数据数组而已。使用 $random 产生的随机数,在 seed 一致的情况下(如果不设置 seed 就是一致),都是调用了系统中预设的同一套数据数组,因此它们的值总是一致的。

【语法结构】:

```
$random(seed);
```

【实例】:

```
//实例 1
reg[23:0] rand;
    rand = $random % 100;
    //产生一个 -99 ~ 99 范围的随机数,赋值给 rand
//实例 2
reg[23:0] rand;
    rand = {$random} % 100;
    //通过位拼接操作{}产生 0 ~ 99 范围的随机数,赋值给 rand
//实例 3
reg[23:0] rand;
    rand = min + {$random} % (max - min + 1);
    //产生一个在 min,max 之间随机数的例子
```

12. 显示任务 $display 和 $write

系统显示任务 $display 和 $write 在仿真测试中是最为常用的信息显示方式。$display 和 $write 任务最主要的区别在于,$display 在一次输出后自动换行,而 $write 则不会;它们的其他用法格式则基本类似。

【语法结构】：

【任务名】("【可选字符串】+【格式】",【信号 1】,【信号 2】,……);

【任务名】可以是 $display、$displayb、$displayo、$displayh、$write、$writeb、$writeo 或 $writeh。格式由%和格式字符组成,信号为要显示的信号名,信号数量和格式数量必须对应。若不指定显示信号的格式,即使用 $display 或 $write,则信号显示的格式将会默认为十进制;使用 $displayb 和 $writeb 显示的格式为二进制;$displayo 和 $writeo 显示的格式为八进制;$displayh 和 $writeh 显示的格式为十六进制。

可用的输出格式如表 2.3 所列。

表 2.3　可用输出格式列表

输出格式	说　明	输出格式	说　明
%h 或%H	以十六进制的格式输出显示	%c 或%C	以 ASCII 码的格式输出显示
%d 或%D	以十进制的格式输出显示	%v 或%V	输出网络型数据信号强度
%o 或%O	以八进制的格式输出显示	%m 或%M	输出等级层次的名字
%b 或%B	以二进制的格式输出显示	%s 或%S	以字符串的格式输出显示
%t 或%T	以当前的时间格式输出显示,单位是定义的时间精度	%f 或%F	以十进制数的格式输出实型数
%e 或%E	以指数的形式输出实型数	%g 或%G	以指数或十进制数的形式输出实型数

一些常用的特殊字符的显示如表 2.4 所列。

表 2.4　常用特殊字符的输出符合列表

输出符号	说　明	输出符号	说　明
\n	换行符	\"	双引号""""
\t	跳格符	%%	百分号"%"
\\	反斜杠符号"\"		

【实例 035】：

```
//系统打印任务 $display 的使用
`timescale 1ns/1ns
module testbench_top();
reg [31:0] rval;
initial begin
    rval = 101;
    $display("rval = %h hex %d decimal",rval,rval);
    $display("rval = %0h hex %0d decimal",rval,rval);
    $display("rval = %o octal\nrval = %b bin",rval,rval);
    $display("rval has %c ascii character value",rval);
    $display("current scope is %m");
```

```
    $ display(" % s is ascii value for 101",101);
    #101;
    $ display("simulation time is % t", $ time);
    $ stop;
end
endmodule
```

以上代码运行后,在 Modelsim 中打印信息如下所示:

```
# rval = 00000065 hex          101 decimal
# rval = 00000000145 octal
# rval = 00000000000000000000000001100101 bin
# rval has e ascii character value
# current scope is testbench_top
#    e is ascii value for 101
# simulation time is          100000
```

　　默认情况下,输出显示的数值所占字符个数由输出信号的数值类型和位宽决定。例如,该例子中 32 位寄存器 rval 以 16 进制显示时,其最大值是 ffffffff,所以即便显示数值是 65,只有 2 位,但显示时也会占用 8 个字符位。除了十进制显示时,高位的 0 会默认以空格填充,其他进制显示时都会将高位的 0 显示出来。在 % 和格式字符之间可以添加数字 0,可以隐藏前置的 0 或空格,使得第一个非 0 数字顶格显示。

13. 监视任务 $ monitor

　　系统监视任务 $ monitor 在仿真测试脚本中可以实现对任何变量或表达式取值的监视和显示。$ monitor 语法结构以及用法都与 $ display 类似。

　　当 $ monitor 任务中包含一个或多个监控信号并运行时,若参数列表中有任何的变量或表达式的值发生变化,则所有参数列表中的信号值都将输出并显示。同一时刻,若两个或多个参数的值同时发生变化,则此时将会合并一次输出并显示。

　　$ monitor 任务在申明后默认开启,在其运行期间,若调用系统任务 $ monitoroff,则关闭 $ monitor,直到调用系统任务 $ monitoron 后将重新开启 $ monitor。

【语法结构】:

```
$ monitor("【可选字符串】+【格式】",【信号 1】,【信号 2】,……);
```

【实例 036】:

```
/////////////////////////////////////////////////////////
//监控每个时钟周期递增的 4 位计数器 o_cnt
    //系统复位后,监控信号 o_cnt 的变化,输出最新数值和时间戳
initial begin
    @(posedge rst_n);
    $ monitor("o_cnt is % d at % 0dns",o_cnt, $ time);
end
    //当 o_cnt 取值为 6~12 范围时,关闭监控
always @(posedge clk) begin
    if(o_cnt == 4'd5) $ monitoroff;
    else if(o_cnt == 4'd12) $ monitoron;
end
```

　　该实例监控 4 位计数器 o_cnt,将其值与时间戳一起输出显示。同时,在 o_cnt 取值为 5 时调用系统任务 $monitoroff 关闭监控,在 o_cnt 取值为 12 时调用系统任务 $monitoron 重新开启监控;仿真过程中,也就是在 o_cnt 取值为 6~12 范围内,系统任务 $monitor 处于关闭状态。仿真运行的输出打印结果如下:

```
# o_cnt is 0 at 1005ns
# o_cnt is 1 at 1015ns
# o_cnt is 2 at 1025ns
# o_cnt is 3 at 1035ns
# o_cnt is 4 at 1045ns
# o_cnt is 5 at 1055ns
# o_cnt is 13 at 1135ns
# o_cnt is 14 at 1145ns
# o_cnt is 15 at 1155ns
```

14. 仿真终止 $finish 和 $stop

(1) 仿真完成 $finish

系统任务 $finish 被调用时将会退出仿真工具并返回操作系统。

【语法结构】:

```
$finish(num);    //num 可以是 0,1 或 2
```

num 不同取值的行为如表 2.5 所列。

表 2.5　不同 finish 取值参数对应的打印信息

取　值	打印信息
0	不打印任何信息
1	打印仿真时间和位置
2	打印仿真时间、位置以及 CPU 时间和内存使用信息

(2) 仿真停止 $stop

系统任务 $stop 被调用时,仿真工具被挂起,仿真运行暂停。

【语法结构】:

```
$stop(num);//num 可以是 0,1 或 2
```

num 不同取值的行为与系统任务 $finish 一样。

83

笔记 **7**

浅谈代码规范

代码书写规范,特指代码书写的基本格式,如不同语法之间的空格、换行、缩进以及大小写、命名等规则。强调代码书写规范是为了更好地管理代码,便于阅读,以提高后续的代码调试、审查以及升级的效率。

虽然没有国际标准级别的 Verilog 或 VHDL 代码书写规范可供参考,但是相信每一个稍微规范点的 FPGA 设计公司都会为自己的团队制定一套供参考的代码书写规范。毕竟一个团队中,代码书写格式达到基本一致时,相互查阅、集成或移植起来才会"游刃有余"。因此,希望初学者从一开始就养成好的习惯,尽量遵从比较规范的书写方式。尽管不同公司制定的 Verilog 或 VHDL 代码书写规范可能略有差异,但是真正好的书写规范应该都是大同小异的。

笔者结合自己多年的工程经验,在这里给出一些相对具体的代码规范。再次申明,对于在具体的 FPGA 开发团队中的工程师而言,这一份规范可能并不适用,读者尽量根据自己所在团队制定的规范进行书写。而对于初学者或所在 FPGA 开发团队还没有形成固定或约定俗成的代码规范时,建议参考这里给出的规范。另外,考虑到初学者还没有实际看到一段可参考的代码,对于代码规范很难有清晰的理解和认知,所以,笔者录制的《Verilog 边码边学》的视频教程中(可以在 B 站搜索到)完全遵照此规范编写代码,跟着这个教程入门并规范自己的代码书写方式也是一个很好的选择。

一、关于版本管理

对于每个 project,在工程文件夹根目录下,需要存放一份《版本历史.docx》,格式参考表 2.6。

《版本历史.docx》中需要包含版本、作者、日期和变更记录等信息,要尽可能详细地描述修改的内容,列出涉及的模块和信号名。

表 2.6　版本历史参考模板

版　本	作　者	日　　期	变更记录
0.0.3	Enoch	2020 - 02 - 21	m_iic_slaver_controller.v 模块:异步复位都修改为同步复位
0.0.2	Enoch	2018 - 11 - 28	m_led.v 模块:修改 LED 输出控制逻辑
0.0.1	Enoch	2015 - 02 - 16	初始版本

二、模块的版本信息管理

可以参考下面的模板为每个模块的代码建立版本信息管理:

```
/////////////////////////////////////////////////////////////////////
//Project Name:Tiger
//Module Name: m_top.v
//Description:top module
//Author/Date:Enoch / 2020.01.01
//Revision History:2020.01.01First Release.
//                 2020.01.02 Modify signal xxxx.
//Copyright 2020,XXX Inc, All right reserved
/////////////////////////////////////////////////////////////////////
```

三、关于信号命名

1. Verilog 语法的规范

➤ 命名中只能包含字母、数字和下划线_(语法允许命名中包含符号"＄",用于仿真中的系统任务的首字符,用户命名中一般不建议使用)。

➤ 命名的第一个字符必须是字母(命名首字符可以是下划线_,但不推荐这么命名)。

➤ 模块中的命名必须是唯一的(不要出现模块名称和信号名称重名的情况)。

2. 命名的基本规则

尽可能使用能表达名称具体含义的英文单词命名,单词名称过长时可以采用易于识别的缩写形式替代,多个单词之间可以用下划线_分割。

对于出现频率较高的相同含义的单词,建议统一作为前缀或后缀使用。

在同一个设计中,尽可能统一大小写的书写规范。例如,信号名称和模块名称统一使用小写字母,参数或宏定义统一使用大写字母。

3. 关于端口 port 的命名规则

➤ 对于 FPGA 器件引脚的 input 端口,加上名称前缀 ei_。

➤ 对于 FPGA 器件引脚的 output 端口,加上名称前缀 eo_。

> 对于 FPGA 器件引脚的 inout 端口,加上名称前缀 et_。
> 对于内部模块的 input 端口,加上名称前缀 i_。
> 对于内部模块的 output 端口,加上名称前缀 o_。
> 对于内部模块的 inout 端口,加上名称前缀 t_。

4. 关于内部信号的命名规则

> wire 类型,加上名称前缀 w_。
> reg 类型,加上名称前缀 r_。
> 时钟信号,加上前缀 clk_。
> 复位信号,加上前缀 rst_。

5. 信号后缀的命名规则

一些常用的信号,遵循以下规则添加后缀,如:

> _en:使能信号;
> _n:低电平有效的信号;
> _cs:片选信号。

6. 参数常量的命名规则

对于 parameter 或 localparam 定义的参数常量,其命名规则如下:

> 名称全部使用大写字母;
> 不同单词之间使用 _ 分隔;
> 名称加上前缀 P_。

四、代码书写格式

> 这里的格式主要是指每个代码功能块之间,关键词、名称或操作符之间的间距(行间距、字符间距)规范。
> 得体的代码格式不仅看起来美观大方,而且便于阅读和维护。
> 每个功能块(如单个 always 逻辑、多个 assign 语句、每个例化的子模块等)之间尽量用一行或数行空格进行隔离。
> 一个语法语句一行,不要在同一行写多个语法语句。
> 单行代码不宜过长,所有代码行长度尽量控制在一个适当的便于查看的范围。
> 同层次的语法尽量对齐,使用 Tab 键(通常一个 Tab 对应 4 个空格字符宽度)进行缩进。
> 行尾不要有多余的空格。
> 关键词、各类名称或变量、操作符相互间都尽量保留一个空格来隔离。

五、注释的规范

Verilog 的注释有/ ＊　＊/以及//两种方式。/＊的右侧和＊/的左侧之间的部分为注释内容,此注释可以用在行前、行间、行末或多行中;//后面的内容为注释,该注释只可用在行末(它也可以顶格放置,那么意味着整行都是注释)。

代码中推荐多使用//进行注释,减少/＊　＊/的使用,这样在使用一些代码管理工具(如 GIT)进行代码版本比对时,能够看到所有由于注释产生的代码行差异。

VHDL 的注释只有--这一种。类似 Verilog 的//,--后面的内容为注释,只可用在行末。

注释的摆放和写法通常也有讲究,几个要点归纳如下:

➢ 每个独立的功能模块都要有简单的功能描述,对输入/输出信号功能进行描述。

➢ 无论习惯在代码末注释还是代码上面注释,同一个模块或工程中尽量保持一致。

➢ 注释内容简明扼要,忌过于冗长或写废话(例如,add ＝ add＋1;//add 自增)。

六、规范代码示例

下面以一个具体设计代码模块示意规范的代码:

```
///////////////////////////////////////////////////////////////////////////
//Project Name:Tiger
//Module Name: m_iis_controller.v
//Description:I2S interface driver for ICS－43434
//Author/Date:Enoch / 2020.01.01
//Revision History:2020.01.01First Release.
//Copyright 2020, XXXInc, All right reserved
///////////////////////////////////////////////////////////////////////////
module m_iis_controller(
    //i_clk & reset interface
    input            i_clk,       //100 MHz
    input            i_clk_axi,   //AXI－GP interface
    input            i_rst_n,
    //audio capture tofpga logic
    output reg[23:0] o_audio_data,
    output reg       o_audio_en,
    //external i2s interfaceinterface
    input            i_i2s_sd,    //Serial data input for ICS－43434 I2S interface.
    output reg       o_i2s_sck,   //Serial data clock for ICS－43434 I2S interface.
    output reg       o_i2s_ws     //Serial Data－Word Select for ICS－43434 I2S Interface.
);
//64x10ns＝640ns , 1.538 MHz IIS Frequency ,
//24KHz audio data capture rate (1.538 MHz/64＝24 kHz)
```

```verilog
localparam P_IIS_PERIORD = 8'd65 - 1;
localparam P_IIS_PERIORD_DIV = P_IIS_PERIORD/2;
reg[7:0]    r_cnt_1us;
reg[5:0]    r_bitcnt;
reg[23:0]   r_left_data,r_right_data;
//-----------------------------------------------------------
//IIS frequency generation
always @(posedge i_clk)
    if(!i_rst_n) r_cnt_1us <= 8'd0;
    else if(r_cnt_1us < P_IIS_PERIORD) r_cnt_1us <= r_cnt_1us + 1'b1;
    else r_cnt_1us <= 8'd0;
always @(posedge i_clk)
    if(!i_rst_n) o_i2s_sck <= 1'b0;
    else if(r_cnt_1us < P_IIS_PERIORD_DIV) o_i2s_sck <= 1'b0;
    else o_i2s_sck <= 1'b1;
//-----------------------------------------------------------
//Bit counter
always @(posedge i_clk)
    if(!i_rst_n) r_bitcnt <= 6'd0;
    else if(r_cnt_1us == P_IIS_PERIORD) r_bitcnt <= r_bitcnt + 1'b1;
    else;
//-----------------------------------------------------------
//o_i2s_ws generation
always @(posedge i_clk)
    if(!i_rst_n) o_i2s_ws <= 1'b0;
    else if(r_bitcnt < 6'd32) o_i2s_ws <= 1'b0;
    else o_i2s_ws <= 1'b1;
//-----------------------------------------------------------
//data lock
always @(posedge i_clk)
    if(!i_rst_n) r_left_data <= 24'd0;
    else if(r_cnt_1us == P_IIS_PERIORD_DIV) begin
        case(r_bitcnt)
            6'd1: r_left_data[23] <= i_i2s_sd;
            6'd2: r_left_data[22] <= i_i2s_sd;
            6'd3: r_left_data[21] <= i_i2s_sd;
            6'd4: r_left_data[20] <= i_i2s_sd;
            6'd5: r_left_data[19] <= i_i2s_sd;
            6'd6: r_left_data[18] <= i_i2s_sd;
            6'd7: r_left_data[17] <= i_i2s_sd;
            6'd8: r_left_data[16] <= i_i2s_sd;
            6'd9: r_left_data[15] <= i_i2s_sd;
            6'd10: r_left_data[14] <= i_i2s_sd;
            6'd11: r_left_data[13] <= i_i2s_sd;
            6'd12: r_left_data[12] <= i_i2s_sd;
            6'd13: r_left_data[11] <= i_i2s_sd;
```

```
                6'd14: r_left_data[10] <= i_i2s_sd;
                6'd15: r_left_data[9] <= i_i2s_sd;
                6'd16: r_left_data[8] <= i_i2s_sd;
                6'd17: r_left_data[7] <= i_i2s_sd;
                6'd18: r_left_data[6] <= i_i2s_sd;
                6'd19: r_left_data[5] <= i_i2s_sd;
                6'd20: r_left_data[4] <= i_i2s_sd;
                6'd21: r_left_data[3] <= i_i2s_sd;
                6'd22: r_left_data[2] <= i_i2s_sd;
                6'd23: r_left_data[1] <= i_i2s_sd;
                6'd24: r_left_data[0] <= i_i2s_sd;
                default:;
            endcase
        end
        else;
//--------------------------------------------------------
//Audio Data output
always @(posedge i_clk)
        if(!i_rst_n) o_audio_data <= 24'd0;
        else if((r_cnt_1us == P_IIS_PERIORD_DIV) && (r_bitcnt == 6'd25))
                o_audio_data <= r_left_data;
        else;
always @(posedge i_clk)
        if(!i_rst_n) o_audio_en <= 1'b0;
        else if((r_cnt_1us == P_IIS_PERIORD_DIV) && (r_bitcnt == 6'd25)) o_audio_en <=
1'b1;
        else o_audio_en <= 1'b0;
endmodule
```

笔记 **8**

漫谈代码风格

　　代码风格是指一些常见的逻辑电路用代码实现的书写方式,更多的是强调代码的设计。要想做好一个 FPGA 设计,好的代码风格能够起到事半功倍的效果。

　　设计习惯和代码风格主要是指工程师用于实现具体逻辑电路的代码书写方式。换句话说,对于一样的逻辑电路,可以用多种不同的代码书写方式来实现,工程师也会根据自己的喜好和习惯写出不同的代码,这也就是所谓的设计习惯和代码风格。

　　对于一些复杂的 FPGA 开发,工程师的设计习惯和代码风格将会在很大程度上影响器件的时序性能、逻辑资源的利用率以及系统的可靠性。有人可能会说,今天的 EDA 综合工具已经做得非常强大了,能够在很大程度上保证 HDL 代码所实现逻辑电路的速度和面积的最优化。注意,人工智能永远无法完全识破人类的意图,综合工具通常也无法知晓设计者真正的意图。要想让综合工具明白设计者的用心良苦,也只有一个办法,即要求设计者写出的 HDL 代码尽可能最优化。那么,我们又回到了老议题上——设计者的代码风格。而到底如何书写 HDL 代码才算是最优化,什么样的代码才称得上是好的代码风格呢? 对于琳琅满目的 FPGA 厂商和 FPGA 器件,既有大家都拍手叫好的设计原则和代码风格,也有需要根据具体器件和具体应用随机应变的漂亮的代码风格。一些基本的设计原则是所有器件都应该遵循的,设计者若是能够对所使用器件的底层资源情况非常熟悉,并结合器件结构编写代码,那么才有可能设计出最优化的代码风格。

　　这里将和大家一起探讨在绝大多数 FPGA 设计中必定会而且可能是非常频繁地涉及逻辑电路的设计原则、思想或代码书写方式。

一、寄存器电路的设计方式

　　在现代逻辑设计中,时序逻辑设计是核心,而寄存器又是时序逻辑的基础。因此,掌握时序逻辑的几种常见代码书写方式又是基础中的基础。下面就以图文(代码)并茂的方式来学习这些基本寄存器模型的代码书写。

1. 基本寄存器模型

简单的寄存器输入/输出的模型如图 2.15 所示。在每个时钟信号 clk 的有效沿（通常是上升沿），输入端数据 din 将被锁存到输出端 dout。

基本的代码书写方式如下：

```verilog
//Verilog 例程
module m_dff(
    input i_clk;
    input i_din;
    output reg o_dout;
);
always @ (posedge i_clk) begin
    o_dout <= i_din;
end
endmodule
```

2. 带异步复位的寄存器模型

带异步复位的寄存器输入/输出的模型如图 2.16 所示。在每个时钟信号 clk 的有效沿（通常是上升沿），输入端数据 din 将被锁存到输出端 dout；而在异步复位信号 clr 的下降沿（低电平有效复位）将强制给输出数据 dout 赋值为 0（与此时输入数据 din 取值无关），此输出状态将一直保持到 clr 拉高后的下一个 clk 有效触发沿。

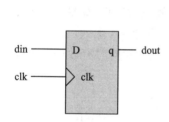

图 2.15　基本寄存器

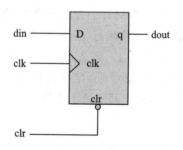

图 2.16　异步复位的寄存器

基本的代码书写方式如下：

```verilog
//Verilog 例程
module m_dff(
    input i_clk;
    input i_din;
    output reg o_dout;
);
always @ (posedge i_clk or negedge i_rst_n) begin
    if(!i_rst_n) o_dout <= 1'b0;
    else o_dout <= i_din;
end
endmodule
```

3. 带异步置位的寄存器模型

带异步置位的寄存器输入/输出的模型如图 2.17 所示。在每个时钟信号 clk 的有效沿(通常是上升沿),输入端数据 din 将被锁存到输出端 dout;而在异步置位信号 set 的上升沿(高电平有效置位)将强制给输出数据 dout 赋值为 1(与此时输入数据 din 取值无关),此输出状态将一直保持到 set 拉低后的下一个 clk 有效触发沿。

基本的代码书写方式如下:

```verilog
//Verilog 例程
module m_dff(
    input i_clk;
    input i_din;
    input i_set;
    output reg dout;
);
always @ (posedge i_clk or posedge i_set) begin
    if (i_set) o_dout <= 1'b1;
    else o_dout <= i_din;
end
endmodule
```

4. 带异步复位和异步置位的寄存器模型

既带异步复位又带异步置位的寄存器则如图 2.18 所示。既带异步复位又带异步置位的寄存器初看上去像是个很矛盾的模型,我们可以简单分析一下。如果 set 和 clr 都处于无效状态(set=0,clr=1),那么寄存器正常工作;如果 set 有效(set=1)且 clr 无效(clr=1),那么 dout=1 没有异议;同理,如果 set 无效(set=0)且 clr 有效(clr=0),那么 dout=0 也没有异议;但是如果 set 和 clr 同时有效(set=1,clr=0),输出 dout 咋办? 到底是 1 还是 0?

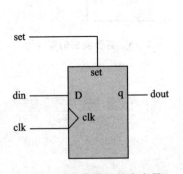

图 2.17 异步置位的寄存器

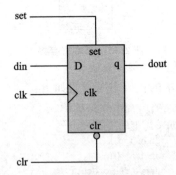

图 2.18 异步复位和置位的寄存器

其实这个问题也不难,设置一个优先级就可以。图 2.18 的理想寄存器模型通常只是作为电路的一部分来实现的。如果读者期望这种既带异步复位,又带异步置位的寄存器在复位和置位同时出现时,异步复位的优先级高一些,那么代码书写方式可以如下：

```verilog
//Verilog 例程
module m_dff(
    input i_clk;
    input i_din;
    input i_rst_n;
    input i_set;
    output reg o_dout;
);
always @ (posedge i_clk or negedge i_rst_n posedge i_set) begin
    if(!i_rst_n) o_dout <= 1'b0;
    else if(i_set) o_dout <= 1'b1;
    else o_dout <= i_din;
end
endmodule
```

这样的代码综合出来的寄存器视图如图 2.19 所示。

5. 带同步使能的寄存器模型

如图 2.20 所示，这是一种很常见的带同步使能功能的寄存器。在每个时钟 clk 的有效沿（通常是上升沿），判断使能信号 ena 是否有效（我们取高电平为有效），在 ena 信号有效的情况下 din 的值才会输出到 dout 信号上。

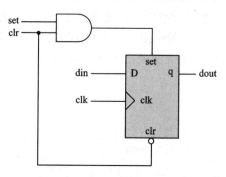

图 2.19　异步复位和置位的寄存器（复位优先级高）

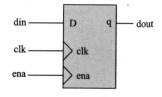

图 2.20　带同步使能的寄存器

基本的代码书写方式如下：

```verilog
//Verilog 例程
module m_dff(
    input i_clk;
    input i_din;
    input i_ena;
    output o_dout;
);
always @ (posedge i_clk) begin
    if(ena) o_dout <= i_din;
end
endmodule
```

二、同步以及时钟的设计原则

有了前面的铺垫,读者应该明白了寄存器的代码编写。接下来要从深层次来探讨基于寄存器的同步以及时钟的设计原则。

早期的可编程逻辑设计限于当时的工艺水平,无论是逻辑资源还是布线资源都比较匮乏,所以工程师多使用可编程器件做一些简单的逻辑粘合。所谓的逻辑粘合,无非是一些与、或、非等逻辑门电路简单拼凑的组合逻辑,不涉及时序逻辑,因此不需要引入时钟。而今天的 FPGA 器件中各种资源都非常丰富,已经很少有人只是用其实现简单的组合逻辑功能,而是使用时序逻辑来实现各种复杂的功能。一旦大量地使用时序逻辑,时钟设计的各种攻略也就被不断提上台面。时钟好比时序逻辑的"心脏",它的好坏直接关系到整个系统的是非成败。那么,时钟设计到底有什么讲究,哪些基本原则是必须遵循的呢? 弄清楚这个问题之前,应先全面了解时钟以及整个时序电路的工作原理。

在一个时序逻辑中,时钟信号掌控着所有输入和输出信号的进出。在每个时钟有效沿(通常是上升沿),寄存器的输入数据将会被采样并传送到输出端,此后输出信号可能会在经历长途跋涉般的"旅途"中经过各种组合逻辑电路,并会随着信号的传播延时而处于各种"摇摆晃荡"之中,直到所有相关的信号都到达下一级寄存器的输入端。这个输入端的信号将会一直保持,直到下一个时钟有效沿的来临。每一级寄存器都在不断重复着这样的数据流采集和传输。这里举个轮船通行三峡大坝的例子做类比。

如图 2.21 所示,三峡大坝有 5 级船闸,船由上游驶往下游时,船位于上游。

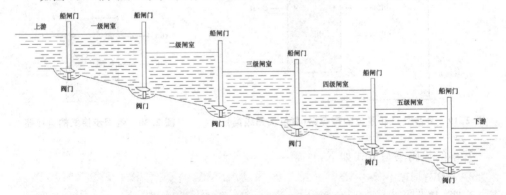

图 2.21 三峡大坝五级闸门示意图

① 先关闭上游闸门和上游阀门。

② 关闭第一级下游闸门和阀门,打开上游阀门,水由上游流进闸室,闸室水面与上游相平时,打开上游闸门,船由上游驶进闸室。

③ 关闭上游闸门和阀门,打开第一级下游阀门,当闸室水面降到跟下游水面相平时,打开下游闸门,船驶出第一级闸室。

如此操作 6 次,依次通过后面的 5 级船闸,轮船便可以从上游开往下游。船闸的原理实际上是靠阀门开关,人为地先后造成两个连通器,使船闸内水面先后与上、下游水面相平。

单个数据的传输类似轮船通过多级闸室的例子。轮船就是要传输的数据,闸门的开关就好比时钟的有效边沿变化,水位的升降过程也好像相关数据在两个寄存器间经过各种组合逻辑的传输过程。当轮船还处于上一级闸门准备进入下一级闸门时,要么当前闸门的水位要降低到下一级闸门的水平,要么下一级闸门的水位要升到上一级闸门的水平,只要这个条件不满足,最终结果都有可能造成轮船的颠簸甚至翻船。这也有点像寄存器锁存数据需要保证的建立时间和保持时间要求。关于建立时间和保持时间,有如下的定义:

> 在时钟的有效沿到达寄存器之前,必须确保输入寄存器的数据在建立时间内是稳定的。

> 在时钟的有效沿到达寄存器之后,必须确保寄存器的输出数据至少在保持时间内是稳定的。

理解时序逻辑的时钟和数据的工作机理后,也就能够理解为什么时钟信号对于时序逻辑而言是如此的重要。关于时钟的设计要点,主要有以下几个方面:

① 避免使用门控时钟或系统内部逻辑产生的时钟,多用使能时钟去替代。

门控时钟或系统内部逻辑产生的时钟很容易导致功能或时序出现问题。尤其是内部逻辑(组合逻辑)产生的时钟容易出现毛刺,影响设计的功能实现;组合逻辑固有的延时也容易导致时序问题。

② 对于需要分频或倍频的时钟,用器件内部的专用时钟管理(如 PLL 或 DLL)单元去生成。

用 FPGA 内部的逻辑去做分频较容易,倍频较难。但是无论是分频还是倍频,通常情况下都不建议用内部逻辑实现,而应该采用器件内部的专用时钟管理单元(如 PLL 或 DLL)来产生。这类专用时钟管理单元的使用并不复杂,在 EDA 工具中打开配置页面进行简单参数的设置,然后在代码中对接口进行例化就可以很方便地使用引出的相应分频或倍频时钟进行使用了。

③ 尽量对输入的异步信号用时钟进行锁存。

异步信号是指两个处于不同时钟频率或相位控制下的信号。这样的信号在相互接口的时候如果没有可靠的同步机制,则存在很大的隐患,甚至极有可能导致数据的误采集。

④ 避免使用异步信号进行复位或置位控制。

这点和③所强调的是同一类问题,异步信号不建议直接作为内部的复位或置位控制信号,最好能够用本地时钟锁存多拍后做同步处理,然后再使用。

这里介绍的 4 点对于初学者可能很难理解和体会,没有关系,可能需要一些实践经历,甚至踩一些坑后或许就能有深刻的理解了。时钟以及同步或异步设计相关内容在本书的第三部分笔记中会有更深入详细的探讨。

95

三、双向引脚的控制方式

对于单向的引脚,输入信号或者输出信号的控制比较简单,不需要太复杂的控制,输入信号可以直接用在各类等式的右边来作为赋值的一个因子,而输出信号则通常在等式的左边被赋值。那么,既可以作为输入信号又可以作为输出信号的双向信号又是如何进行控制的呢? 如果直接地和单向控制一样既作为输入又作为输出,势必会使信号的赋值发生紊乱。列举一个简单的冲突,就是当输入 0 而输出 1 时到底这个信号是什么值,而如何控制才能够避免这类不期望的赋值情况发生? 可以先看看表 2.7 所列出的 I/O 驱动真值表。

表 2.7　I/O 驱动真值表

项　目		驱动源 2			
		0	1	X	Z
驱动源 1	0	0	X	X	0
	1	X	1	X	1
	X	X	X	X	X
	Z	0	1	X	Z

在这个表里可以发现,当高阻态 Z 和 0 或 1 值同时出现时,总能保持 0 或 1 的原状态不变。设计双向引脚的逻辑时可利用这个特性,引脚在做输入时,让输出值取 Z 状态,那么读取的输入值就完全取决于实际的输入引脚状态,而与输出值无关;引脚在做输出时,则只要保证与器件引脚连接的信号也是处于类似的 Z 状态便可以正常输出信号值。外部的状态是用外接芯片的时序来保证的,在 FPGA 器件内部不直接可控,但还是可以把握好 FPGA 内部的输入、输出状态,保证不出现冲突情况。

举个例子。如图 2.22 所示,link 信号的高低用于控制双向信号的值是输出信号 yout 还是高阻态 Z,当 link 控制当前的输出状态为 Z 时,输入信号 yin 的值由引脚信号 ytri 来决定。

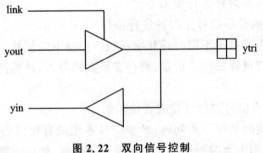

图 2.22　双向信号控制

实现代码如下:

```
//Verilog 例程
module m_bidir(
```

```
        inout io_ytri;
        …
);
reg r_link;
reg r_yout;
wire w_yin;
…      //link 的取值控制逻辑以及其他逻辑
assign io_ytri = r_link ? r_yout:1'bz;
assign w_yin = io_ytri;
…      //w_yin 用于内部赋值
endmodule
```

四、提升系统性能的代码风格

下面要列举的代码示例是一些能够起到系统性能提升的代码风格。在逻辑电路的设计过程中,同样的功能可以由多种不同的逻辑电路来实现,那么就存在这些电路中孰优孰劣的讨论。因此,带着这样的疑问,我们一同来探讨能够提升系统性能的编码技巧。注意,本知识点所涉及的代码更多的是希望能够授人以"渔"而非授人以"鱼",读者应重点掌握前后不同代码所实现出来的逻辑结构,在不同的应用场合下,可能会有不同的逻辑结构需求,读者要学会灵活应变并写出适合需求的代码。

1. 减少关键路径的逻辑等级

时序设计过程中遇到一些无法收敛(即时序达不到要求)的情况时,很多时候只是某一两条关键路径(这些路径在器件内部的走线或逻辑门延时太长)太糟糕。因此,设计者往往只要通过优化这些关键路径就可以改善时序性能。而这些关键路径所经过的逻辑门过多往往是设计者在代码编写时误导综合工具所导致的,那么,举一个简单的例子,看看两段不同的代码,关键路径是如何明显得到改善的。

这个简单的例子要实现如下的逻辑运算:

```
y = ((~a & b & c) | ~d) & ~e;
```

它们的运算真值表如表 2.8 所列。

表 2.8 运算真值表

输　入					输　出
a	b	c	d	e	y
x	x	x	x	1	0
x	x	X	0	0	1
1	x	x	1	0	0
x	0	x	1	0	0
x	x	0	1	0	0
0	1	1	1	0	1

注:x 表示可以任意取 0 或 1。

按照常规的思路,可能会写出如下的代码:

```verilog
//Verilog 例程
module example(a, b, c, d, e, y);
input a,b,c,d,e;
output y;
wire m,n;
ssign m = ~a & b & c;
assign n = m | ~d;
assign y = n & ~e;
endmodule
```

使用综合工具进行编译后可以看到,它的 RTL 视图如图 2.23 所示,和以上代码相吻合。

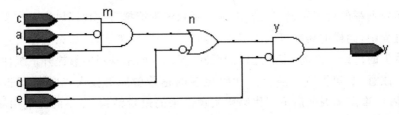

图 2.23　未优化前综合结果

假定输入 a 到输出 y 的路径是关键路径,其影响了整个逻辑的时序性能。若要从这条路径着手做一些优化的工作,必然要减少输入 a 到输出 y 之间的逻辑等级,目前是 3 级,可以想办法减少到 2 级甚至 1 级。

下面来分析公式"$y = ((\sim a \& b \& c) | \sim d) \& \sim e;$",把 $\sim a$ 从最里面的括号往外提取一级就等于减少了一级逻辑。当 a=0 时,$y = ((b \& c) | \sim d) \& \sim e$;当 a=1 时,$y = \sim d \& \sim e$。因此,"$y = ((\sim a | \sim d) \& ((b \& c) | \sim d)) \& \sim e;$"与前式是等价的。于是可以修改前面的代码如下:

```verilog
//Verilog 例程
module example(a, b, c, d, e, y);
input a,b,c,d,e;
output y;
wire m,n;
assign m = ~a | ~d;
assign n = (b & c) | ~d;
assign y = m & n & ~e;
endmodule
```

修改后的代码综合结果如图 2.24 所示,虽然 b 和 c 到 y 的逻辑等级还是 3,但是关键路径 a 到 y 的逻辑等级已经优化到了 2 级。与前面不同的是,优化后的 d 信号多了一级负载,也多了一个逻辑门,这其实也是一种"面积换速度"思想的体现。正可谓"鱼和熊掌不可兼得",在逻辑设计中我们往往需要在速度和面积之间做抉择。

上面的这个实例只是一个也许未必非常恰当的"鱼"的例子。前面已经介绍过,

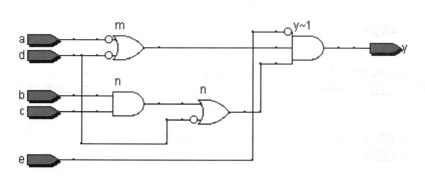

图 2.24　优化后综合结果

在实际工程应用中,类似的逻辑关系可能在映射到最终器件结构时并非以逻辑门的方式来表现,通常是 4 输入查找表来实现,那么它的优化可能和单纯简单逻辑等级的优化又有些不同,不过希望读者能在这个小例子中学到"渔"的技巧。

2. 逻辑复制(减少重载信号的扇出)与资源共享

逻辑复制是一种通过增加面积来改善时序条件的优化手段,最主要的应用是调整信号的扇出。如果某个信号需要驱动的后级逻辑信号较多,换句话说,也就是其扇出非常大,那么为了增加这个信号的驱动能力就必须插入很多级的 Buffer,这样就在一定程度上增加了这个信号的路径延时。这时可以复制生成这个信号的逻辑,用多路同频同相的信号驱动后续电路,使平均到每路的扇出变低,这样不需要插入 Buffer 就能满足驱动能力增加的要求,从而节约该信号的路径延时。

资源共享恰恰是逻辑复制的一个逆过程,它的好处就在于节省面积,同时可能也要以速度的牺牲为代价。

看一个实例,如下:

```
//Verilog 例程
module example(sel, a, b, c, d, sum);
input sel,a,b,c,d;
output[1:0] sum;
wire[1:0] temp1 = {1'b0,a} + {1'b0,b};
wire[1:0] temp2 = {1'b0,c} + {1'b0,d};
assign sum = sel ? temp1:temp2;
endmodule
```

该代码综合后的视图如图 2.25 所示,和我们的代码表述一致,有两个加法器进行运算,结果通过 2 选 1 选择器后输出到端口 sum。

同样实现这个功能,还可以这么编写代码:

```
//Verilog 例程
module example(sel, a, b, c, d, sum);
input sel;
input[7:0] a,b,c,d;
```

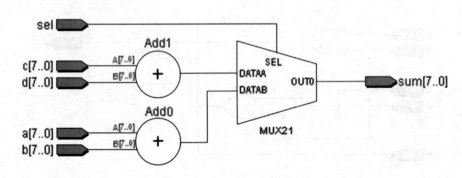

图 2.25　两个加法器的视图

```
output[7:0] sum;
wire[7:0] temp1 = sel ? a:c;
wire[7:0] temp2 = sel ? b:d;
assign sum = temp1 + temp2;
endmodule
```

　　综合后的视图如图 2.26 所示,现在用一个加法器代替原先的两个加法器。而原先的一个 2 选 1 选择器则需要 4 选 2 选择器(可能是 2 个 2 选 1 选择器来实现)替代。如果在设计中加法器资源更宝贵些,那么后面这段代码通过加法器的复用,相比前面一段代码更加节约资源。这个例子只是为了说明不同的代码设计方式可能产生不同的资源使用情况,实际工程应用中不会因为节省一个加法器而专门优化代码。

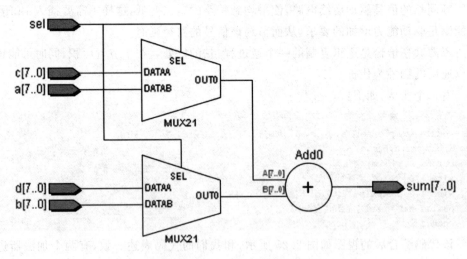

图 2.26　一个加法器的视图

3. 消除组合逻辑的毛刺

　　组合逻辑在实际应用中的确存在很多让设计者头疼的隐患,比如这里要说的毛刺。

　　任何信号在 FPGA 器件内部通过连线和逻辑单元时都有一定的延时,即通常所说的走线延时和门延时。延时的大小与连线的长短、逻辑单元的数目有关,同时还受器件本身的制造工艺、工作电压、温度等条件的影响。信号的高低电平转换也需要一定的上升或下降时间。由于存在这些因素的影响,多个信号的电平值发生变化时,在信号变化的瞬间,组合逻辑的输出并非是同一时刻发生的,而是有先有后,因此有时会出现一些不正确的信号,比如一些很小的脉冲尖峰信号,称之为"毛刺"。如果一个组合逻辑电路中有毛刺出现,那么就说明该电路存在"冒险"。

　　下面列举一个简单例子来看看毛刺现象是如何产生和消除的。如图 2.27 所示,这里在图 2.24 所示实例的基础上对这个组合逻辑的各条走线延时和逻辑门延时做了标记。每个门延时的时间是 2 ns,不同的走线延时略有不同。

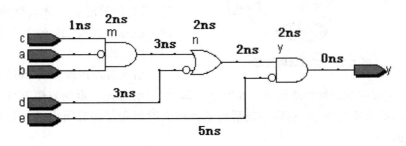

图 2.27　组合逻辑路径的延时标记

　　在这个实例模型中,不难计算出输入信号 a、b、c、d、e 到输出信号 y 所经过的延时。通过计算可以得到 a、b、c 信号到达输出 y 的延时是 12 ns,d 到达输出 y 的延时是 9 ns,而 e 到达输出 y 的延时是 7 ns。从这些传输延时可以推断出,在第一个输入信号到达输出端 y 之前,输出 y 将保持原来的结果;而在最后一个输入信号到达输出端之后,输出 y 将获得期望的最终结果。从本实例来看,7 ns 之前输出 y 保持原结果,12 ns 之后输出 y 获得最终的结果。那么这里就存在一个问题,在 7 ns 和 12 ns 之间的这 5 ns 时间内,输入 y 将会是什么状态呢?

　　如图 2.28 所示,这里列举一种出现毛刺的情况。假设在 0 ns 以前,输入信号 a、b、c、d、e 取值均为 0,此时输出 y=1;在 0 ns 时,b、c、d 由 0 变化为 1,输出 y=1。在理想情况下,输出 y 应该一直保持 1 不变。但从延时模型来看,实际上在 9~12 ns 期间,输出 y 有短暂的低脉冲出现,这不是电路该有的状态,它也就是这个组合逻辑出现的毛刺。

　　既然多个输入信号的变化前后取值都保持高电平,那么这个低脉冲的毛刺其实不是我们希望看到的,其可能在后续电路中导致采集出现错误,甚至使得一些功能被误触发。

　　要消除这个毛刺通常有两个办法,一个办法是硬办法,即在 y 信号上并联一个电容,便可轻松地将这类脉冲宽度很小的干扰滤除。但现在 FPGA 器件内部还真没有

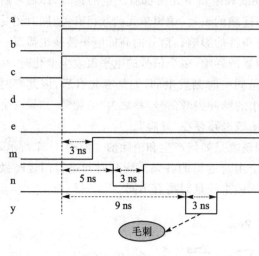

图 2.28　逻辑延时波形

这样的条件和可能性这么处理,那么只能放弃这种方案。另一种办法其实也就是引入时序逻辑,用寄存器对输出信号打一拍,这其实也是时序逻辑明显优于组合逻辑的特性。

如图 2.29 所示,在原有组合逻辑的基础上添加了一个寄存器用于锁存最终的输出信号 y。

如图 2.30 所示,引入了寄存器后,最终的输出 yreg 不再随意改变,而是在每个时钟 clk 的上升沿锁存当前的输出值。

引入时序逻辑后并不是说完全不会产生错误的数据采集或锁存。在时序逻辑中,只要遵循一定的规则就可以避免很多问题,如保证时钟 clk 有效沿前后的数据建立时间和保持时间内待采集的数据是稳定的。

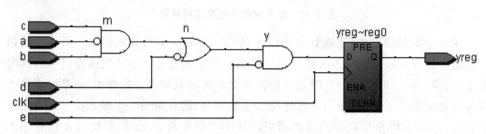

图 2.29　寄存器锁存组合逻辑输出

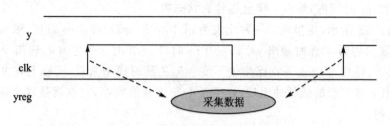

图 2.30　寄存器锁存波形

第三部分 设计技巧

指教智慧人,他就越发有智慧;指示义人,他就增长学识。

——箴言书9章9节

笔记 **9**

复位设计

时钟和复位是 FPGA 中最基本的设计元素。在时序逻辑中,几乎每一个逻辑块都会涉及时钟和复位。这些简单基础的设计没有做好,那就很可能给系统带来性能上的负担或功能上的缺陷。

这里重点关注的是复位,笔者也是在多年的积累和认知的升级中,不断刷新对复位的理解。从过去"设计之中处处须复位",到今天的"非必要不复位",对于这些点滴的认知升华,希望通过这篇笔记逐一分享给读者。

一、同步复位与异步复位

FPGA 设计中常见的复位方式即同步复位和异步复位。异步是指复位和时钟信号的触发是异步的,即它们的变化是相互独立的,可能是任意时刻发生的。同步是指复位和系统时钟信号的触发是同步的,即只在时钟触发沿判断复位信号的输入状态,从而做出是否进入复位状态的操作。

1. 异步复位实例

异步复位的代码示例如下:

【实例工程 note9_prj001】

```
module m_async_reset(
    input        i_clk,
    input        i_rst_n,
    input        i_din,
    output reg   o_dout
);
always @(posedge i_clk or negedge i_rst_n)
    if(!i_rst_n) o_dout <= 1'b0;
    else o_dout <= i_din;
endmodule
```

通过 Vivado 开发工具的编译,在其生成的 RTL 视图(关于如何查看 RTL 视图,可参考该笔记的第五部分)中可以看到,如图 3.1 所示,FPGA 的寄存器上有一个异步的清除端 CLR,在异步复位的设计中用于接低电平有效的复位信号 i_rst_n。即便设计中是高电平复位,实际综合后也会把异步复位信号反向后接到这个清零端。

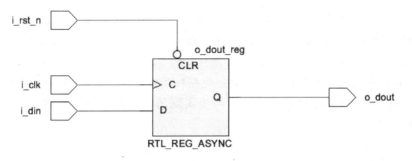

图 3.1　异步复位 RTL 视图

2. 同步复位实例

同步复位的代码示例如下:
【实例工程 note9_prj002】

```
module m_sync_reset(
    input       i_clk,
    input       i_rst_n,
    input       i_din,
    output reg  o_dout
);
always @(posedge i_clk)
    if(!i_rst_n) o_dout <= 1'b0;
    else o_dout <= i_din;
endmodule
```

如图 3.2 所示,和异步复位相比,同步复位没有使用寄存器的 CLR 端口,而使用了寄存器的 RST 端口。RST 端口是高电平有效的,所以 i_rst_n 需要经过反向后连接到寄存器的 RST 端口。综合出来的实际电路中,i_rst_n 信号先经过了一个 RTL_

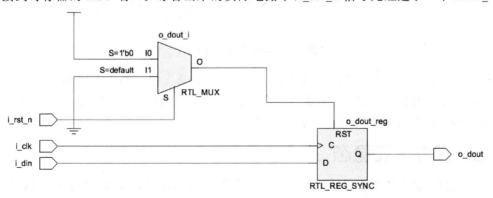

图 3.2　同步复位 RTL 视图

MUX,它所实现的功能其实就是反向操作。

3. 异步复位和同步复位的比较

比较图 3.1 和图 3.2 可见,它们的差异主要是输入复位信号所连接的寄存器的输入端口,异步复位使用了寄存器的 CLR 端口,同步复位使用了寄存器的 RST 端口。如图 3.3 和图 3.4 所示,具体来看寄存器的 CLR 端口和 RST 端口,寄存器中的 CLR 端口的确就是一个异步实现的时序电路(ASYNC 即 asynchronous 的缩写),而寄存器中的同步端口也的确就是一个同步实现的时序电路(SYNC 即 synchronous 的缩写)。

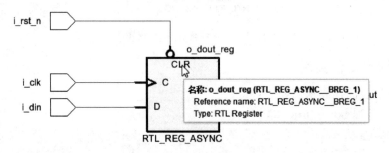

图 3.3　寄存器的 CLR 端口

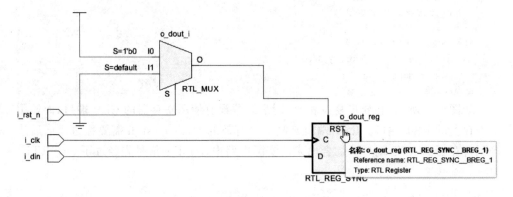

图 3.4　寄存器的 RST 端口

既然同步复位和异步复位都是 FPGA 的寄存器所支持的内部预设逻辑功能,那么同步复位和异步复位到底孰优孰劣呢? 在实际设计中该如何选择呢? 接下来探讨复位与亚稳态的关系,大家自然就有了答案。

二、复位与亚稳态

时序电路中的数据信号相对于时钟采样沿,需要满足建立时间(setup time)和保持时间(hold time)要求。与此类似,一个时序电路中的异步复位信号相对于时钟采样沿,也需要满足一定的时序要求,即恢复时间(recovery time)和去除时间(removal time)。若异步复位信号违反了恢复时间或去除时间的要求,则可能导致复位操作或复位释放操作出现亚稳态。

1. 恢复时间

复位释放时,释放到非复位状态的电平必须在时钟有效沿来临之前的一段时间到来,这样才能保证该时钟周期的数据能有效恢复到非复位状态。这段时间要求就称为恢复时间。

如图 3.5 所示,i_rst_n 为 0 时表示复位电平,i_clk 为上升沿触发。当 i_rst_n 由低到高变化时,其变化时刻必须早于当前时钟沿的 recovery time 才能保证此时的寄存器能从复位状态释放,回到正常的状态;否则,由复位逻辑控制的输出数据就可能是亚稳态,即输出不确定状态,甚至可能是中间态。

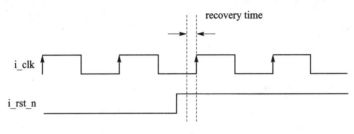

图 3.5　恢复时间示意图

2. 去除时间

进入复位时,在时钟有效沿到来之后的某段时间内,复位信号还需要保持复位电平的时间称为去除时间。

如图 3.6 所示,i_rst_n 为 0 时表示复位电平,i_clk 为上升沿触发。当 i_rst_n 由高到低变化时,其变化保持时间必须从当前时钟沿开始延续到 removal time 时间结束,才能保证此时的寄存器能正确地进入复位状态;否则,复位逻辑控制的输出数据就可能是亚稳态,即输出不确定状态,甚至可能是中间态。

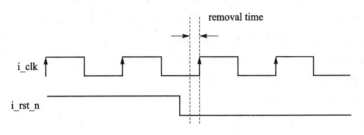

图 3.6　去除时间示意图

3. 亚稳态的例子

下面列举一个两级寄存器异步复位的例子,理解复位时可能存在的亚稳态隐患。

【实例工程 note9_prj003】

```
module m_async_reset(
    input         i_clk,
    input         i_rst_n,
    input         i_din,
    output reg    o_dout
);
reg r_data;
always @(posedge i_clk or negedge i_rst_n)
    if(!i_rst_n) r_data <= 1'b0;
    else r_data <= i_din;
always @(posedge i_clk or negedge i_rst_n)
    if(!i_rst_n) o_dout <= 1'b0;
    else o_dout <= r_data;
endmodule
```

RTL 视图如图 3.7 所示。

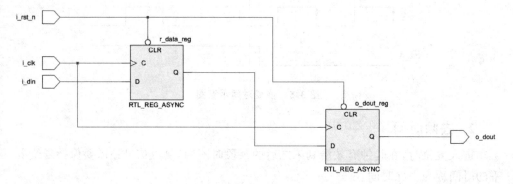

图 3.7 两级寄存器异步复位实例的 RTL 视图

正常情况下,i_clk 的上升沿 i_din 更新到 r_data_reg 的输出端 Q,o_dout_reg 的输入端 D 更新到输出端 o_dout。一旦进入复位,即 i_rst_n 由高电平变化为低电平,由于这个变化和时钟信号 i_clk 完全是异步的,那么就可能使 i_rst_n 信号的变化落在 removal time 范围内。同样的情况,如果 i_rst_n 保持了一段时间的低电平,即复位状态,当它释放复位也就是退出复位状态时,i_rst_n 信号电平的变化时间和时钟信号 i_clk 也是异步的,那么也可能使 i_rst_n 信号的变化落在 recovery time 范围内。无论哪种情况都不希望看到,但却又无法避免。

举一个具体的极端情况。如图 3.8 所示,假设这个系统中 i_din 持续输入高电平,正常情况下 r_data 和 o_dout 应该一直保持高电平。如果 i_rst_n 由高拉低,即进入复位状态,则最终 r_data 和 o_dout 应该都会拉低。但是,若 i_rst_n 的变化正好出现在时钟信号 i_clk 上升沿到它右侧虚线范围内,也就是 removal time 所在范围,那么此时寄存器捕获到的 i_rst_n 信号状态就是一个亚稳态,即游离于 0 和 1 之间。具体来说,就可能出现 r_data 已经在当前时钟周期拉低了,而 o_dout 则需要在下一个时钟周期才会拉低，诸如此类的异常情况。这对于系统而言，可能引起不可预测的问题，需要尽量避免。

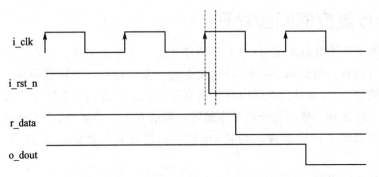

图 3.8　复位与时钟信号冲突的波形

恢复时间和去除时间虽然只针对异步复位信号，但同步复位信号是否存在类似的时序要求呢？从代码上不难看出，由于同步复位信号相当于一般数据信号在时序逻辑中的一个判断分支，因此它只要满足一般的数据和时钟之间的时序要求，即数据的建立时间和保持时间要求。

从本质上来说，如果用作同步复位的复位信号也是外部输入的一个和系统时钟"异步"的信号，那么同步复位出现复位信号违反建立时间或保持时间的概率基本和异步复位出现复位信号违反恢复时间或去除时间的概率相当，至少二者出现异常的概率应该是一个数量级的。那么既然这里得出了异步复位和同步复位可能是"难分伯仲"的结论，那么是否有一些具体的方法可以提升它们的性能、降低各种亚稳态风险呢？

进入如何改善异步或同步复位的亚稳态发生概率的内容之前，还需要从其他方面做一些探讨，在同步复位和异步复位之间做一个更优的选择。通常，更推荐使用同步复位，因为它相比异步复位有更明显的优势。

➢ 绝大多数 FPGA 器件的寄存器架构中都提供了友好的支持同步复位的资源，而异步复位却不能保证。类似 Xilinx 的一些 DSP 块或 RAM 就只提供了可用的同步复位资源，要使用异步复位逻辑则需要额外消耗 FPGA 的逻辑资源，甚至也可能产生一些不可预料的功能性问题。

➢ 即便从逻辑资源角度看，很多 FPGA 器件对异步复位的支持和同步复位一样好，但是异步复位的逻辑结构决定了它可能额外耗费更多的全局布线资源，并潜在地影响 FPGA 的整体时序性能。

➢ 在可能涉及高密度或高复杂性布局布线的情况下，同步复位逻辑更易于映射到普通的逻辑资源中实现，而异步复位逻辑则要复杂或困难一些。

➢ 异步复位通常需要保持更多的时钟周期数以确保数据正确地进入复位状态，而同步复位只需要做好时序约束并确保时序收敛，且只需要单个时钟周期的复位状态就足够了。

如果一定要使用异步复位,那么就继续关注下一小节的内容,尽量先对其做一些寄存器的锁存同步,以降低亚稳态问题的发生概率。

三、异步复位的同步处理

对于需要作为复位的信号(不论是同步复位还是异步复位),如果它和涉及复位的时钟信号没有任何的同步关系,则建议先对该复位信号进行同步处理。同步处理的方式很简单,只需要使用多级寄存器缓存该复位信号即可。多级寄存器缓存能够解决亚稳态问题和一般的同步信号多级寄存器缓存是一个道理,由于后面探讨跨时钟域信号处理的笔记中会深入讨论,这里就只给出具体的解决方案,而不做理论分析。

整个代码逻辑如下:

【实例工程 note9_prj004】

```verilog
module m_async_reset(
    input        i_clk,
    input        i_rst_n,
    input        i_din,
    output reg   o_dout
);
reg[1:0] r_rst_n;
always @(posedge i_clk) begin
    r_rst_n[0] <= i_rst_n;
    r_rst_n[1] <= r_rst_n[0];
end
always @(posedge i_clk or negedge r_rst_n[1])
    if(!r_rst_n[1]) o_dout <= 1'b0;
    else o_dout <= i_din;
endmodule
```

外部输入的复位信号 i_rst_n 在经过 r_rst_n[1:0] 的两拍寄存器锁存后,最终输出的第 2 拍数据 r_rst_n[1] 作为设计逻辑中的异步复位信号使用。综合后的 RTL 视图如图 3.9 所示。

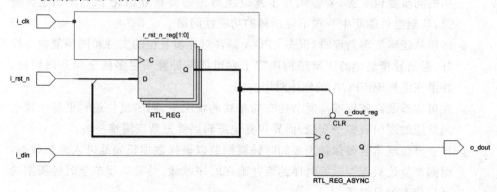

图 3.9　异步复位同步处理 RTL 视图

四、非必要不复位

对自己设计的每一段代码，设计者肯定都希望任何时刻的数据输出状态都处于可控和确定状态，尤其对于上电的初始阶段。因此，设计者通常都会通过一段段复位逻辑来实现这个确定可控的状态。而复位虽然简单实用，但是切不可滥用，因为复位逻辑的过度冗余设计可能影响设计性能、面积和功耗，甚至潜在地降低了系统的可靠性。

这里就来探讨何时何处复位是必需的。Xilinx 的 FPGA 器件提供了一个专用的全局置位或复位的信号（Global set/reset signals，简称 GSR），该信号能够在 FPGA 上电加载配置完成后自动将所有的 FPGA 寄存器置位或复位。也就是说，如果设计者不在自己的设计代码中对寄存器做初始复位赋值，那么 FPGA 加载配置完成后，它就会直接处于清零的状态。提出这个功能并非让读者直接依赖 Xilinx 的 FPGA 器件本身所提供的这个硬复位状态，而是希望对于每一个具体的设计应用，读者都需要考虑初始复位。尤其设计内部的中间控制信号或对外状态输出信号时，它们在上电完成并开始正常运行起来后通常应该有一个明确的赋值，这里既不能随意赋值，也不能"不管不问"，而必须明确地为它们设定复位逻辑。但是，一些数据信号的复位逻辑可能不是必需的，那么就没有必要在这些数据信号上浪费复位资源。关于复位逻辑的使用，大体有以下几点原则：

> 尽可能限制复位信号的扇出数量，即同一个复位信号尽量不要连接太多的复位逻辑。

> 简化复位逻辑，降低时序复杂性。

> 减少互联逻辑信号之间的复位逻辑，即尽量减少不必要的复位逻辑。

这个设计原则说起来简单，但是实践起来并不容易。下面给出一个具体的例子，一起看看如何进行优化、删除不必要的复位逻辑。读者只需要从纯粹代码功能方面去揣摩现有的每个复位逻辑，然后尝试着把自己觉得冗余的、不必要的复位逻辑统统划掉。随后会给出答案，看看应该怎样考虑每一个复位逻辑是否可以删除。

【实例工程 note9_prj005】

```
module m_vga_driver(
    input i_clk,                    //75 MHz
    inputi_rst_n,                   //低电平复位信号
            //VGA 接口信号
    output[4:0] o_vga_r,
    output[5:0] o_vga_g,
    output[4:0] o_vga_b,
    output[2:0] o_vga_rgb,
    output reg o_vga_vsy,
    output reg o_vga_hsy,
    output o_adv7123_blank_n,
```

```verilog
        output o_adv7123_sync_n,
            //DDR3 IP 读出数据
        output reg o_display_image_clr,
        output reg o_dispaly_image_rden,
        input[7:0] i_dispaly_image_data,
            //读取直方图归一化结果的双口 RAM 接口
        output o_display_histogram_rden,
        output[7:0] o_display_histogram_addr,
        input[9:0] i_display_histogram_data
    );
    localparam P_VGA_HTT = 12'd1648 - 1;//Hor total time
    localparam P_VGA_HST = 12'd80;//Hor sync time
    localparam P_VGA_HBP = 12'd216;//Hor Back porch
    localparam P_VGA_HVT = 12'd1280;//Hor valid time
    localparam P_VGA_HFP = 12'd72;//Hor front porch
    localparam P_VGA_VTT = 12'd750 - 1;//Ver total time
    localparam P_VGA_VST = 12'd5;//Ver sync time
    localparam P_VGA_VBP = 12'd22;//Ver Back porch
    localparam P_VGA_VVT = 12'd720;//Ver valid time
    localparam P_VGA_VFP = 12'd3;//Ver front porch
    reg[11:0] r_xcnt,r_ycnt;
    /////////////////////////////////////////////////////////////////
    //产生 X 和 Y 计数器
    always @(posedge i_clk)
        if(!i_rst_n) r_xcnt <= 'b0;
        else if(r_xcnt < P_VGA_HTT) r_xcnt <= r_xcnt + 1;
        else r_xcnt <= 'b0;
    always @(posedge i_clk)
        if(!i_rst_n) r_ycnt <= 'b0;
        else if(r_xcnt == P_VGA_HTT) begin
            if(r_ycnt < P_VGA_VTT) r_ycnt <= r_ycnt + 1;
            else r_ycnt <= 'b0;
        end
        else;
    /////////////////////////////////////////////////////////////////
    //产生 HSY 和 VSY 同步信号
    always @(posedge i_clk)
        if(!i_rst_n) o_vga_vsy <= 'b0;
        else if(r_ycnt < P_VGA_VST) o_vga_vsy <= 'b1;
        else o_vga_vsy <= 'b0;
    always @(posedge i_clk)
        if(!i_rst_n) o_vga_hsy <= 'b0;
        else if(r_xcnt < P_VGA_HST) o_vga_hsy <= 'b1;
        else o_vga_hsy <= 'b0;
    /////////////////////////////////////////////////////////////////
    //产生有效数据显示的使能信号
    reg r_vga_valid;
```

```
always @(posedge i_clk)
    if(!i_rst_n) r_vga_valid <= 'b0;
    else if((r_xcnt >= P_VGA_HST + P_VGA_HBP) &&
        (r_xcnt < (P_VGA_HST + P_VGA_HBP + P_VGA_HVT)) &&
        (r_ycnt >= P_VGA_VST + P_VGA_VBP) &&
        (r_ycnt < P_VGA_VST + P_VGA_VBP + P_VGA_VVT))
        r_vga_valid <= 'b1;
    else r_vga_valid <= 'b0;
assign o_adv7123_blank_n = r_vga_valid;
assign o_adv7123_sync_n = 1'b0;
////////////////////////////////////////////////////////////////
//FIFO读请求信号和复位信号产生
always @(posedge i_clk)
    if(!i_rst_n) o_display_image_clr <= 'b1;
    else if(r_ycnt == 12'd0) o_display_image_clr <= 'b1;
    else o_display_image_clr <= 'b0;
always @(posedge i_clk)
    if(!i_rst_n) o_dispaly_image_rden <= 'b0;
    else if((r_xcnt >= P_VGA_HST + P_VGA_HBP + 12'd50) &&
        (r_xcnt < P_VGA_HST + P_VGA_HBP + 12'd50 + 12'd640) &&
        (r_ycnt >= P_VGA_VST + P_VGA_VBP + 12'd120) &&
        (r_ycnt < P_VGA_VST + P_VGA_VBP + P_VGA_VVT - 12'd120))
        o_dispaly_image_rden <= 'b1;
    else o_dispaly_image_rden <= 'b0;
reg r_display_histogram_flag_1;
reg r_display_histogram_flag_2;
always @(posedge i_clk)
    if(!i_rst_n) r_display_histogram_flag_1 <= 'b0;
    else if((r_xcnt >= P_VGA_HST + P_VGA_HBP + 12'd50 + 12'd640 + 12'd28) &&
        (r_xcnt < P_VGA_HST + P_VGA_HBP + 12'd50 + 12'd640 + 12'd28 + 12'd512) &&
        (r_ycnt >= P_VGA_VST + P_VGA_VBP + 12'd120) &&
        (r_ycnt < P_VGA_VST + P_VGA_VBP + P_VGA_VVT - 12'd120))
        r_display_histogram_flag_1 <= 'b1;
    else r_display_histogram_flag_1 <= 'b0;
always @(posedge i_clk)
    r_display_histogram_flag_2 <= r_display_histogram_flag_1;
assign o_display_histogram_rden = r_display_histogram_flag_1;
reg[8:0] r_display_histogram_addr;
always @(posedge i_clk)
    if(!r_display_histogram_flag_1) r_display_histogram_addr <= 9'd0;
    else r_display_histogram_addr <= r_display_histogram_addr + 1;
assign o_display_histogram_addr = r_display_histogram_addr[8:1];
////////////////////////////////////////////////////////////////
//显示的图像数据打一拍
reg[7:0] r_dispaly_image_data;
always @(posedge i_clk)
```

```
        if(!i_rst_n) r_displaly_image_data <= 'b0;
        else if(o_displaly_image_rden) r_displaly_image_data <= i_displaly_image_data;
        else if(r_display_histogram_flag_2) begin
        if((r_ycnt >= P_VGA_VST + P_VGA_VBP + 12'd120 + (12'd480 - {2'd0,i_display_histo-
gram_data})))
                    && (r_ycnt <= P_VGA_VST + P_VGA_VBP + 12'd120 + 12'd480))
                    r_displaly_image_data <= 8'h80;
            else r_displaly_image_data <= 8'hff;
        end
        else r_displaly_image_data <= 'b0;
///////////////////////////////////////////////////////////////
//送显示图像给 VGA
assign o_vga_r = r_displaly_image_data[7:3];
assign o_vga_g = r_displaly_image_data[7:2];
assign o_vga_b = r_displaly_image_data[7:3];
assign o_vga_rgb = r_displaly_image_data[2:0];
endmodule
```

下面把整个设计中的复位逻辑逐一列出并分析。

① 对于 r_xcnt 和 r_ycnt 的复位逻辑,如果使用并信赖 Xilinx 的 GSR 功能,那么其实可以删除这两个信号总线的复位逻辑。但是考虑到或许将来要移植到 Xilinx 以外的 FPGA 器件,即从代码可移植性考虑,这里就只能假定不存在 GSR 功能,那么这两个复位逻辑就必须保留;因为这两个计数器涉及后续一些控制信号的电平,它不是一般的数据信号,它们的复位状态其实很重要。

```
always @(posedge i_clk)
    if(!i_rst_n) r_xcnt <= 'b0;
    else if(r_xcnt < P_VGA_HTT) r_xcnt <= r_xcnt + 1;
    else r_xcnt <= 'b0;
always @(posedge i_clk)
    if(!i_rst_n) r_ycnt <= 'b0;
    else if(r_xcnt == P_VGA_HTT) begin
        if(r_ycnt < P_VGA_VTT) r_ycnt <= r_ycnt + 1;
        else r_ycnt <= 'b0;
end
else;
```

② 接下来看 o_vga_vsy 和 o_vga_hsy 两个输出控制信号的复位逻辑。先看 o_vga_vsy 信号,如果把它的复位逻辑删除,先从 r_ycnt 的复位逻辑得到复位时 r_ycnt=0 是满足 r_ycnt < P_VGA_VST 这个条件的,那么 o_vga_vsy <= 'b1 就不满足它原先复位状态的 o_vga_vsy <= 'b0 的赋值,所以它的复位逻辑不能删除;o_vga_hsy 也是一样的道理,也不能删除。

```
always @(posedge i_clk)
    if(!i_rst_n) o_vga_vsy <= 'b0;
    else if(r_ycnt < P_VGA_VST) o_vga_vsy <= 'b1;
```

```
        else o_vga_vsy <= 'b0;
    always @(posedge i_clk)
        if(!i_rst_n) o_vga_hsy <= 'b0;
        else if(r_xcnt < P_VGA_HST) o_vga_hsy <= 'b1;
        else o_vga_hsy <= 'b0;
```

③ r_vga_valid 寄存器的复位逻辑先尝试删除。可以看到,else if 的判定条件在 r_xcnt = 0 和 r_ycnt = 0 的复位状态下是不成立的,所以此时会执行 else 语句,即 r_vga_valid <= 'b0,其结果和复位逻辑的赋值是一致的,那么从功能上判断,这个复位逻辑是可以删除的。

```
    always @(posedge i_clk)
        if(!i_rst_n) r_vga_valid <= 'b0;
        else if((r_xcnt >= P_VGA_HST + P_VGA_HBP) &&
            (r_xcnt < (P_VGA_HST + P_VGA_HBP + P_VGA_HVT)) &&
            (r_ycnt >= P_VGA_VST + P_VGA_VBP) &&
            (r_ycnt < P_VGA_VST + P_VGA_VBP + P_VGA_VVT))
        r_vga_valid <= 'b1;
        else r_vga_valid <= 'b0;
```

④ 如果删除 o_display_image_clr 的复位逻辑,复位时正好也满足 r_ycnt == 12'd0 的判断,那么 o_display_image_clr <= 'b1 和原先的复位逻辑一致,则也可以删除这段复位逻辑。

```
    always @(posedge i_clk)
        if(!i_rst_n) o_display_image_clr <= 'b1;
        else if(r_ycnt == 12'd0) o_display_image_clr <= 'b1;
        else o_display_image_clr <= 'b0;
```

⑤ o_dispaly_image_rden 和 r_display_histogram_flag_1 的复位逻辑也可以删除,道理和 r_vga_valid 的复位逻辑可删除是一样的。

```
    always @(posedge i_clk)
        if(!i_rst_n) o_dispaly_image_rden <= 'b0;
        else if((r_xcnt >= P_VGA_HST + P_VGA_HBP + 12'd50) &&
            (r_xcnt < P_VGA_HST + P_VGA_HBP + 12'd50 + 12'd640) &&
            (r_ycnt >= P_VGA_VST + P_VGA_VBP + 12'd120) &&
            (r_ycnt < P_VGA_VST + P_VGA_VBP + P_VGA_VVT - 12'd120))
            o_dispaly_image_rden <= 'b1;
        else o_dispaly_image_rden <= 'b0;
    always @(posedge i_clk)
        if(!i_rst_n) r_display_histogram_flag_1 <= 'b0;
        else if((r_xcnt >= P_VGA_HST + P_VGA_HBP + 12'd50 + 12'd640 + 12'd28) &&
            (r_xcnt < P_VGA_HST + P_VGA_HBP + 12'd50 + 12'd640 + 12'd28 + 12'd512) &&
            (r_ycnt >= P_VGA_VST + P_VGA_VBP + 12'd120) &&
            (r_ycnt < P_VGA_VST + P_VGA_VBP + P_VGA_VVT - 12'd120))
            r_display_histogram_flag_1 <= 'b1;
        else r_display_histogram_flag_1 <= 'b0;
```

⑥ 最后看 r_dispaly_image_data 信号。它纯粹是一个最终的输出数据，需要结合具体的接口功能来判断。因为 r_dispaly_image_data 的输出数据是否有效完全取决于 o_vga_vsy、o_vga_hsy 的电平状态，因此复位时 r_dispaly_image_data 取任何值其实都是无关紧要的，那么它的复位逻辑肯定也是可以删除的。

```
always @(posedge i_clk)
    if(!i_rst_n) r_dispaly_image_data <= 'b0;
    else if(o_dispaly_image_rden) r_dispaly_image_data <= i_dispaly_image_data;
else if(r_display_histogram_flag_2) begin
if((r_ycnt >= P_VGA_VST + P_VGA_VBP + 12'd120 + (12'd480 – {2'd0,i_display_histogram_
data})))
        && (r_ycnt <= P_VGA_VST + P_VGA_VBP + 12'd120 + 12'd480))
        r_dispaly_image_data <= 8'h80;
    else r_dispaly_image_data <= 8'hff;
end
else r_dispaly_image_data <= 'b0;
```

希望读者能从这个实际的例子中掌握复位逻辑是否可删除的一些规则，当然这些规则都和具体的应用或代码本身相关。

概括来说，首先是代码本身是否已经能够自复位了，一般代码中判断分支已经包含了正确的复位赋值，那么这就是一个可删除的复位逻辑。在初始设计的时候，如果拿不准相关的输入信号状态，那么建议还是尽量先保留复位逻辑。其次就是一些本身不包含控制信息的数据信号，只要它对应的控制信号的状态在复位时是确定的，那么一般这些数据信号也可以不用专门设计复位逻辑。

五、RTL 视图的查看方法

本书除了给出具体的实例代码，也都会呈现综合后的 RTL 视图。这是因为视图对于初学者而言是一个非常有用的工具，它集成在 Vivado 开发工具中，只需要创建工程、编写好代码、双击相关功能选项就可以查看，简单实用，有助于快速验证代码和实际逻辑电路之间的映射关系是否一致。

下面简单介绍这个工具的使用。

准备工作：

➤ 安装 Xilinx 的 Vivado 集成开发工具，可以参考 B 站的《Verilog 边码边学》视频教程的第 1 课时：Vivado 下载与安装。

➤ 创建工程，编写代码；也可以直接打开该笔记中任意一个示例工程。

打开工程的 Flow Navigator 面板，选择 RTL ANALYSIS→Open Elaborated Design 项，并双击 Schematic，如图 3.10 所示。然后，打开的 RTL 视图如图 3.11 所示。

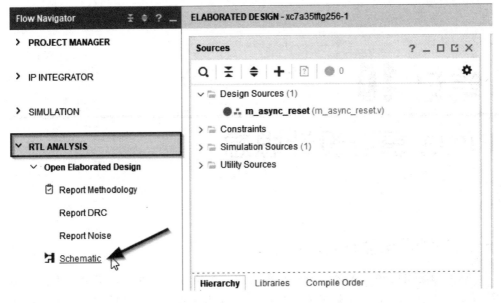

图 3.10　RTL 视图菜单

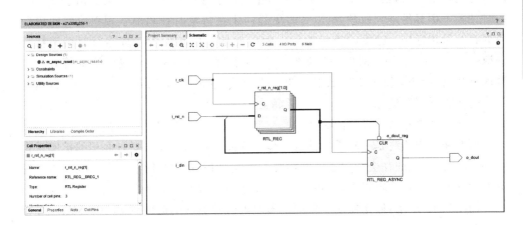

图 3.11　RTL 视图界面

笔记 10

FPGA 重要设计思想

一、速度面积互换原则

速度和面积是 FPGA 设计中非常重要的两个指标。速度是指整个工程稳定运行所能够达到的最高时钟频率,它不仅和 FPGA 内部各个寄存器的建立时间余量和保持时间余量有关,也和 FPGA 与外部芯片接口信号的时序余量有关。由于 FPGA 的时钟频率很容易遇到瓶颈,所以有时更趋向于在特定时钟频率下用单位时间内的数据吞吐量指标作为速度的衡量指标。面积就是一个 FPGA 工程运行时所消耗的资源。在 FPGA 资源相对单一匮乏的年代,工程师可以简单地将逻辑资源等效为门数进行衡量;而今天随着 FPGA 内嵌越来越多的存储器、乘法器、时钟单元、高速走线或高速收发器等资源,FPGA 资源所涵盖的项目也越来越多。设计者对这两个参数的关注将会贯穿整个设计的始终。

速度和面积始终是一对矛盾的统一体。速度的提高往往需要以面积的扩增为代价,而节省面积也往往会造成速度的牺牲。因此,如何在满足时序要求(速度)的前提下最大程度地节省逻辑资源(面积)是摆在每个设计者面前的一个难题。

如图 3.12 所示,假定使用一倍的逻辑块处理数据时的时钟频率 100 MHz,可以达到 100 Mbps 的吞吐量。

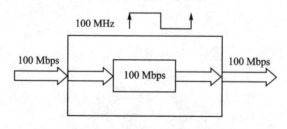

图 3.12　一倍资源的数据吞吐量示意图

当需求有所改变,希望数据吞吐量达到 300 Mbps 时,读者可能觉得,如图 3.13

所示,直接把时钟频率调整到 300 MHz 就可以了。但凡有一定实践经验的工程师都要抗议了,一般的 FPGA 器件,除非你的逻辑功能非常简单,否则要跑到 300 MHz 谈何容易。笔者用得比较多的是 Xilinx 中低端的 Artix - 7 和 Kintex - 7 系列的 FPGA 器件,通常也不太敢随便使用超过 200 MHz 的时钟频率。时钟频率不仅受限于器件本身的工艺,也和设计逻辑的复杂性密切相关。所以一般而言,通过直接提高时钟频率来提升系统数据吞吐量的方法只在原时钟频率较低的情况下可行,但原本时钟频率就偏高的情况下是不可行的。

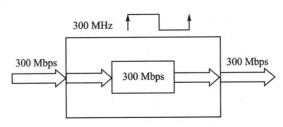

图 3.13 3 倍时钟频率的数据吞吐量示意图

当系统时钟频率已经接近上限,或由于某些其他因素无法随意提升时,更一般的做法就是使用 3 倍的逻辑资源,即 3 倍的逻辑块,如图 3.14 所示,这就是简单的以面积换速度(牺牲面积,换取速度)的思想;反之,就是速度换面积(牺牲速度,换取面积)的思想。

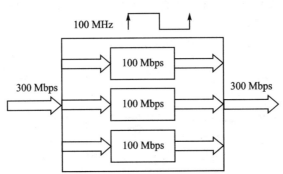

图 3.14 3 倍资源的数据吞吐量示意图

速度和面积互换原则也可以应用在一般逻辑的性能优化上。比如在 FPGA 开发工具中,通常也会提供一些预设好的综合优化策略,设计者可以在速度或面积等方面采取不同的综合偏好,这样就把整个代码的优化工作交由工具来实现。当然,综合工具只能在现有代码基础上做一些小范围的修修改改,从而达到优化的目的,一些大的性能优化还需要靠设计者自己的代码实现。

以 Xilinx 的 Vivado 开发工具为例,如图 3.15 所示,在 Setting→Synthesis 页面的 Options→Strategy 选项中,默认采取的综合策略是一个速度和面积比较平衡的 Vivado Synthesis Defaults 策略。这里可以尝试将默认策略修改为 Flow_PerfOptimized_high,然后看看编译后的资源和时序性能发生了什么样的变化。

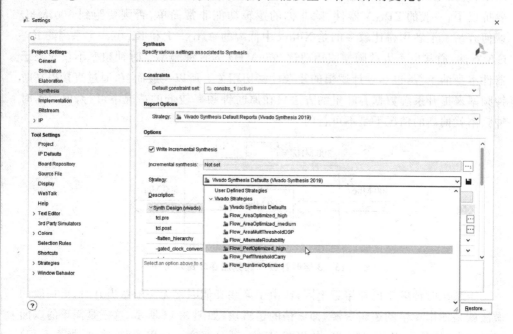

图 3.15　Vivado 综合优化选项

以一个图像采集和显示的实例工程(note10_prj001)进行比对。如图 3.16 所示，使用默认策略的综合消耗了 5 798 个 LUT。如图 3.17 所示，使用高性能优化策略的综合则消耗了 5 878 个 LUT，多消耗 80 个 LUT。

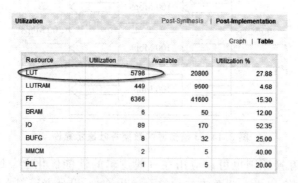

图 3.16　默认综合策略的资源报告

再来看时序性能，这里挑选驱动负载最大的两个时钟做比对。如图 3.18 和图 3.19 所示，时钟负载最大的 clk_out2 的建立时间余量(WNS)和保持时间余量(THS)都略微有所提升，但时钟负载次之的 clk_out3 的两个余量参数反而都略微下降了。

由此看来，关于速度和面积互换的思想，综合工具虽然提供了一些整体的代码性

Utilization		Post-Synthesis	**Post-Implementation**
			Graph | **Table**

Resource	Utilization	Available	Utilization %
LUT	5878	20800	28.26
LUTRAM	449	9600	4.68
FF	6366	41600	15.30
BRAM	6	50	12.00
IO	89	170	52.35
BUFG	8	32	25.00
MMCM	2	5	40.00
PLL	1	5	20.00

图 3.17　高性能优化策略的资源报告

Clock	Edges (WNS)	WNS (ns)	TNS (ns)	Failing Endpoints (TNS)	Total Endpoints (TNS)	Edges (WHS)	WHS (ns)	THS (ns)	Failing Endpoints (THS)	Total Endpoints (THS)	WPWS (ns)	TPWS (ns)	Failing Endpoints (TPWS)	Total Endpoints (TPWS)
i_clk											7.000	0.000	0	1
clk_out1_clk_wiz_0											37.845	0.000	0	2
clk_out2_clk_wiz_0	rise - rise	12.761	0.000	0	2265	rise - rise	0.026	0.000	0	2265	9.020	0.000	0	1832
clk_out3_clk_wiz_0	rise - rise	5.400	0.000	0	296	rise - rise	0.122	0.000	0	296	5.687	0.000	0	165
clk_out4_clk_wiz_0											11.178	0.000	0	2
clk_out5_clk_wiz_0	rise - rise	2.366	0.000	0	126	rise - rise	0.109	0.000	0	126	0.264	0.000	0	65

图 3.18　默认总和策略的时钟报告

Clock	Edges (WNS)	WNS (ns)	TNS (ns)	Failing Endpoints (TNS)	Total Endpoints (TNS)	Edges (WHS)	WHS (ns)	THS (ns)	Failing Endpoints (THS)	Total Endpoints (THS)	WPWS (ns)	TPWS (ns)	Failing Endpoints (TPWS)	Total Endpoints (TPWS)
i_clk											7.000	0.000	0	1
clk_out1_clk_wiz_0											37.845	0.000	0	2
clk_out2_clk_wiz_0	rise - rise	12.856	0.000	0	2265	rise - rise	0.036	0.000	0	2265	9.020	0.000	0	1832
clk_out3_clk_wiz_0	rise - rise	5.346	0.000	0	296	rise - rise	0.080	0.000	0	296	5.687	0.000	0	165
clk_out4_clk_wiz_0											11.178	0.000	0	2
clk_out5_clk_wiz_0	rise - rise	2.350	0.000	0	126	rise - rise	0.131	0.000	0	126	0.264	0.000	0	65

图 3.19　高性能优化策略的时钟报告

能优化手段,但是它对整体性能的提升充其量是"小打小闹"的级别,最主要的优化其实还是要靠写代码的设计者。

二、乒乓操作

乒乓操作是一个主要用于数据流控制的处理技巧,典型的乒乓操作如图 3.20 所示。

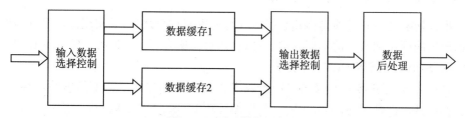

图 3.20　乒乓操作示意图

外部输入数据流通过输入数据选择控制模块分时交替送入 2 个数据缓存模块

中,数据缓存模块通常是片内存储器,如双口 RAM 或 FIFO 等。

在第一个时间周期,输入数据选择控制模块将输入的数据流缓存到数据缓存 1 模块。在第 2 个时间周期,输入数据选择控制模块做了切换,将输入的数据流缓存到数据缓冲 2 模块;与此同时,输出数据选择控制模块将数据缓存 1 模块在第一个时间周期缓存的数据流送到数据后处理模块进行后续的数据处理操作。在第 3 个时间周期,输入数据选择控制模块切换回到数据缓存 1 模块,将数据流送到数据缓存 1 模块中;与此同时,输出数据选择控制模块也作出切换,将数据缓存 2 模块缓存的第 2 个时间周期的数据送到数据后处理模块。如此不断地交替切换。

这里利用了乒乓操作完成数据的无缝缓存与处理。乒乓操作可以通过输入数据选择控制和输出数据选择控制按节拍、相互配合地来回切换,将经过缓存的数据流不停顿地送到数据后处理模块。

如图 3.21 所示,在一个图像采集和显示应用中,图像传感器实时采集 30 fps 的视频流,同时需要以每秒 60 Hz 的帧率在液晶屏上显示。这个应用就可以使用乒乓缓存来解决图像采集和显示两端的帧率不匹配导致的不同步问题。由于图像分辨率较大,一般会选择缓存到外部的 DDR3 存储器芯片中,例如本实例会在 DDR3 存储器开辟 2 块不同地址的内存空间,分别作为乒乓缓存的 2 个不同缓存区。

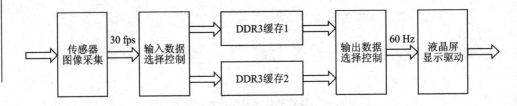

图 3.21　图像实时显示

在这个例子中,为了保证液晶屏显示驱动输出的每一帧图像都是从传感器的同一个曝光时间内采集到的同一帧图像,除了需要乒乓缓存,可能还需要额外比较复杂的控制和判断逻辑,用于更准确地切换两个缓存中数据的输入和输出。这是题外话,这里不详细展开介绍。

三、串并转换与并串转换

串并转换与并串转换是高速数据流处理的重要技巧之一,其实现方法多种多样,根据数据的顺序和数量的不同要求,可以选用移位寄存器、双口 RAM(Dual RAM)、SRAM、SDRAM 或者 FIFO 等实现。

带有高速收发器或 LVDS 等串行收发器的应用都包含了典型的串并转换与并串转换设计。以笔者在《Xilinx FPGA 伴你玩转 USB3.0 与 LVDS》一书第 8 章介绍的 LVDS 收发实验为例。如图 3.22 所示,FPGA 接收到的 LVDS 串行时钟 s_clk 和串行数据 s_data,s_data 是逐位传输的,每个 s_clk 时钟周期传输 4 bit 数据。每 2 个

s_clk 时钟周期共传输 8 bit 数据,这 8 bit 数据就是实际应用中有具体意义的有效数据。因此,串并转换后,1 bit 宽的 s_data 在 2 个 s_clk 时钟周期中累计送入的 8 bit 数据,最终要转换到 FPGA 的并行时钟 p_clk 所同步的 8 bit 位宽的并行数据 p_data 上。

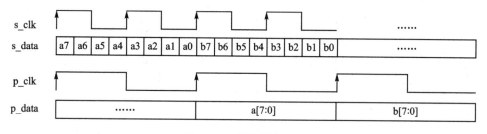

图 3.22　串并转换波形

　　LVDS 的传输基于 FPGA 的硬件物理层结构,因此 FPGA 开发工具上通常都有配套支持的 IP 核供直接配置使用,串并转换(LVDS 接收)或并串转换(LVDS 发送)的工作都由 IP 核完成,无需设计者自己写代码实现。

　　笔者在实际设计中使用较多的是基于 FIFO 的串并转换或并串转换设计。如图 3.23 所示,左右 2 个 FIFO,除了起到了数据缓存的作用,也起到了位宽变换,即串并转换(16 bit 转换为 64 bit)和并串转换(64 bit 转换为 16 bit)的作用。

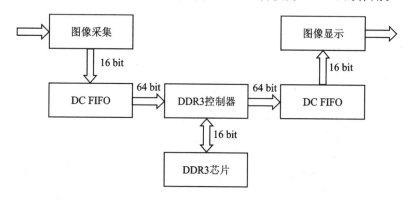

图 3.23　串并转换与并串转换应用

四、流水线设计

　　流水线设计通常可以在一定程度上提升系统的时钟频率,因此常常作为时序性能优化的一种常用技巧。如果某个原本单个时钟周期完成的逻辑功能块可以进一步细分为若干个更小的步骤进行处理,而且整个数据处理过程是单向的,即没有反馈运算或者迭代运算,前一个步骤的输出是下一个步骤的输入,那么就可以考虑采用流水线设计的方法来提高工作的时钟频率。

　　如图 3.24 所示,典型的流水线设计是将原本一个时钟周期完成的较大的组合逻辑(见图 3.24(a))通过合理地分割后由多个时钟周期分别完成 n 个较小的组合逻辑

（见图 3.24(b)）。原本一个时钟周期完成的逻辑功能拆分为 n 个时钟周期以流水线方式实现，虽然该设计的时钟频率会有所提升，但是需要额外付出 n－1 个时钟周期的初始延时。

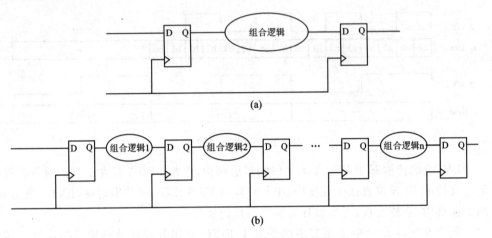

(a)

(b)

图 3.24　流水线设计的寄存器模型

如图 3.25 所示，假设一个流水线设计需要 4 个步骤完成一个数据处理过程，那

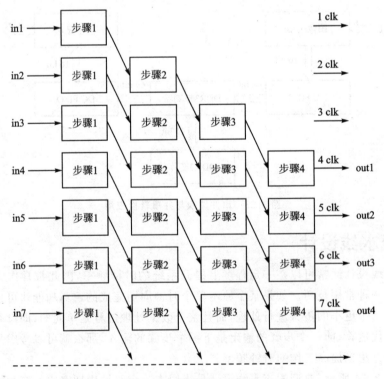

图 3.25　流水线设计实现

么从有数据输入(in1)的第一个时钟周期(1 clk)开始,直到第 4 个时钟周期(4 clk)才处理第一个输入数据;如果输出时再用寄存器打一拍,通常是第 5 个时钟周期才会输出第一个数据的处理结果,但在以后的每个时钟周期内都会有处理完成的数据持续输出。也就是说,流水线设计在提高工作的时钟频率的情况下,只在开始处理时需要一定的延时时间(和流水线级数正相关),以后就会不间断地输出数据,从而提高处理速度。如果该设计不采用流水线设计,那么该实例处理一个数据就需要 4 个时钟周期,而流水线设计则能够提高最多 4 倍的处理速度(取决于设计的整体性能水平,通常情况下提升不了 4 倍)。

这里看一个除法器 IP 核进行流水线优化的例子。如图 3.26 所示,在 Xilinx 提供的除法器 IP 核的配置页面中,有一个时延选项(Latency Options),这个时延其实就是刚刚提到的数据从输入到输出、经过内部的流水线处理逻辑时需要的初始延时时钟周期数。这个延时设置得越大,对应的流水线级数越高,可以达到的时序性能应该越好;这个延时值如果设置得较小,对应的流水线级数就越低,那么势必影响它的时序性能。以笔者的经验,在一些算法实现中经常会涉及除法器 IP 核的使用,虽然流水线级数设置得高一些能够带来更好的时序性能,但是往往也会涉及与该除法器计算结果相关的中间结果也需要用寄存器进行较多的延时缓存,有时这也是一笔不

图 3.26　除法器 IP 的配置页面

小的资源开销，因此通常选择一个比较折中的时延参数，而不是单纯“越大越好”。

工程 note10_prj002 中使用了 Latency=2 的一个较小的时延和流水线级数。编译后查看时序结果，如图 3.27 所示，对于 50 MHz 这样较低频率下的时钟（20.0 ns 时钟周期），竟然也有 3 条和除法器（uut_div_gen_1）相关的路径出现了时序违规（Slack 为负）。

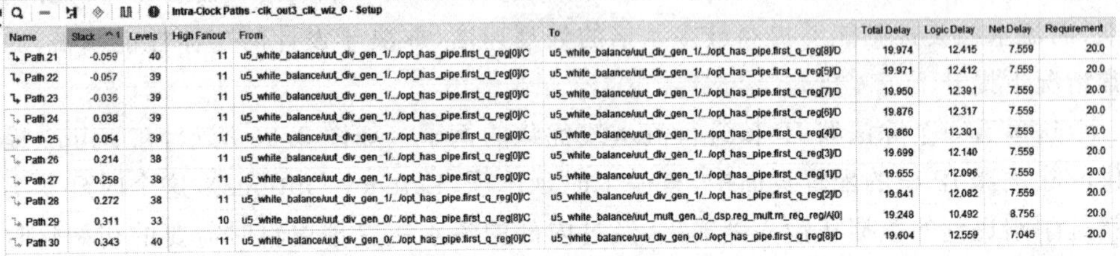

Intra-Clock Paths - clk_out3_clk_wiz_0 - Setup

Name	Slack ^1	Levels	High Fanout	From	To	Total Delay	Logic Delay	Net Delay	Requirement
Path 21	-0.059	40	11	u5_white_balance/uut_div_gen_1/.../opt_has_pipe.first_q_reg[0]/C	u5_white_balance/uut_div_gen_1/.../opt_has_pipe.first_q_reg[8]/D	19.974	12.415	7.559	20.0
Path 22	-0.057	39	11	u5_white_balance/uut_div_gen_1/.../opt_has_pipe.first_q_reg[0]/C	u5_white_balance/uut_div_gen_1/.../opt_has_pipe.first_q_reg[5]/D	19.971	12.412	7.559	20.0
Path 23	-0.036	39	11	u5_white_balance/uut_div_gen_1/.../opt_has_pipe.first_q_reg[0]/C	u5_white_balance/uut_div_gen_1/.../opt_has_pipe.first_q_reg[7]/D	19.950	12.391	7.559	20.0
Path 24	0.038	39	11	u5_white_balance/uut_div_gen_1/.../opt_has_pipe.first_q_reg[0]/C	u5_white_balance/uut_div_gen_1/.../opt_has_pipe.first_q_reg[6]/D	19.876	12.317	7.559	20.0
Path 25	0.054	39	11	u5_white_balance/uut_div_gen_1/.../opt_has_pipe.first_q_reg[0]/C	u5_white_balance/uut_div_gen_1/.../opt_has_pipe.first_q_reg[4]/D	19.860	12.301	7.559	20.0
Path 26	0.214	38	11	u5_white_balance/uut_div_gen_1/.../opt_has_pipe.first_q_reg[0]/C	u5_white_balance/uut_div_gen_1/.../opt_has_pipe.first_q_reg[3]/D	19.699	12.140	7.559	20.0
Path 27	0.258	38	11	u5_white_balance/uut_div_gen_1/.../opt_has_pipe.first_q_reg[0]/C	u5_white_balance/uut_div_gen_1/.../opt_has_pipe.first_q_reg[1]/D	19.655	12.096	7.559	20.0
Path 28	0.272	38	11	u5_white_balance/uut_div_gen_1/.../opt_has_pipe.first_q_reg[0]/C	u5_white_balance/uut_div_gen_1/.../opt_has_pipe.first_q_reg[2]/D	19.641	12.082	7.559	20.0
Path 29	0.311	33	10	u5_white_balance/uut_div_gen_0/.../opt_has_pipe.first_q_reg[8]/C	u5_white_balance/uut_mult_gen...d_dsp.reg_mult.m_reg_reg/A[0]	19.248	10.492	8.756	20.0
Path 30	0.343	40	11	u5_white_balance/uut_div_gen_0/.../opt_has_pipe.first_q_reg[0]/C	u5_white_balance/uut_div_gen_0/.../opt_has_pipe.first_q_reg[8]/D	19.604	12.559	7.045	20.0

图 3.27　2 级流水线的时序结果

在工程 note10_prj003 中，尝试修改 Latency=4，将除法器的流水线数增加一倍后再做编译。如图 3.28 所示，此时已经不存在时序违规路径了，并且最小的时序余量也高达 4.022 ns，性能提升明显。

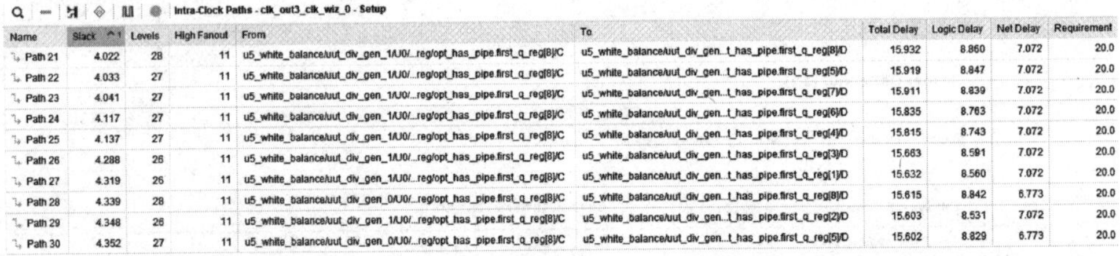

Intra-Clock Paths - clk_out3_clk_wiz_0 - Setup

Name	Slack ^1	Levels	High Fanout	From	To	Total Delay	Logic Delay	Net Delay	Requirement
Path 21	4.022	28	11	u5_white_balance/uut_div_gen_1/U0/...reg/opt_has_pipe.first_q_reg[8]/C	u5_white_balance/uut_div_gen...t_has_pipe.first_q_reg[8]/D	15.932	8.860	7.072	20.0
Path 22	4.033	27	11	u5_white_balance/uut_div_gen_1/U0/...reg/opt_has_pipe.first_q_reg[8]/C	u5_white_balance/uut_div_gen...t_has_pipe.first_q_reg[5]/D	15.919	8.847	7.072	20.0
Path 23	4.041	27	11	u5_white_balance/uut_div_gen_1/U0/...reg/opt_has_pipe.first_q_reg[8]/C	u5_white_balance/uut_div_gen...t_has_pipe.first_q_reg[7]/D	15.911	8.839	7.072	20.0
Path 24	4.117	27	11	u5_white_balance/uut_div_gen_1/U0/...reg/opt_has_pipe.first_q_reg[8]/C	u5_white_balance/uut_div_gen...t_has_pipe.first_q_reg[6]/D	15.835	8.763	7.072	20.0
Path 25	4.137	27	11	u5_white_balance/uut_div_gen_1/U0/...reg/opt_has_pipe.first_q_reg[8]/C	u5_white_balance/uut_div_gen...t_has_pipe.first_q_reg[4]/D	15.815	8.743	7.072	20.0
Path 26	4.288	26	11	u5_white_balance/uut_div_gen_1/U0/...reg/opt_has_pipe.first_q_reg[8]/C	u5_white_balance/uut_div_gen...t_has_pipe.first_q_reg[3]/D	15.663	8.591	7.072	20.0
Path 27	4.319	26	11	u5_white_balance/uut_div_gen_1/U0/...reg/opt_has_pipe.first_q_reg[8]/C	u5_white_balance/uut_div_gen...t_has_pipe.first_q_reg[1]/D	15.632	8.560	7.072	20.0
Path 28	4.339	28	11	u5_white_balance/uut_div_gen_0/U0/...reg/opt_has_pipe.first_q_reg[8]/C	u5_white_balance/uut_div_gen...t_has_pipe.first_q_reg[8]/D	15.615	8.842	6.773	20.0
Path 29	4.348	26	11	u5_white_balance/uut_div_gen_1/U0/...reg/opt_has_pipe.first_q_reg[8]/C	u5_white_balance/uut_div_gen...t_has_pipe.first_q_reg[2]/D	15.603	8.531	7.072	20.0
Path 30	4.352	27	11	u5_white_balance/uut_div_gen_0/U0/...reg/opt_has_pipe.first_q_reg[8]/C	u5_white_balance/uut_div_gen...t_has_pipe.first_q_reg[5]/D	15.602	8.829	6.773	20.0

图 3.28　4 级流水线的时序结果

流水线设计是否能够实际提升设计工程的时钟频率，并不能仅从局部的优化去考虑，而需要从整体设计去考量。在时序性能的优化中，通常先找到时序的关键路径，即时钟频率的瓶颈所在，再从关键路径下手进行必要的流水线优化，如此才有可能提升性能。

五、模块化设计

模块化设计是 FPGA 设计中一个很重要的技巧，它能够使一个大型设计的分工协作、仿真测试更加容易，代码维护或升级也更加便利。

如图 3.29 所示，一般整个设计工程的顶层文件里只做例化，不做逻辑处理。顶层模块下包含多个子模块，比如图中的模块 A、模块 B、模块 C 等；而模块 A、B、C 下可以再细分为多个子模块，如 A 模块可以包含子模块 A1、A2 和 A3 等。

采用模块化的设计可以将大规模复杂系统按照一定规则划分成若干模块，然后

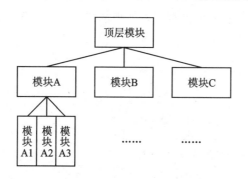

图 3.29　模块设计示意图

对每个模块分别进行设计输入、综合与实现,并将实现结果约束在预先设置好的区域内,最后将所有模块的实现结果进行整合集成,就能完成整个系统的设计。

模块化设计的实现一般包含以下步骤:

① 初始预算。本阶段是实现步骤的第一步,对整个模块化设计起着指导性的作用。在初始预算阶段,项目管理者需要为设计的整体进行位置布局。只有布局合理,才能够在最大程度上体现模块化设计的优势;反之,如果因布局不合理而在后面的阶段重新进行初始预算,则需要对整个实现步骤全面返工。

② 子模块的设计实现。在该阶段,每个项目成员并行完成各自子模块的实现。

③ 模块的最终集成。在该阶段,项目管理者将顶层的实现结果和所有子模块的实现结果进行整合集成,完成整个设计的实现。

模块划分的基本原则是:各个子模块的功能相对独立,模块内部联系尽量紧密,模块间的连接尽量简单。对于那些难以满足模块划分准则的、具有强内部关联的复杂设计,并不适合采用模块化设计方法。

以工程 note10_prj004 为例,这里用模块复用的方式,如图 3.30 所示,在顶层模块 vlg_design. v 下定义了 4 个子模块,即 uut1_pulse_counter. v、uut2_pulse_counter. v、uut3_pulse_counter. v 和 uut4_pulse_counter. v。这 4 个子模块虽然代码一样,都是 pulse_counter. v 这个模块的代码,但是由于引到顶层模块的接口信号不同,所以它们最终实现了 4 个完全独立的模块,即 4 个完全相同的硬件电路。

　✓ ●ᴛ **vlg_design** (vlg_design.v) (4)

　　● **uut1_pulse_counter** : **pulse_counter** (pulse_counter.v)

　　● **uut2_pulse_counter** : **pulse_counter** (pulse_counter.v)

　　● **uut3_pulse_counter** : **pulse_counter** (pulse_counter.v)

　　● **uut4_pulse_counter** : **pulse_counter** (pulse_counter.v)

图 3.30　代码的模块化层次视图

顶层模块 vlg_design.v 中没有逻辑处理的代码,只有子模块的例化和接口的连接。代码如下:

```verilog
module vlg_design(
    input i_clk,
    input i_rst_n,
    input[3:0] i_pulse,
    input i_en,
    output[15:0] o_pulse_cnt1,o_pulse_cnt2,
    output[15:0] o_pulse_cnt3,o_pulse_cnt4
);
pulse_counteruut1_pulse_counter(
    .i_clk          (i_clk),
    .i_rst_n        (i_rst_n),
    .i_pulse        (i_pulse[0]),
    .i_en           (i_en),
    .o_pulse_cnt    (o_pulse_cnt1)
);
pulse_counteruut2_pulse_counter(
    .i_clk          (i_clk),
    .i_rst_n        (i_rst_n),
    .i_pulse        (i_pulse[1]),
    .i_en           (i_en),
    .o_pulse_cnt    (o_pulse_cnt2)
);
pulse_counteruut3_pulse_counter(
    .i_clk          (i_clk),
    .i_rst_n        (i_rst_n),
    .i_pulse        (i_pulse[2]),
    .i_en           (i_en),
    .o_pulse_cnt    (o_pulse_cnt3)
);
pulse_counteruut4_pulse_counter(
    .i_clk          (i_clk),
    .i_rst_n        (i_rst_n),
    .i_pulse        (i_pulse[3]),
    .i_en           (i_en),
    .o_pulse_cnt    (o_pulse_cnt4)
);
endmodule
```

下面是对 pulse_counter.v 模块的例化代码:

```verilog
pulse_counteruut1_pulse_counter(
    .i_clk          (i_clk),
    .i_rst_n        (i_rst_n),
    .i_pulse        (i_pulse[0]),
    .i_en           (i_en),
    .o_pulse_cnt    (o_pulse_cnt1)
);
```

以上面这段代码为例,模块例化大体有下面几个要点:

> pulse_counter 是原始工程源码本身的模块名称,同一个工程源码可以多次被例化。

> uut1_pulse_counter 的名称是可以随意起的,只要不和已有的名称重名即可,表示对当前例化模块 pulse_counter.v 的唯一识别名。在这个工程中,pulse_counter.v 模块被例化了多次,但它和 uut1_pulse_counter 对应位置的命名是不一样的,而且必须是不一样的,表示工程中有多个完全一样的功能模块。这和软件程序里面的调用不一样,软件程序由于运行起来总是串行的,所以多次调用同一个函数时,这个函数可以只占一个函数所需的物理存储空间即可;但 FPGA 是并行处理的,它的模块例化时,哪怕是完全一样的模块,往往也需要多个完全一样的物理资源与其对应。

> ". i_clk (i_clk),"是接口的映射,其中,". ()," 是固定格式。点号后面的 i_clk 是 pulse_counter.v 模块内部的接口,括号内的 i_clk 是 vlg_design.v 模块的接口。

pulse_counter.v 模块是具体的逻辑处理源码,其代码如下:

```
module pulse_counter(
    input i_clk,
    input i_rst_n,
    input i_pulse,
    input i_en,
    output reg[15:0] o_pulse_cnt
);
reg[1:0] r_pulse;
wire w_rise_edge;
//////////////////////////////////////////
//脉冲边沿检测逻辑
always @(posedge i_clk)
    if(!i_rst_n) r_pulse <= 2'b00;
    else r_pulse <= {r_pulse[0],i_pulse};
assign w_rise_edge = r_pulse[0] & ~r_pulse[1];
//////////////////////////////////////////
//脉冲计数逻辑
always @(posedge i_clk)
    if(i_en) begin
        if(w_rise_edge) o_pulse_cnt <= o_pulse_cnt + 1;
        else /* o_pulse_cnt <= o_pulse_cnt */;
    end
    else o_pulse_cnt <= 'b0;
endmodule
```

笔记 11

基于 FPGA 的跨时钟域信号处理

在逻辑设计领域,只涉及单个时钟域的设计并不多,尤其对于一些复杂的应用,FPGA 往往需要和多个时钟域的信号进行通信。

图 3.31 是一个跨时钟域的异步通信示意图,发送寄存器和接收寄存器的时钟分别是 clk1 和 clk2。这 2 个时钟是异步的,要么是频率不同,要么是频率相同但相位不同。对于接收寄存器而言,来自发送寄存器的数据有可能在任何时刻发生变化。

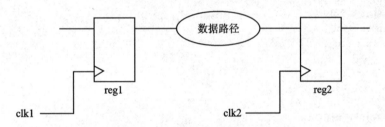

图 3.31 跨时钟域的异步通信示意图

对于上述异步时钟域的通信,设计者需要做特殊的处理以确保数据传输的可靠性。由于 2 个异步时钟域的频率关系不确定,寄存器之间的建立时间和保持时间要求也无法得到保证。接收寄存器很容易出现数据的建立时间或者保持时间的时序违规,从而输出亚稳态的数据,导致再后一级寄存器采样到错误的数据。

如何有效进行跨时钟域的信号传输呢?最基本的思想是同步。该笔记将要介绍的单向控制信号检测方式、握手协议方式和借助存储器方式都是比较常用的设计方法。

一、同步设计思想

在详细探讨同步设计思想之前,笔者先列举一个异步时钟域中很容易出现的典型问题,用一个反例来说明没有足够重视异步通信会给整个设计带来什么样的后果。这个反例是真真切切地在某个项目上发生过的,很具有代表性。它不仅能区分组合逻辑和时序逻辑在异步通信中的优劣，而且能把亚稳态的危害展现出来。

先从这个模块要实现的功能说起。如图 3.32 所示，设计功能其实很简单，就是一个频率计，只不过 FPGA 除了对脉冲进行采集并计数外，还要响应 CPU 的读取控制。

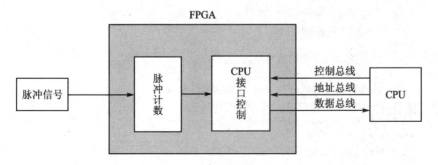

图 3.32　功能模块

CPU 的控制总线信号主要包括片选信号 CS 和读选通信号 RD。如图 3.33 所示，当 CS 和 RD 都有效，即都为低电平时，FPGA 对 CPU 的地址总线进行译码，将采样脉冲值送到 CPU 的数据总线上。

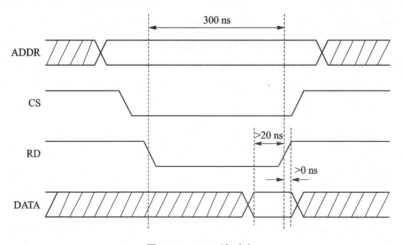

图 3.33　CPU 读时序

对于这样"简单"的功能，不少设计者可能给出类似下面以组合逻辑为主的实现方式。

```
module m_pulse_counter(
    input              i_clk,
    input              i_rst_n,
    input              i_pulse,
    input              i_cs_n,
    input              i_rd_n,
    input[3:0]         i_addr_bus,
    output reg[15:0]   o_data_bus
```

```
);
reg[15:0] r_counter;
//每个脉冲信号 i_pulse 的上升沿对脉冲计数器 r_counter 值加 1
always @(posedge i_pulse or negedge i_rst_n)
    if(!i_rst_n) r_counter <= 16'd0;
    else if(i_pulse) r_counter <= r_counter + 1'b1;
    else;
//译码 CPU 的片选信号和读选通信号,高电平有效
wire w_cpu_cs = ~i_cs_n & ~i_rd_n;
//当 CPU 的片选和读选通同时有效时,输出脉冲计数值
always @(posedge w_cpu_cs or negedge w_cpu_cs)
    if(!w_cpu_cs) o_data_bus <= 16'hzzzz;
    else begin
        case(i_addr_bus)
            4'h0: o_data_bus <= r_counter;
            4'h1: ……;
            ……
            default:;
        endcase
    end
endmodule
```

乍一看,可能认为这个代码也没什么问题,功能似乎都实现了。而且会觉得这个代码挺简洁的,也不需要耗费多少逻辑资源就能实现。但是,这种时钟满天飞的设计存在着诸多亚稳态危害爆发的可能。脉冲信号和由 CPU 控制总线产生的选通信号是来自 2 个异步时钟域的信号,它们作为内部的时钟信号(always 中边沿变化的触发信号)时,如果同一时刻出现一个时钟在写寄存器 r_counter、另一个时钟在读寄存器 r_counter,那么就一定存在发生冲突的可能。如图 3.34 所示,如果寄存器正处于改变状态(被写)时正好 CPU 的片选和读信号有效,那么被读取的 r_counter 就会是一个亚稳态的数据。

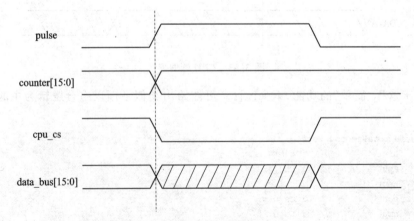

图 3.34　数据读/写冲突的时序

　　脉冲信号 i_pulse 和 CPU 读选通信号 w_cpu_cs 是异步信号,i_pulse 何时出现上升沿和 w_cpu_cs 何时出现上升沿都是不可控的,它们有可能在同一时刻出现变化。计数器 r_counter[15:0]正在加 1,这个自增的过程还在进行中,CPU 数据总线 o_data_bus[15:0]来读取 r_counter[15:0],那么到底读取的值是自增之前的值还是自增之后的值又或者是其他的值呢?

　　如图 3.35 所示,这是一个计数器的近似模型。当计数器自增 1 的时候,如果最低位为 0,那么自增的结果只会使最低位翻转;但是当最低位为 1 时,自增 1 的后果除了使最低位翻转,还有可能使其他任何位翻转,比如 4'b1111 自增 1 的后果会使 4 个位都翻转。由于每个位之间从发生翻转到翻转完成都需要经过一段逻辑延时和走线延时,对于一个 16 位的计数器,要想使这 16 位寄存器的翻转时间一致,那是不可能做到的。所以,对于之前的设计中出现了如图 3.34 的冲突时,被读取的脉冲值很可能是完全错误的。

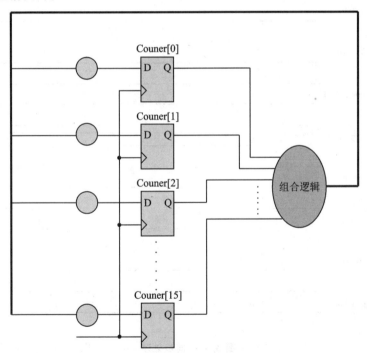

图 3.35　计数器的寄存器模型

　　上面的代码是最典型的组合逻辑实现方式,是很不可行的。也许很多读者会提出异议,也许还会提出很多类似的组合逻辑方案,但是,如果没有同步设计的思想,不把这 2 个异步时钟域的信号同步到一个时钟域里进行处理,异步冲突的问题是无法得到根本解决的。

　　那么,这个设计该如何时序同步呢? 它的设计思想可以如图 3.36 所示。先使用脉冲检测法把脉冲信号与 FPGA 本地时钟信号 i_clk 同步,然后依然使用脉冲检测

法得到一个系统时钟宽度的使能脉冲作为数据锁存信号,也将 CPU 的控制信号和
FPGA 本地时钟信号 i_clk 进行同步。如此处理后,2 个异步时钟域的信号都被同步
到 FPGA 的本地时钟域,也就不存在任何读/写冲突的情况了。当然,能够这样处理
的一个大前提条件是 FPGA 的时钟频率足够高,至少应该是 CPU 和脉冲信号数倍
以上(经验值一般要有 5～6 倍以上才比较安全)。

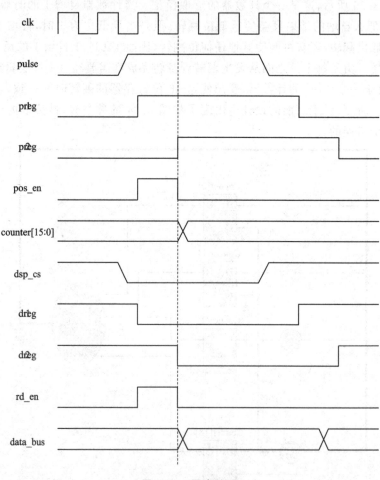

图 3.36　同步处理

　　在 FPGA 开发过程中,同步思想是贯穿于整个设计始终的。同步设计不仅可以
稳定、可靠地实现既定功能,也可以大大提高设计的实现、测试、调试与维护效率。同
步设计的最大好处可以归纳为以下几点。

　　➤ 便于时序约束、时序分析与时序仿真。
　　➤ 便于板级时序问题定位。
　　➤ 有利于代码移植,减少重复设计。
　　➤ 最小化器件升级对同一工程带来的影响。

二、单向控制信号检测

这是一个是基于单片机（MCU）与 FPGA 的通信实例（现在更流行的各种 Cortex、ARM、DSP 等 CPU 也都适用，原理是一样的）。如果读者对单片机或其他 CPU 的外扩存储器接口的读/写时序不熟悉，建议随便找一个 CPU 的 datasheet，研究一下它的外扩存储器接口时序波形。

下面简单了解下 11.059 2 MHz 的 51 单片机的读/写时序图，如图 3.37 所示。实际波形与图 3.32 相差无几，地址总线没有画出来，不过地址总线一般会早于片选信号 CSn 稳定下来，并且晚于片选信号 CSn 撤销（这个说法不是绝对的，但是至少对于本文讨论的应用是这样的）。

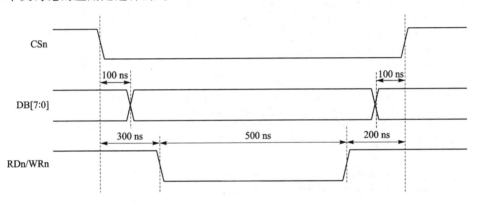

图 3.37　单片机读/写 RAM 时序图

FPGA 作为 MCU 的从机，即模拟 MCU 的扩展 RAM。MCU 若发出写选通，其写选通期间的数据总线 DB 一定是稳定的，所以 FPGA 需要在读选通信号有效期间将数据及时锁存起来；MCU 若发出读选通，FPGA 就要在 MCU 的读选通信号拉高的某段时间内把数据放到数据总线上供读取，同时还需要保证数据一直稳定到读选通信号后某段时间为止。读选通前的"某段时间"通常被定义为 MCU 芯片手册中的建立时间，读选通后的"某段时间"则是保持时间。下面讨论如何使用同步设计思想实现可靠稳定的数据通信。

其实这个 MCU 的读/写时序的时间相对还是很充裕的，因为该设计中的 FPGA 使用了 50 MHz 的晶振。所以一个很基本的想法是要求把 MCU 端的信号同步到 FPGA 的时钟域上，从而达到异步信号的同步处理。

```
module vlg_design(
    input i_clk,
    input i_rst_n,
    input i_mcu_cs_n,
    input i_mcu_rd_n,
    input i_mcu_wr_n,
```

```verilog
    input[7:0] i_mcu_addr,
    inout[7:0] io_mcu_data
);
reg[1:0] r_mcu_rd, r_mcu_wr;
reg[7:0] r_mcu_addr;
reg r_mcu_dir;
reg[7:0] r_mcu_rd_data, r_mcu_wr_data;
////////////////////////////////////////////////////
//同步 MCU 的读和写选通信号
wire w_mcu_rd = ~i_mcu_cs_n & ~i_mcu_rd_n;
wire w_mcu_wr = ~i_mcu_cs_n & ~i_mcu_wr_n;
//同步 MCU 读选通信号
always @ (posedge i_clk)
    if(!i_rst_n) r_mcu_rd <= 2'b00;
    else r_mcu_rd <= {r_mcu_rd[0], w_mcu_rd};
wire w_pos_mcu_rd = ~r_mcu_rd[1] & r_mcu_rd[0];
//同步 MCU 写选通信号
always @ (posedge i_clk)
    if(!i_rst_n) r_mcu_wr <= 2'b00;
    else r_mcu_wr <= {r_mcu_wr[0], w_mcu_wr};
wire w_pos_mcu_wr = ~r_mcu_wr[1] & r_mcu_wr[0];
////////////////////////////////////////////////////
//MCU 地址和数据同步
//MCU 写数据
always @ (posedge i_clk)
    if(!i_rst_n) r_mcu_wr_data <= 8'd0;
    else if(w_pos_mcu_wr) begin
        //这里得到的地址和数据就是 MCU 写入的有效地址和数据
        r_mcu_addr <= i_mcu_addr;
        r_mcu_wr_data <= io_mcu_data;
    end
    else;
//MCU 读数据
always @ (posedge i_clk)
    if(!i_rst_n) r_mcu_rd_data <= 8'd0;
    else if(w_pos_mcu_rd) begin
        //下面是一段伪码,a,b,x 对应地址的数据
        //根据 MCU 地址进行输出数据译码控制
        case(i_mcu_addr)
            8'd0:r_mcu_wr_data <= a;
            8'd1:r_mcu_wr_data <= b;
            ……
            default: r_mcu_wr_data <= x;
        encase
    end
    else;
always @ (posedge i_clk)
    if(!i_rst_n) r_mcu_dir <= 1'b0;
```

```
      else if(r_mcu_wr[0] || r_mcu_wr[1]) r_mcu_dir <= 1'b1;
      else r_mcu_dir <= 1'b0;
  assign io_mcu_data = r_mcu_dir ? r_mcu_wr_data : 8'hzz;
  endmodule
```

上面的代码就是基于 MCU 发出的异步时序的一种同步处理。当然，这种处理是基于特定的应用。MCU 写选通时，r_pos_mcu_wr 信号（使用了脉冲边沿检测方法处理）会拉高一个时钟周期，则可以利用此信号作为后续处理的一个指示信号，然后对已经锁存在 FPGA 内部相应寄存器里的地址总线和数据总线进行处理。MCU 读选通时，r_pos_mcu_rd 信号的产生与此类似。

r_mcu_addr 和 r_mcu_wr_data 的锁存为什么要在 r_pos_mcu_wr 产生高脉冲时执行呢？这是因为 i_mcu_cs_n 和 i_mcu_wr_n 拉低期间，MCU 的数据总线/地址总线一定都是稳定的，而 r_pos_mcu_wr 相对于 i_mcu_cs_n 和 i_mcu_wr_n 都拉低其实已经有 1~2 个时钟周期的延时了，此时对 MCU 的数据和地址进行操作也一定都是稳定的。

r_mcu_wr_data 的输出是在 r_pos_mcu_rd 产生高脉冲时执行的，虽然相对于读选通信号 i_mcu_rd_n 有效已经有 2~3 个时钟周期的延时了，但是只要 FPGA 时钟频率足够高，并且 MCU 的读选通时间足够长，则是很容易保证 MCU 读选通信号拉高前的建立时间得以保持的。r_mcu_dir 用于控制双向数据总线 io_mcu_data 的方向，r_mcu_dir 为高表示 FPGA 输出数据给 MCU，r_mcu_dir 为低表示 MCU 输出数据给 FPGA。r_mcu_dir 信号一般为低，当 MCU 读取数据时，只要读取信号拉低有效，则 r_mcu_dir 为拉高，直到最后一次采样到 MCU 读选通信号为高。这样就能保住 r_mcu_dir 信号在 MCU 读选通信号拉高后 1~2 个时钟周期才会切换回低电平，这一般都是可以满足保持时间要求的。

三、专用握手信号

图 3.38 是一个基本的握手通信方式。所谓握手，即通信双方使用了专用控制信号进行状态指示。这个控制信号既有发送端到接收端的，也有接收端到发送端的，有别于前面的单向控制信号检测方式。

使用握手协议方式处理跨时钟域数据传输时，只需要对双方的握手信号（req 和 ack）分别使用脉冲检测方法进行同步。在具体实现中，假设 req、ack、data 总线在初始化时都处于无效状态，发送端先把数据放入总线，随后发送有效的 req 信号给接收端。接收端在检测到有效的 req 信号后锁存数据总线，然后回送一个有效的 ack 信号表示读取完成应答。发送端在检测到有效 ack 信号后撤销当前的 req 信号，接收端在检测到 req 撤销后也相应撤销 ack 信号，此时完成一次正常握手通信。此后，发送端可以继续开始下一次握手通信，如此循环。该方式能够使接收到的数据稳定可靠，有效避免了亚稳态的出现，但控制信号握手检测会消耗通信双方较多的时间。以上所述的通信流程如图 3.39 所示。

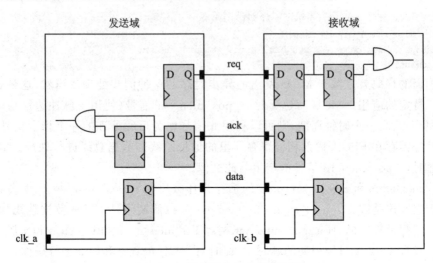

图 3.38　握手通信的寄存器模型

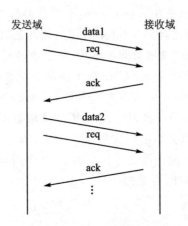

图 3.39　握手通信流程

　　下面通过一个简单的工程代码及其仿真测试进一步加深读者对基本握手协议的认识。

　　【实例工程 note11_prj001】

```
module vlg_design(
    inputi_clk,                  //时钟信号
    inputi_rst_n,                //复位信号,低电平有效
    inputi_req,                  //请求信号,高电平有效
    input[7:0]i_data,            //输入数据
    outputreg o_ack,             //应答信号,高电平有效
    outputreg[7:0] o_data        //输出数据,主要用于观察是否和输入一致
);
reg[2:0] r_req;
//////////////////////////////////////////////////
```

```
//i_req 上升沿检测
always @(posedge i_clk)
    if(!i_rst_n) r_req <= 3'b111;
    else r_req <= {r_req[1:0], i_req};
//w_w_pos_i_req2 比 w_w_pos_i_req1 延后一个时钟周期,确保数据被稳定锁存
wire w_pos_i_req1 = r_req[0] & ~r_req[1];
wire w_pos_i_req2 = r_req[1] & ~r_req[2];
/////////////////////////////////////////////////////
//数据锁存
always @(posedge i_clk)
    if(!i_rst_n) o_data <= 8'h00;
    else if(w_pos_i_req1)o_data <= i_data;      //检测到 i_req 有效后锁存输入数据
/////////////////////////////////////////////////////
//产生应答信号 o_ack
always @(posedge i_clk)
    if(!i_rst_n) o_ack <= 1'b0;
    else if(w_pos_i_req2) o_ack <= 1'b1;
    else if(!i_req) o_ack <= 1'b0;
    else;
endmodule
```

该实例的代码模拟了握手通信的接收域,其仿真波形如图 3.40 所示。在发送域请求信号(i_req)有效的若干个时钟周期后,先是数据(i_data)被有效锁存了(o_data),然后接收域的应答信号(o_ack)也处于有效状态,此后发送域撤销请求信号,接收域也跟着撤销了应答信号,由此完成一次通信。仿真中 2 次异步通信发别发送了数据 0x5a 和 0x96。

图 3.40　握手通信仿真波形

四、借助于存储器

为了达到可靠的数据传输,借助存储器来完成跨时钟域通信也是很常用的手段。早期的跨时钟域设计中,在两个处理器间添加一个双口 RAM 或者 FIFO 来完成数据传输是很常见的做法。如今的 FPGA 大都集成了一些用户可灵活配置的片内存储器,因此,使用 FPGA 厂商提供的免费 IP 核可以很方便地嵌入一些常用的存储器来完成跨时钟域数据传输的任务。使用内嵌存储器和使用外部扩展存储器的基本原理是一样的,如图 3.41 所示。

双口 RAM 更适合于互有收发的双向通信,只要定义并分配好地址空间,那么接下来只要控制好存储器的读/写时序就行。FIFO 先进先出的特性决定了它更适合于单向的数据传输。总之,借助存储器进行跨时钟域传输的最大好处在于,设计者不

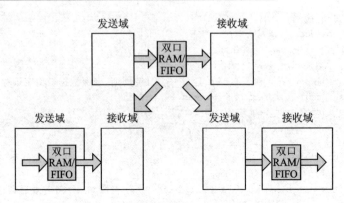

图 3.41 借助存储器的跨时钟域传输

需要再花时间和精力考虑如何处理同步问题,因为这些工作都交给了存储器,设计者也不用关心存储器内部到底使用了怎样的工作机制来解决冲突问题(当然,存储芯片内部肯定是有一套完善的同步处理机制),可以设计好数据流以及存储器接口的控制,把更多的精力集中在核心业务的开发上。借助存储器的另一个优势是可以大大提高通信双方的数据吞吐率,不像握手信号和逻辑同步处理机制那样在同步设计上耗费太多的时钟周期,它的速度瓶颈基本就是存储器本身的速度上限。

接下来重点探讨异步 FIFO 在跨时钟域通信中的使用。常见的异步 FIFO 接口如图 3.42 所示,FIFO 的 2 侧会有相对独立的读和写接口。若写入请求 wrreq 在写入时钟 wrclk 的上升沿处于有效状态,那么该时钟周期写入数据 wrdata 将会送入 FIFO 中。同理,若读请求 rdreq 在读时钟 rdclk 的上升沿处于有效状态,那么在当前时钟周期或接下来的一个时钟周期,FIFO 将把当前最早送入的一个数据放置到读数据总线 rddata 上。

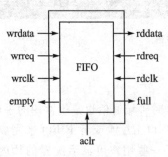

图 3.42 常见的异步 FIFO 接口

FIFO 一般还会有指示内部状态的一些接口信号,如图 3.42 中的空标志位 empty 或满标志位 full,甚至还会有用多位数据线表示的 FIFO 当前数据数量的计数值,这些状态标志用于保证读/写控制不出现空读和满写等意外情况。清除信号 aclr 在某些应用中也是需要的,用于清空当前 FIFO 中的数据。

以一个具体的应用为例。如图 3.43 所示,在一个数据缓存到外部存储器的流控制中使用了 2 个 FIFO。在缓存写入数据到 DDR3 一侧(左侧)的 DC FIFO,其写入数据的时钟频率为 50 MHz,读出数据的时钟频率是 100 MHz;在缓存从 DDR3 读出数据一侧(右侧)的 DC FIFO,其写入数据的时钟为 100 MHz,读出数据的时钟频率是 75 MHz。采用了这样 2 个 DC FIFO 既能作为数据缓存,又能解决跨时钟域的同步问题，一举两得。

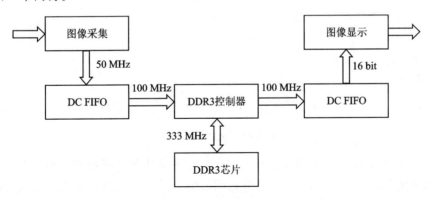

图 3.43　用两个 FIFO 设计的 SDRAM 控制器

五、搞定亚稳态

1. 什么是亚稳态

　　所有数字器件(如 FPGA)的信号传输都会有一定的时序要求，从而保证每个寄存器捕获数据的输入和输出的正确性。为了确保可靠的操作，输入寄存器的信号必须在时钟沿的某段时间(寄存器的建立时间 T_{su})之前保持稳定，并且持续到时钟沿之后的某段时间(寄存器的保持时间 T_h)之后才能改变。而该寄存器的输入反映到输出则需要经过一定的延时(时钟到输出的时间 T_{co})。如果数据信号的变化违反了建立时间或保持时间的要求，那么寄存器的输出就会处于亚稳态。此时，寄存器的输出会在高电平 1 和低电平 0 之间盘旋一段时间，这也意味着寄存器的输出达到一个稳定的高或者低电平的状态所需要的时间会大于 T_{co}。

　　在同步系统中，通过必要的时序约束与分析可以确保输入信号总是能够达到寄存器的时序要求，所以亚稳态不会发生。亚稳态通常发生在一些跨时钟域信号传输的异步系统中。由于数据信号可能在任何时间到达异步时钟域的目的寄存器，所以设计者无法保证数据的建立时间和保持时间满足要求。然而，并非所有违反寄存器的建立时间或保持时间要求的信号都会导致输出亚稳态。某个寄存器进入了亚稳态后重新回到稳定状态的时间取决于器件的制造工艺及工作环境。在大多数情况下，寄存器将会快速返回稳定状态。

　　寄存器在时钟沿采样数据信号好比一个球从小山的一侧抛到另一侧。如图 3.44 所示，小山的两侧代表数据的稳定状态——旧的数据值或者新的数据值，山顶代表亚稳态。如果球被抛到山顶上，它可能会停在山顶上，但实际上它只要稍微有些动静就会滚落到山底。在一定时间内，球滚得越远，它达到稳定状态的时间也就越短。

　　如果数据信号的变化发生在时钟沿的某段时间(保持时间)之后，就好像球跌落

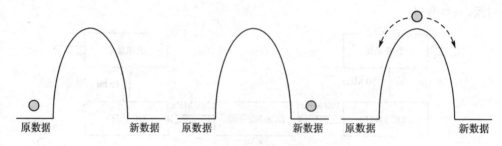

图 3.44　抛过小山的球

到了小山的"原数据"一侧,输出信号仍然保持时钟变化前的值不变。如果数据信号的变化发生在时钟沿的某段时间(建立时间)之前,并且持续到时钟沿之后的某段时间(建立时间)都不再变化,那就好像球跌落到了小山的"新数据"一侧,输出数据经过 T_{co} 时间后就能够达到稳定状态。然而,当一个寄存器的输入数据违反了建立时间或者保持时间,就好像球被抛到了山顶。如果球在山顶停留得越久,那么它到达山底的时间也就越长,这就相应地延长了从时钟变化到输出数据达到稳定状态的时间(T_{co})。

亚稳态出现时的波形如图 3.45 所示。在时钟变化的同时,寄存器的输入数据信号也处于从低电平到高电平的变化状态,违反了寄存器的建立时间要求。此时的寄存器输出电平就如同山顶上的小球,有可能落回原值 0,也有可能落入新值 1。无论最终落入原值还是落入新值,通常经过寄存器的 T_{co} 时间后,寄存器输出的数据一般就能稳定下来。当然,也还是有很小的概率,寄存器在一个时钟周期内都没有稳定下来,于是导致亚稳态继续传播到下一级寄存器。

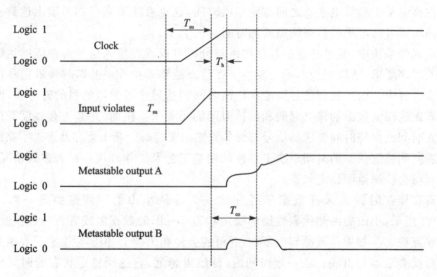

图 3.45　亚稳态输出信号

如果输出信号在下一个寄存器捕获数据前(下一个时钟锁存沿的 T_{su} 时间前)处于一个稳定的有效状态,那么亚稳态信号不会对该系统造成影响。但是如果亚稳态信号在下一个寄存器捕获数据时仍然盘旋于高或者低电平之间,那将会对系统的后续电路产生影响。继续讨论球和小山的比喻,当球到达山底的时间(处于稳定的逻辑值 0 或 1)超过了扣除寄存器 T_{co} 以外的余量时间,那么问题就随之而来。

2. 同步寄存器

当信号变化处于一个不相关的电路或者异步时钟域时,它在被使用前就需要先被同步到新的时钟域中。新时钟域中的第一个寄存器将扮演同步寄存器的角色。

为了尽可能减少异步信号传输中由于亚稳态引发的问题,设计者通常在目的时钟域中使用一串连续的寄存器(同步寄存器链)将信号同步到新的时钟域中。这些寄存器有额外的时间用于信号在被使用前从亚稳态达到稳定值。同步寄存器到寄存器路径的时序余量,也就是亚稳态信号达到稳定的最大时间,也被认为是亚稳态持续时间。

同步寄存器链,被定义为一串达到以下要求的连续寄存器:

➢ 链中的寄存器都由相同的时钟或者相位相关的时钟触发;
➢ 链中的第一个寄存器由不相关时钟域或者是异步的时钟来触发;
➢ 每个寄存器的扇出值都为 1,只有链中的最后一个寄存器可以例外。

同步寄存器链的长度就是达到以上要求的同步时钟域的寄存器数量。一个 2 级的同步寄存器链如图 3.45 所示。

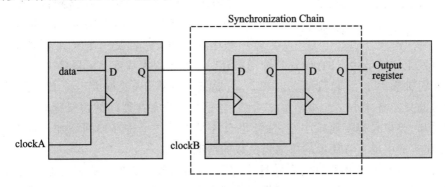

图 3.46　同步寄存器链

跨时钟域的异步信号,有可能在相对于锁存寄存器时钟沿的任何时刻发生变化。因此,设计者无法预测信号变化的时序或者说信号 2 次变化间经过了几个锁存时钟周期。例如,一条异步总线的各个数据信号可能在不同的时钟沿变化,结果接收到的数据值可能是错误的。

设计者必须考虑到电路的这些情况,尽量使用双时钟 FIFO(即 DC FIFO)传输信号或者使用握手信号等同步电路进行控制。DC FIFO 使用了同步逻辑处理来自不同时钟域的控制信号,数据的读/写使用 2 套独立的总线。此外,如果异步信号作为 2 个时钟域的握手逻辑,则这些控制信号就需要用于指示何时数据信号可以被接收时钟域锁存。如此一来,就可以利用同步寄存器确保亚稳态不会影响控制信号的传输,从而保证数据在使用前有充足的时间等待亚稳态达到稳定。

关于亚稳态的概率问题,先看看 MTBF(Mean Time Between Failures)的概念,即平均无故障时间,计算公式如下:

$$\text{MTBF} = \frac{e^{t_{\text{MET}}/C_2}}{C_1 f_{\text{CLK}} f_{\text{DATA}}}$$

在这个公式中,t_{MET} 就是指寄存器从时钟上升沿触发后的时序余量时间,f_{CLK} 是接收时钟域的时钟频率,f_{DATA} 是数据的变化频率,而 C_1、C_2 则是与器件有关的参数,对于设计者来说则是一个固定值。由此看来,设计者只能通过改变 t_{MET}、f_{CLK}、f_{DATA} 来提高 MTBF 值。MTBF 值越大,说明出现亚稳态的几率越小。要增大 MTBF 值,可以延长 t_{MET},也可以降低 f_{CLK} 和 f_{DATA} 这 2 个频率。

首先看如何延长 t_{MET} 时间。如图 3.47 所示,t_{MET} 时间=采样时钟周期时间—输出信号正常的 T_{co} 时间—数据到达下一级寄存器的输入端口的其他延时时间 T_{data} — 下一级寄存器 T_{su} 时间。

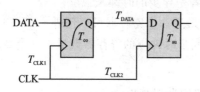

图 3.47　数据传输路径

从严格意义上来说,t_{MET} 时间还应该加上时钟网络延时时间($T_{\text{clk2}} - T_{\text{clk1}}$)。总之,这个 t_{MET} 时间是指正常没有亚稳态情况下,寄存器输出信号从源寄存器到目的寄存器的建立时间余量。由于决定 t_{MET} 取值的参数中 T_{co} 和 T_{su} 都是由 FPGA 器件本身的工艺以及工作环境决定的,设置时钟网络延时参数也很大程度上由器件决定。所以,如果在时钟频率 f_{CLK} 和数据变化率 f_{DATA} 固定的情况下,要增大 t_{MET} 值,那么设计者要做的只能是减小 T_{data} 值。而这个 T_{data} 是指 2 个寄存器间的逻辑延时以及走线延时之和,要最大程度地减小它,估计也只能是不在 2 个寄存器间添加任何逻辑而已,正如实例中也只有简单的单扇出负载的情况。

再看 f_{CLK},它是接收域的采样时钟,就是异步信号需要被同步到的那个时钟域,它的频率是越小越好。当然了,事物都其两面性,这个频率小到影响系统正常工作可就不行了。设计者需要从各个方面考虑来决定这个频率,不会仅为了降低亚稳态发生的概率而无限制地降低系统的时钟频率。如此分析,发现这个 f_{CLK} 基本也是一个比较固定的值,不是可以随便说降就降的。降低 f_{CLK} 其实也就是在增大 t_{MET} 时间,因为它是 t_{MET} 公式计算中的被减数,好像是一环扣一环地放入。另外,在不降低采样频率 f_{CLK} 的情况下,通过使用使能信号的方式得到一个二分频时钟去采样信号也可以达到降频的目的,只不过这样会多耗费几个时钟周期用于同步,但是有时也能够明显改善性能。

二分频采样思路如图 3.48 所示,前两级采样电路都做了二分频,然后第 3 级使用原来时钟进行采样。它的好处在于给第一级和第 2 级同步寄存器更多的 t_{MET} 时间,将亚稳态抑制在第 2 级寄存器输入之前,从而保证第 3 级寄存器的可靠采样。虽然它在一、二级寄存器的输入端增加了一些逻辑,可能会增大 T_{data},但是相比于这个采样时钟的一半降额,它的变化是可以忽略不计的。

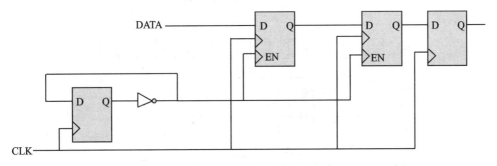

图 3.48　二分频采样电路

另一种办法是在不降低每级寄存器采样频率的情况下采用更多的同步寄存器,尽量使用后级的寄存器,这也是一个笨办法。如果一个设计使用了 9 级的同步寄存器,那么 MTBF 是 100 年;而当使用了 10 级的同步寄存器,那么 MTBF 是 1 000 年。这个解决方案有点类似冗余,这是所有人都知道的可以提高可靠性的原始办法。这种思路的弊端和前面提到的方法一样,需要付出多个时钟周期为代价。

最后看 f_{DATA} 这个参数,它是发送时钟域的数据变化率,似乎也是由系统决定的,设计者也无法做太多改变。

其实对于一般的应用,如果系统的时钟频率不太高,器件的特性还算可以(严谨说,具体问题要具体分析),使用握手信号同步方法就足以应付亚稳态问题。如果到高频范畴来讨论亚稳态,那将会是一项更有挑战性的任务。

六、跨时钟域为什么要双寄存器同步

随着设计规模的不断攀升,各种接口外设"琳琅满目",时钟"满天飞"就不可避免(注意,这里的"满天飞"不是滥用,意指时钟频率多、时钟扇出多)。而一个设计中,不同时钟频率之间"你来我往"更是在所难免。那么,这就一定会出现跨时钟域的同步问题,怎么办? 为了获取稳定可靠的异步时钟域送来的信号,一种经典的处理方式就是双寄存器同步处理(double synchronizer)。

如图 3.49 所示,aclk 和 bclk 是 2 个不同的时钟域,bclk 比 aclk 稍微慢一点,与 aclk 同步的数据 adat 某个时钟周期拉高了(注意,只保持了一个时钟周期)。接下来,要用 bclk 时钟去采集只保持了一个 aclk 时钟周期的 adat 数据。理论上,这不符合奈奎斯特定律,很难成功,但是重点不在这里。这里要关注的其实是那个不偏不倚 bclk 采样时(bclk 时钟上升沿)正好对准了 adat 的下降沿(上升沿也类似)。

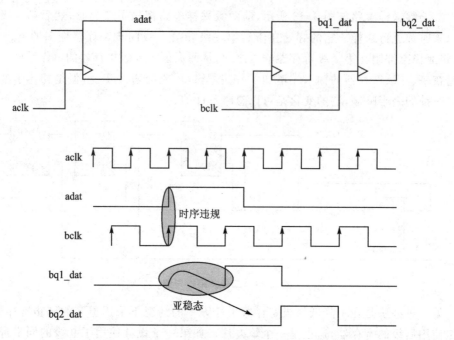

图 3.49　跨时钟域典型案例

数据采集到了,但是不稳定,从模拟信号的角度看,bclk 采集到的数据就是一个中间电平,到底最终判定是 1 还是 0,看上去好像都不是。所以,可能你会看到,bclk 时钟域的第一级采样时钟 bq1_dat 的输出波形起起伏伏,好在最终还是稳在了数字电平 1 或接近 1 的位置。如果 bq1_dat 直接在 bclk 时钟域被正常使用,后端只有一个驱动扇出或许还好,可能就和图 3.48 里第 2 级锁存 bq1_dat 的寄存器 bq2_dat 一样稳定了。但是,实际情况是可能要用这个 bq1_dat 去驱动多个扇出,那必然要出问题,这个 bq1_dat 上的亚稳态恐怕还要继续传播给某些后级的寄存器,而这不是我们希望看到的。

那怎么办? 解决方案有一个,用专门的寄存器 bq2_dat 对 bq1_dat 再锁存一拍,这样就基本稳定了。为什么? 前面提到了,bq1_dat 的输出波形虽然起伏,但最终还是稳在要么接近 0 要么接近 1 的位置(在下一个时钟周期 bq2_dat 去锁存它的时候,更容易满足 bq2_dat 寄存器对建立和保持时间的要求),所以如果它本身的扇出路径单一,则后级采样寄存器基本就能正常输出了。

另外,再提一下 MTBF(Mean Time Between Failures)的概念,一个基本的思想就是同步寄存器级别越多,MTBF 的概率越低,越不容易出问题。

最后,再来看看类似的跨时钟域的亚稳态在这 2 级寄存器同步后的各种可能状况。

如图 3.50 所示,bq1_dat 采样到 adat 的上升沿,最终 bq1_dat 稳定在 0,bq2_dat 也输出稳定的 0。

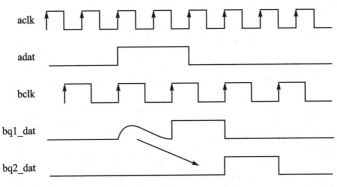

图 3.50　由低到高亚稳态后稳定输出 0 的波形

如图 3.51 所示，bq1_dat 采样到 adat 的上升沿，最终 bq1_dat 稳定在 1，bq2_dat 也输出稳定的 1。

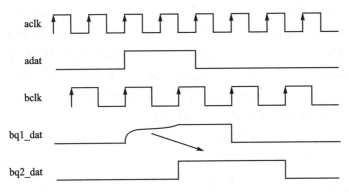

图 3.51　由低到高亚稳态后稳定输出 1 的波形

如图 3.52 所示，bq1_dat 采样到 adat 的下降沿，最终 bq1_dat 稳定在 0，bq2_dat 也输出稳定的 0。

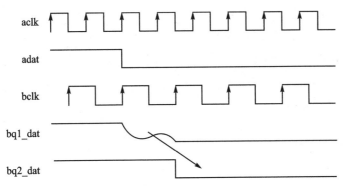

图 3.52　由高到低亚稳态后稳定输出 0 的波形

如图 3.53 所示，bq1_dat 采样到 adat 的下降沿，最终 bq1_dat 稳定在 1，bq2_dat

也输出稳定的 1。

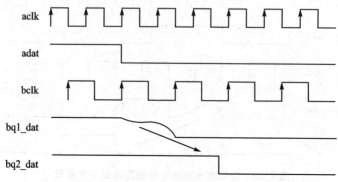

图 3.53　由高到低亚稳态后稳定输出 1 的波形

最后,从笔者的经验和实践的角度再说一下。

跨时钟域的信号同步到底需要一级还是二级,完全取决于具体的应用。如果设计中这类跨时钟域信号特别多,则增加一级寄存器就等于增加逻辑资源,即潜在地增加成本(对于现在 FPGA 器件的逻辑资源而言,这点成本可以忽略不计)。如果设计中的跨时钟域信号并不像前面的例子那样快速或实时变化,或者采样时钟频率远高于采样数据,并且也不在意采样数据第一拍的取值,则一级寄存器足矣。而对于控制信号,要特别谨慎,通常建议采用二级寄存器同步。

另一个问题,按照判断应该采取二级寄存器的同步设计,设计中只用一级去实现会怎样? 一两年或许都没有问题出现,如何解释? 这本身是一个概率的问题,也和跨时钟域信号的故障敏感性有关(所谓故障敏感性,就是它真出了问题对系统的影响有多大,设计中是否有机制去检测)。

"鲁棒性"和"不过设计"都是一个优秀设计不可或缺的因素,还是建议认真审查设计,允许一级同步的就绝不堆料(浪费资源),需要二级同步的就绝不"吝啬"。

第四部分　工具技巧

闲懒的手,造成贫穷;殷勤的手,使人富足。

——箴言书 10 章 4 节

笔记 **12**

高级约束语法实例

一、CLOCK_DEDICATED_ROUTE 约束应用

Vivado 工具在编译时通常会自动识别设计中的时钟网络,并将其分配到专用的时钟布局布线资源中。通过对某些时钟网络使用 CLOCK_DEDICATED_ROUTE 约束为 FALSE 值,则可以将被识别为时钟网络并按照时钟网络进行布局布线的时钟信号强制安排到通用的布线资源中。例如,某些时钟信号由于设计疏忽或其他原因,无法被安排到 FPGA 器件的时钟专用引脚上,在编译的时候就会报错,此时就可以使用 CLOCK_DEDICATED_ROUTE 约束来忽略这个错误。

1. 忽略关于时钟布线的编译 ERROR

这里举一个笔者实际工程中遇到的问题。输入到 FPGA 的图像数据同步时钟 image_sensor_pclk 信号,由于没有分配到 FPGA 内部的 MRCC 或 SRCC 引脚上,在编译时,Vivado 通常可能会报错,如图 4.1 所示。

> ∨ ☐ Implementation (3 errors)
>   ∨ ☐ Place Design (3 errors)
>
>   🔴 [Place 30-574] Poor placement for routing between an IO pin and BUFG. If this sub optimal condition is acceptable for this design, you may use the CLOCK_DEDICATED_ROUTE constraint in the .xdc file to demote this message to a WARNING. However, the use of this override is highly discouraged. These examples can be used directly in the .xdc file to override this clock rule.
>   < set_property CLOCK_DEDICATED_ROUTE FALSE [get_nets image_sensor_pclk_IBUF] >
>
>   image_sensor_pclk_IBUF_inst (IBUF.O) is locked to IOB_X1Y70
>   and image_sensor_pclk_IBUF_BUFG_inst (BUFG.I) is provisionally placed by clockplacer on BUFGCTRL_X0Y31
>
>   🔴 [Place 30-99] Placer failed with error: 'IO Clock Placer failed'
>   Please review all ERROR, CRITICAL WARNING, and WARNING messages during placement to understand the cause for failure.
>
>   🔴 [Common 17-69] Command failed: Placer could not place all instances

图 4.1　时钟引脚的错误报告

此时可以通过在工程的 .xdc 约束文件中添加如图 4.2 所示的 CLOCK_DEDI-
CATED_ROUTE FALSE 的约束语法来忽略这个报错,让编译继续进行。

```
29
30  set_property CLOCK_DEDICATED_ROUTE FALSE [get_nets image_sensor_pclk_IBUF]
31
```

图 4.2　增加 CLOCK_DEDICATED_ROUTE 约束

当然,这个约束不建议乱用,被施加了 CLOCK_DEDICATED_ROUTE FALSE
的时钟网络将被分配到通用布局布线资源中,若这是一个时序关键路径上的时钟,则
这样的行为很可能带来一些不期望的设计问题。而笔者碰到的这个问题是由于硬件
设计上的一个意外疏忽导致的,采用 CLOCK_DEDICATED_ROUTE FALSE 的约
束只是一个临时解决方案。

2. 查看时钟资源

对于一个已经编译过的工程,如图 4.3 所示,选择 IMPLEMENTATION→
Open Implemented Design 菜单项,打开实现界面。

此时,Reports 菜单出现了很多可视报告项,如图 4.4 所示,选择 Reports→Re-
port Clock Utilization 菜单项。

**图 4.3　Open Implemented
Design 菜单项**

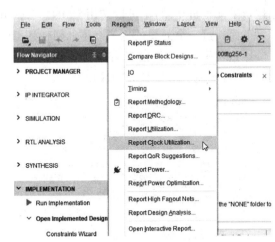

图 4.4　Report Clock Utilization 菜单项

此时,如图 4.5 所示,在 Clock Utilization 界面下可以查看到当前工程所有占用
到时钟布局布线资源的网络。

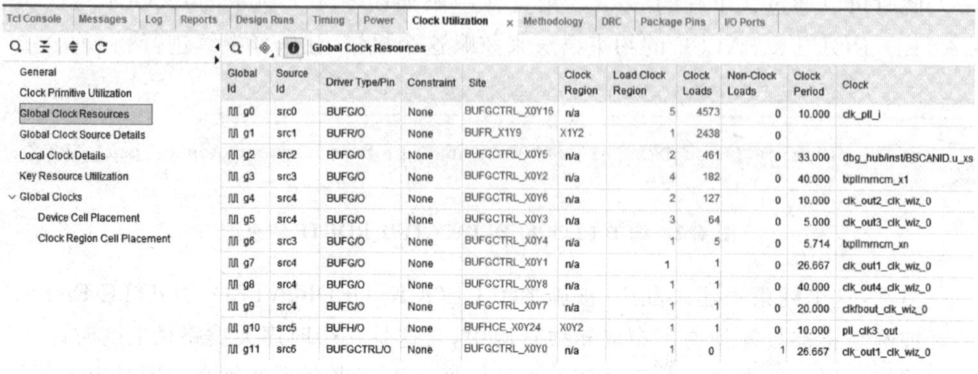
Tcl Console | Messages | Log | Reports | Design Runs | Timing | Power | Clock Utilization | Methodology | DRC | Package Pins | I/O Ports
General
Clock Primitive Utilization
Global Clock Resources
Global Clock Source Details
Local Clock Details
Key Resource Utilization
Global Clocks
Device Cell Placement
Clock Region Cell Placement
Global Clock Resources
Global Id | Source Id | Driver Type/Pin | Constraint | Site | Clock Region | Load Clock Region | Clock Loads | Non-Clock Loads | Clock Period | Clock
g0 | src0 | BUFG/O | None | BUFGCTRL_X0Y16 | n/a | 5 | 4573 | 0 | 10.000 | clk_pll_i
g1 | src1 | BUFR/O | None | BUFR_X1Y9 | X1Y2 | 1 | 2438 | 0
g2 | src2 | BUFG/O | None | BUFGCTRL_X0Y5 | n/a | 2 | 461 | 0 | 33.000 | dbg_hub/inst/BSCANID.u_xs
g3 | src3 | BUFG/O | None | BUFGCTRL_X0Y2 | n/a | 4 | 182 | 0 | 40.000 | txpllmmcm_x1
g4 | src4 | BUFG/O | None | BUFGCTRL_X0Y6 | n/a | 2 | 127 | 0 | 10.000 | clk_out2_clk_wiz_0
g5 | src4 | BUFG/O | None | BUFGCTRL_X0Y3 | n/a | 3 | 64 | 0 | 5.000 | clk_out3_clk_wiz_0
g6 | src3 | BUFG/O | None | BUFGCTRL_X0Y4 | n/a | 1 | 5 | 0 | 5.714 | txpllmmcm_xn
g7 | src4 | BUFG/O | None | BUFGCTRL_X0Y1 | n/a | 1 | 1 | 0 | 26.667 | clk_out1_clk_wiz_0
g8 | src4 | BUFG/O | None | BUFGCTRL_X0Y8 | n/a | 1 | 1 | 0 | 40.000 | clk_out4_clk_wiz_0
g9 | src4 | BUFG/O | None | BUFGCTRL_X0Y7 | n/a | 1 | 1 | 0 | 20.000 | clkfbout_clk_wiz_0
g10 | src5 | BUFH/O | None | BUFHCE_X0Y24 | X0Y2 | 1 | 1 | 0 | 10.000 | pll_clk3_out
g11 | src6 | BUFGCTRL/O | None | BUFGCTRL_X0Y0 | n/a | 1 | 0 | 1 | 26.667 | clk_out1_clk_wiz_0

图 4.5　Clock Utilization 界面

二、DONT_TOUCH 约束

对设计中的信号施加 DONT_TOUCH 约束，可以避免这些信号在综合编译过程中被优化掉。例如，有些信号节点在综合或布局布线编译过程中可能会被优化掉，但是我们希望在后期调试过程中能够监控到这些信号，此时就可以使用 DONT_TOUCH 约束达到保留这些信号的目的。又如，有时在设计中会对一些高扇出的信号进行手动逻辑复制，也可以使用 DONT_TOUCH 约束避免它们被优化掉。

下面通过一个简单的例子介绍如何使用 DONT_TOUCH 约束。

原始代码如下，目前只有一个寄存器 vga_valid，它对应了 adv7123_blank_n、vga_r、vga_g、vga_b 等信号的输出。

```
reg vga_valid;
always @(posedge clk or negedge rst_n)
    vga_valid <= vga_origin_vld;
assign adv7123_blank_n = vga_valid;
assign vga_r = vga_valid ? vga_rdb:5'd0;
assign vga_g = vga_valid ? vga_gdb:6'd0;
assign vga_b = vga_valid ? vga_bdb:5'd0;
```

编译工程后，如图 4.6 所示，选择 IMPLEMENTATION→Open Implemented Design 菜单项，打开实现界面。

如图 4.7 所示，选择 Reports→Report High Fanout Nets 菜单项，则弹出了如图 4.8 所示的 Report High Fanout Nets 选项卡，设定 From cells 为[get_cells -hierarchical "*vga_valid*"]，即查看所有带 vga_valid 字符的信号。

此时，可以看到当前 vga_valid 信号的扇出为 17，如图 4.9 所示。

这个例子中，vga_valid 的扇出为 17，其实并不多。但是实际工程中可以通过类似方式查看到设计中高扇出的关键信号节点。然后在如下代码中，对这样的信号做逻辑复制，意图减少单个信号的扇出。

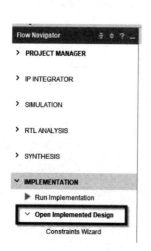

图 4.6　**Open Implemented Design** 菜单项

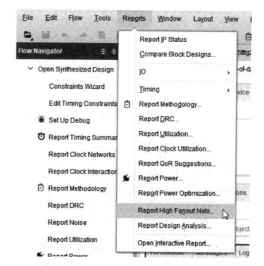

图 4.7　**Report High Fanout Nets** 菜单项

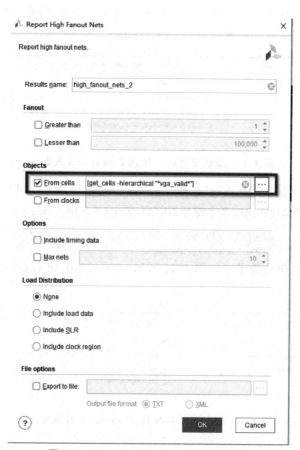

图 4.8　**Report High Fanout Nets** 选项卡

图 4.9　High Fanout Nets 报告

```
reg vga_valid1;
reg vga_valid2;
always @(posedge clk or negedge rst_n)
    vga_valid1 <= vga_origin_vld;
always @(posedge clk or negedge rst_n)
    vga_valid2 <= vga_origin_vld;
assign adv7123_blank_n = vga_valid1;
assign vga_r = vga_valid2 ? vga_rdb:5'd0;
assign vga_g = vga_valid1 ? vga_gdb:6'd0;
assign vga_b = vga_valid2 ? vga_bdb:5'd0;
```

可是做过逻辑复制的代码最终综合实现下来并没有减少扇出，如图 4.10 所示，和原始代码实现的效果完全一样。怎么回事？这是因为为了减少设计资源消耗，综合工具默认优化掉了代码中新增加的 vga_valid2。

图 4.10　逻辑复制后的 High Fanout Nets 报告 1

但是，工具并不懂我们真正的"心思"，怎么办？此时 DONT_TOUCH 约束就派上用场了。在不希望被综合优化的 2 个寄存器前面，加上（ * dont_touch = "true" * ）的语法。

```
( * dont_touch = "true" * ) reg vga_valid1;
( * dont_touch = "true" * ) reg vga_valid2;
```

重新编译后代码生效了。如图 4.11 所示，vga_valid1 和 vga_valid2 分担了原本 vga_valid 的扇出。

图 4.11　逻辑复制后的 High Fanout Nets 报告 2

详解仿真文件 compile. do

　　笔记 6 中提供了很多工程源码，这些工程文件夹下的 testbench 子文件里包含了一些可用于基于 Modelsim 进行仿真的脚本文件。尤其是其中的 compile. do 文件，包含了较多的脚本命令。这里我们以笔者录制的《Verilog 边码边学》（已共享到 B 站）的"Lesson06 分频计数器设计"的仿真工程 sim102 的 compile. do 文件为例，对其中的脚本做详细讲解。

　　compile. do 文件中的脚本如下：

【工程实例 note13_prj001】

```
vlib work
vmap work work
# library
# vlog   - work work ../../library/artix7/ * .v
# IP
# vlog   - work work ../../../source_code/ROM_IP/rom_controller.v
# SourceCode
vlog - work work ../design/vlg_design.v
# Testbench
vlog - work work testbench_top.v
vsim - voptargs = + acc work.testbench_top
# Add signal into wave window
do wave.do
# run - all
```

　　脚本详细说明如下：

```
vlib work
```

　　vlib 为 Modelsim 命令，work 是一个新建的文件夹名称。该命令将在 compile. do 所在文件夹中新建一个名为 work 的物理目录，如图 4.12 所示。

```
vmap work work
```

　　vmap 是 Modelsim 命令，后面 2 个 work 都是文件名。前面一个 work 是 vlib 命令所创建的物理文件夹名（此文件夹必须用 vlib 命令事先定义好才能被引用），后面一个 work 表示在 Modelsim 的 Library 窗口中创建了一个名为 work 的库文件夹。

电脑 › Project (D:) › book › note13_prj001 › testbench

名称 ⌃	修改日期	类型	大小
work	2022/5/22 12:59	文件夹	
compile.do	2020/2/12 12:16	DO 文件	1 KB
testbench_top.v	2020/2/19 21:52	V 文件	1 KB
transcript	2022/5/22 12:59	文件	2 KB
vsim.wlf	2022/5/22 12:59	WLF 文件	48 KB
wave.do	2020/2/12 12:18	DO 文件	1 KB

图 4.12   work 文件夹

此命令输入后,将在 Modelsim 的 Library 窗口中创建一个名为 work 的库文件夹(逻辑目录),其对应的物理目录是 vlib 创建好的名为 work 的文件夹。

vmap 命令输入后,如图 4.13 所示。

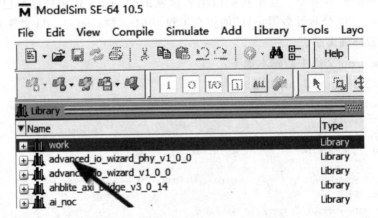

图 4.13   Modelsim 库中的 work 文件夹

创建 work 文件夹是为了后续编译的文件都可以存放在这个文件夹下,Modelsim 的 work Library 里可以看到所有编译文件的名称,而这些编译文件实际是存放在 vlib 创建的 work 文件夹下。

```
vlog - work work ../design/vlg_design.v
vlog - work work testbench_top.v
```

vlog -work 是 Modelsim 命令。此命令用来编译 Verilog 源码,将编译得到的结果放到名为 work 的逻辑库里面,主要用于编译设计文件、测试脚本、调用的 IP 核文件及其相应的仿真库文件等。文件名称中,如果直接跟着.v 文件,则表示与 compile.do 文件在同一个文件夹路径下;../表示向上一个文件夹目录。

```
vsim - voptargs = + acc work.testbench_top
```

vsim 是 Modelsim 命令,表示启动仿真。

work. testbench_top 表示以 testbench_ top. v 文件作为测试脚本进行仿真，work. 是固定用法，testbench_top 是用 vlog 编译过的测试脚本的文件名。

-voptargs＝＋acc 是固定命令脚本，表示优化部分参数。

这里的优化主要包括。

> 不优化(命令-novopt)：完全不进行设计优化，所有信号可见，但仿真速度较慢。

> 优化(命令-vopt)，信号不可见：进行设计优化，但信号都不可见，速度最快。调试完全依赖于 testbench 的打印输出，无法正常看到中间信号。不需要监测中间调试信号的状态，且对自动化测试的要求较高时，可以采用该模式。

> 部分优化(命令-voptargs＝＋acc)：进行设计优化，但又保证所有信号可见，速度较快，调试必备。

设计优化功能用来提高仿真速度。对于小工程来说，选择不优化或者选择优化其实对仿真速度的影响微乎其微。

```
do wave. do
```

前面一个 do 是 Modelsim 命令。wave. do 是同文件夹下另一个 do 文件名称。执行该命令将会打开 wave. do 文件并执行其中的命令。该文件一般用于添加需要在波形中查看的信号。

当然，也可以不使用这个文件来加载波形中的信号，可以将 wave. do 中的命令直接复制过来并覆盖 do wave. do 这行命令。

```
run - all
```

Modelsim 命令，表示直接运行仿真，直到遇上仿真测试脚本中的 $ stop 或 $ finish 命令才终止。

在笔者录制的《Verilog 边码边学》视频教程的"Lesson08 基于 Xilinx BUFGCE 原语的门控时钟设计"的仿真工程 sim104 的 compile. do 中，vsim 的定义更多一些。

```
vsim - voptargs = + acc - L unisims_ver - L unisim - Lf unisims_ver work. glbl work.
testbench_top
    - Lunisims_ver
```

-L 是固定格式，表示加载其后的仿真库文件，例如，这里表示加载名为 unisims_ver 的库文件。modelsim. ini 里指定库文件的映射目录后，还需要在输入 vsim 命令时使用-L 选项来实现真正的库文件加载。

```
- Lunisims_ver - L unisim - Lf unisims_ver
```

这里连续使用了 3 个-L 选项，表示对 unisims_ver、unisim 和 unisims_ver 这 3 个库同时进行加载。在实际仿真中，需要加载什么样的库取决于设计中使用到的 IP 核、原语等涉及原厂提供的库文件的设计组件。设计所涉及的库文件原则上都需要加载。而 sim104 实例中使用了 BUFGCE 原语。这个原语所涉及的库其实只有 unisims_ver，所以使用下面这条 vsim 命令就足够了。

```
vsim - voptargs = + acc work. glbl work. testbench_top
```

使用了某个 IP 核后,如何确认它所需要的库和库文件名呢?一种比较简单的方法:当新创建的 IP 核出现在 Sources→IP Sources 面板中时,展开它的 Simulation 子文件夹,打开以 IP 核名称命名的. vhd 文件,如图 4.14 所示,打开 Gamma IP 核的 v_gamma_0. vhd。

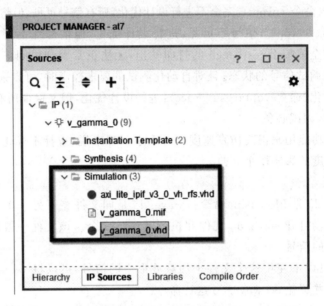

图 4. 14   Sources 窗口

如图 4.15 所示,v_gamma_0. vhd 文件中 LIBRARY 后面的 v_gamma_v7_0_15 便是 IP 核对应的库文件名("LIBRARY ieee;"是标准库,不需要加载)。

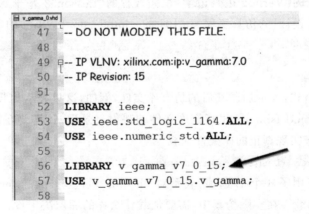

图 4. 15   v_gamma_0. vhd 文件内容

如图 4.16 所示,在 modelsim. ini 文件中可以查找以 v_gamma_v7_0_15 命名的库文件。

work.glbl

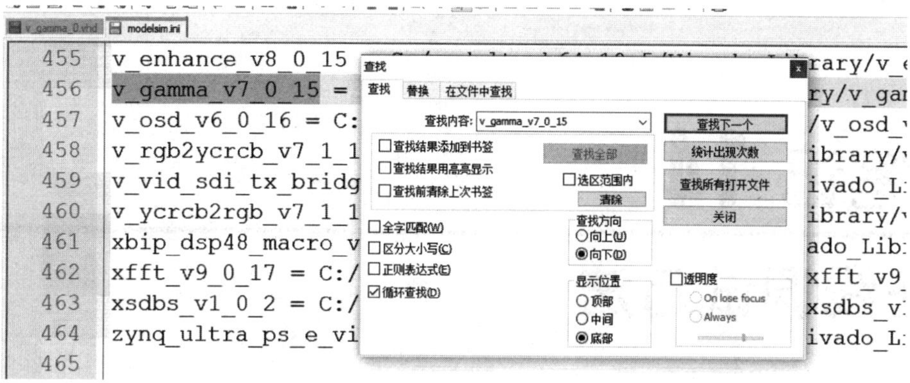

图 4.16　modelsim. ini 文件内容

glbl. v 文件也需要在仿真时运行,因为它是 BUFGCE 原语仿真执行时引用的一个初始化文件。这是一个固定的文件,通常对于 Xilinx 提供的 IP 核、原语等都通用。

笔记 **14**

在线调试方法

一、Vivado 在线调试

FPGA 的板级调试方法有很多,借助于常规的示波器和逻辑分析仪的调试方法是最典型的手段。如图 4.17 所示,基于传统的台式示波器或逻辑分析仪进行板级调试有着诸多的不便,相对于设计电路深藏在芯片内部的 FPGA 设计来说有很大的局限性:

> 台式机器价格昂贵,设备成本高。
> 只能访问到 FPGA 的 I/O 引脚信号,对内部信号只能通过引出到 I/O 引脚的方式进行观察,并且此方式只有个别信号可行,大量内部信号就行不通。
> PCB 的 layout 设计必须预留足够的空间用于外部探针对被测试信号的连接,浪费板级空间且降低了电路可靠性,同时也会潜在地增加成本。
> 测试信号较多,调试过程极其繁琐并容易犯错。
> 灵活性差,只能观察设计之初就预留了探针接口的一些信号。

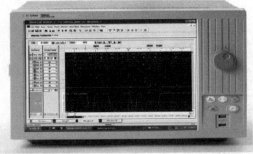

图 4.17　基于传统逻辑分析仪的板级调试

当然,这些局限性在大多数产品的板级调试中都存在,尤其是在芯片集成度越来越高的今天。FPGA 器件由于其灵活的可编程特性而具备了更加独特的调试手段。

在 FPGA 器件支持并且剩余逻辑资源足够的情况下,设计者往往习惯于使用开发软件提供的在线逻辑分析仪进行调试,例如,Vivado 的 ILA 功能强大,并且简单实用。它们相较于传统的台式仪器,不仅大大降低了调试门槛和成本,而且由于其内嵌于FPGA 器件的特性,所以其可调试性和灵活性也更好,如可以访问到 FPGA 内部的一些中间过程信号。除此以外,还有一些其他手段在不同的应用背景下都有助于加速板级调试。除此之外,还有类似虚拟 I/O、内嵌误码率测试机等调试手段,都是非常简单实用的在线调试方法。下面简单介绍 Vivado 中支持的一些重要调试方式。

1. ILA(Integrated Logic Analyzer),即内嵌逻辑分析仪

ILA 可以在 FPGA 器件上对已实现的设计进行板级在线调试,可用于板级调试过程中监测 FPGA 内部信号的实时状态,也可用于硬件事件触发后以系统时钟频率采集信号。

ILA 和一般台式的逻辑分析仪功能基本相似,只不过台式逻辑分析仪是看得见摸得着的实物设备,且它必须对所有触发或观察信号进行物理连接,信号也必须在电路板上有实际的触点可供探测。但是 ILA 不同,它只是一个软件工具,因为只需要被测试设备本身(即 FPGA 器件)通过一条 JTAG 下载器与 PC 连接,则在 PC 的Vivado 上便可以查看最终采样的波形。并且 ILA 不需要被测试信号有实际的物理探测点,只要这个信号是在 FPGA 内部,就可以被实时观测到。

ILA 功能模块可以通过配置 IP 核的方式例化到 RTL 代码中,也可以在 Vivado的工具选项上直接加载设置。

2. VIO(Virtual Input/Output),即虚拟 I/O 调试接口

VIO 可以用于实时监控或驱动 FPGA 内部信号状态。如果对目标硬件缺乏合适的访问通信方式,则可以使用 VIO 功能实现 FPGA 内部信号的实时监控或驱动。VIO 调试用于速率要求不高、但又希望可以在线交互的一些信号接口,比如一些开关信号的控制或状态信号的实时查看。

VIO 功能模块只能通过配置 IP 核方式例化到设计代码中,即设计代码中需要施加激励或者观察状态的信号必须通过 VIO 的 IP 核模块例化连接好。

3. IBERT(Integrated Bit Error Ratio Tester),即内嵌误码率测试机

IBERT 是针对高速串行接口的在线调试和验证。通过 IBERT 的检测可以确认FPGA 内部的高速串行口传输数据的可靠性和稳定性。

4. JTAG-to-AXI Master,即 JTAG-to-AXI 主机调试接口

对于不含处理器但又有 AXI 从机接口的应用,该调试方式可以对设计中的 AXI从机接口进行板级的在线调试验证。

这些在线调试方式大都是通过 FPGA 器件引出的 JTAG 接口,同时使用一些FPGA 片内固有的逻辑、存储器或布线资源就能够实现的。这些调试功能通常也只

需要随着用户设计所生产的配置文件一同下载到目标 FPGA 器件中运行。相比复杂的传统台式仪器,基于 FPGA 的在线调试仅需一条 JTAG 线缆连接 FPGA 和 PC 机,非常简单方便,调试起来更是得心应手。

这些在线调试手段可以根据不同的应用和设计进行选择。因为不同的设计往往会有不同的约束和需求,例如,可以根据闲置不使用引脚的数量、逻辑和存储器资源剩余量大小等进行不同的在线调试方式选择。

FPGA 内部的在线调试通常可以分为以下 3 个阶段:

> 探测阶段:识别出需要探测的信号,确认使用何种在线调试手段进行探测。
> 实现阶段:将在线调试的 IP 核集成到设计工程中,完成编译并生成板级调试的下载配置文件。
> 分析阶段:使用集成的调试功能模块对设计功能进行验证和调试。

二、在线逻辑分析仪应用实例

1. 探测阶段

以 note14_prj001 工程为例,这个工程用来实现 UART 传输的 loopback 功能。这里使用在线逻辑分析仪来探测 FPGA 端接收并进行串并转换的过程。

首先需要找出待探测的信号。如图 4.18 和图 4.19 所示,在 my_uart_rx.v 模块中,uart_rx、clk_bps、rx_data、rx_int、num、rx_temp_data 是需要观察的信号。

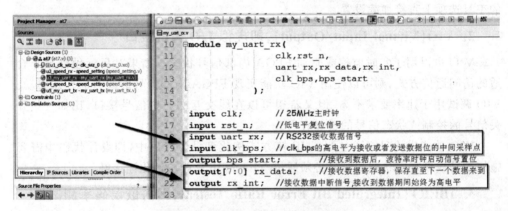

图 4.18　识别需要进行探测的信号 1

如图 4.20 所示,在待探测信号定义申明前面增加语句"(* mark_debug = " true" *)"。如果后续不再探测这个信号,则直接修改 true 为 false 就可以。

2. 实现阶段

完成对探测信号的 mark_debug 标记后,如图 4.21 所示,选择 Synthesis→Run Synthesis 项对工程进行综合编译。

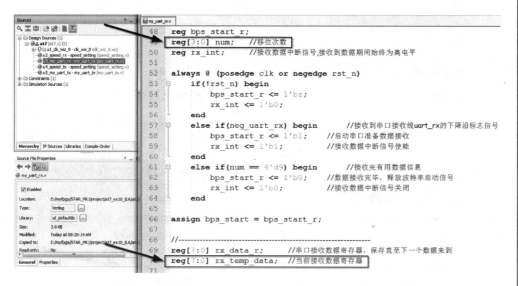

图 4.19 识别需要进行探测的信号 2

```verilog
input clk;        // 25MHz主时钟
input rst_n;      //低电平复位信号
(*mark_debug = "true"*) input uart_rx;  // RS232接收数据信号
(*mark_debug = "true"*) input clk_bps;  // clk_bps的高电平为接收或者发送数据位的中间采样点
output bps_start;      //接收到数据后，波特率时钟启动信号置位
(*mark_debug = "true"*) output[7:0] rx_data;    //接收数据寄存器，保存直至下一个数据来到
(*mark_debug = "true"*) output rx_int;  //接收数据中断信号,接收到数据期间始终为高电平


reg bps_start_r;
(*mark_debug = "true"*) reg[3:0] num;    //移位次数
reg rx_int;      //接收数据中断信号,接收到数据期间始终为高电平

reg[7:0] rx_data_r;      //串口接收数据寄存器，保存直至下一个数据来到
(*mark_debug = "true"*) reg[7:0] rx_temp_data;  //当前接收数据寄存器
```

图 4.20 标注需要探测的信号

综合编辑完成后如图 4.22 所示，接着选择 Synthesis→Synthesized Design→Set Up Debug 项。

如图 4.23 所示，单击 Next 进入下一步。

如图 4.24 所示，Nets to Debug 界面可以添加或删除设置代码中标记了 mark_debug 的信号，并对其采样和触发属性做设置。完成设置后，单击 Next 进入下一界面。

> 名称（Name）列中显示了在代码中标记了"（ * mark_debug = "true" * ）"的所有信号。若需要在这里删除或添加信号，则可以使用左侧的"＋"或"－"符号进行操作。

163

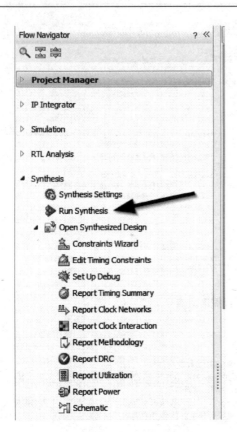

图 4.21　工程的综合编译

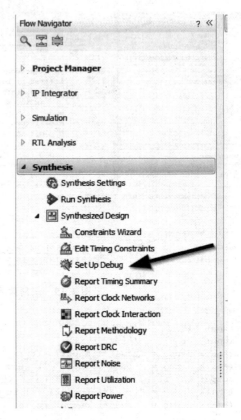

图 4.22　Set Up Debug 菜单

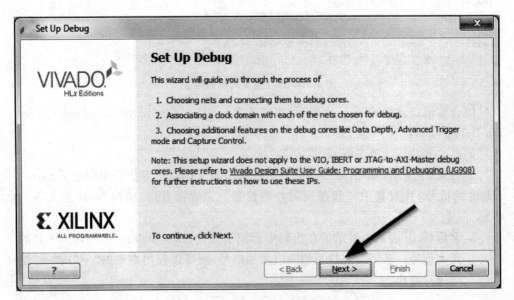

图 4.23　Set Up Debug Wizard 界面

> 时钟域(Clock Domain)将作为信号采样的同步时钟,默认为信号在逻辑代码中的同步时钟。若需要修改时钟域,则可以单击右侧的方波形状符号操作。

> 驱动单元(Drive Cell)显示信号的驱动类型。

> 探针类型(Probe Type)显示信号的采样类型,可以是数据信号(Data)、触发信号(Trigger)或同时作为数据和触发信号(Data and Trigger)。一般设置为Data and Trigger,在调试过程中,所有信号都可以随意设置被采样信号和触发信号。

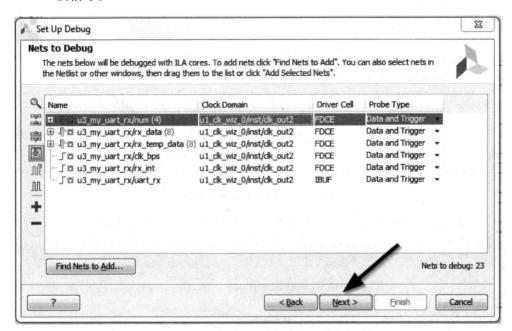

图 4.24　Nets to Debug 界面

如图 4.25 所示,ILA Core Options 界面中可以设定探测信号的采样深度、缓存寄存器等级和信号采集触发相关控制选项。完成设置后,单击 Next 进入下一界面。

> 采样深度(Sample of data depth),用于设置信号的连续采样点数量。这个值越大,采样的数据越多,越利于调试探测,但是这需要更多的 FPGA 片内RAM 的资源消耗,所以这个值的大小取决于实际系统可用的 RAM。这里设定 32 768 个点,至少保证能够采样到一帧 9 600 bps 的 UART 接收数据。

> 探测信号经过的寄存器等级(Input pipe states)设定,主要用于确保设计中的关键信号不会因为 ILA 探测信号的加入而受到影响。设计本身时序余量充足时,这个值可以设置为 0。

> 触发和存储设置(Trigger and Storage Settings)中可以使能采集控制(Capture control)和高级触发(Advanced trigger)。使能采集控制时,ILA 支持的

基本采集控制模式可用；使能高级触发时，ILA 支持的一些高级触发模式可用。

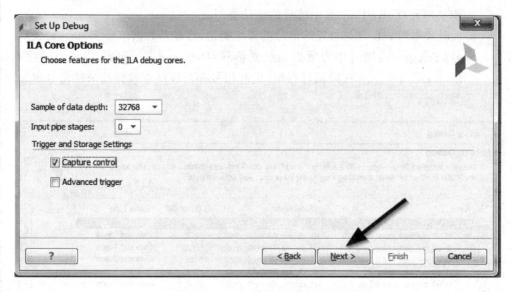

图 4.25　ILA Core Options 界面

如图 4.26 所示，在 Set up Debug Summary 中单击 Finish 完成设置。

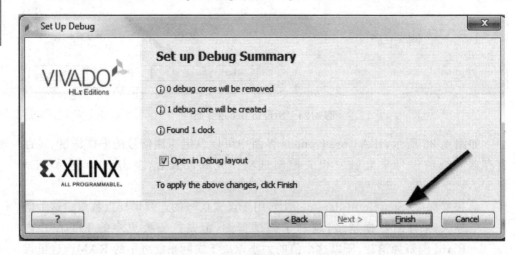

图 4.26　Set up Debug Summary 界面

此时，如图 4.27 所示，所有的探测信号出现在了 Debug 窗口中。

最后，如图 4.28 所示，选择 Program and Debug→Generate Bitstream 项重新编译工程，产生下载配置的 bit 文件。

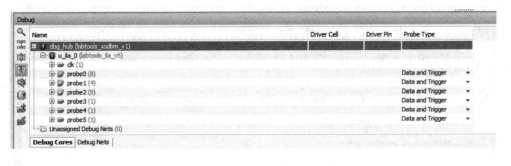

图 4.27　Debug 窗口

3. 分析阶段

如图 4.29 所示,将"...\project\at7_ex10_ILA\at7.runs\impl_1"文件夹下的 at7.bit 文件以及 debug_nets.ltx 下载到目标开发板上。

下载完成后,弹出如图 4.30 所示的 Hardware Manager 界面。

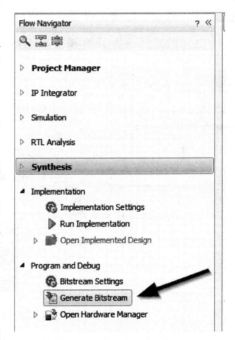

> 1:Hardware 窗口,这里将会出现 FPGA 中所有可以通过 JTAG 进行调试的选项,比如 XADC 以及本实例专门增加的在线逻辑分析仪 ILA (hw_ila_1)。双击 hw_ila_1 则弹出相应调试界面。

> 2:Setting 窗口,这里可以对信号的采样和触发控制进行设置。

> 3:Status 窗口,这里显示当前数据采样或触发的状态。

图 4.28　Generate Bitstream 编译

> 4:Trigger Setup 窗口,这里可以添加触发信号并编辑触发条件。

> 5:Waveform 窗口,这里显示信号触发后的采样波形。

本实例的 Setting 窗口设置如图 4.31 所示。

> 触发模式(Trigger mode)反映的是 Set Up Debug 里的设定,这里设置为 BASIC_ONLY。

> 采样模式(Capture mode)的选项有 BASIC 和 ALWAYS,这里设定为 AL-WAYS。

> 窗口数量(Number of windows)的值可以显示连续触发条件下的波形窗口数

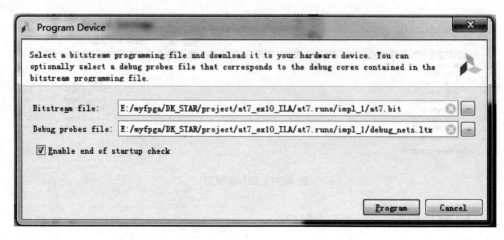

图 4.29　Program Device 对话框

图 4.30　Hardware Manager 界面

量。当然,窗口数量的增加势必会使得单个窗口的采样深度变小。换句话说,所有窗口采样深度的总和不能大于总的采样深度。

➢ 单个窗口的数据采样深度(Window data depth),最大值等于 Set Up Debug 里的设定。

➢ 触发信号在窗口中的位置(Trigger position in window),这里的值表示信号触发后触发信号在显示波形中的位置。

➢ 刷新率(Refresh rate),主要针对连续触发。

Trigger Setup 界面用于添加触发信号并设定触发条件。如图 4.32 所示,在界面左侧单击"+"号后,则所有可用的触发信号出现在弹出的列表中。选择 u3_my_uart_rx/uart_rx 信号作为触发条件,单击 OK 完成添加。

如图 4.33 所示，u3_my_uart_rx/uart_rx 信号出现在 Trigger Setup 界面中。

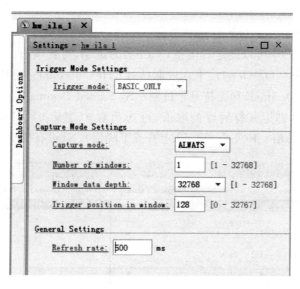

图 4.31　Settings 界面

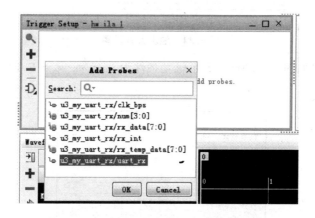

图 4.32　正在添加信号的 Trigger Setup 界面

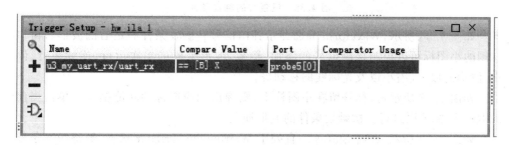

图 4.33　添加好信号的 Trigger Setup 界面

如图 4.34 所示,单击 Compare Value 列的下拉三角符号,则弹出触发条件设定的对话框。

> 运算符(Operator)中可以选择符号＝＝或者!＝。
> 进制(Radix)中可以设定后面值(Value)的进制,可选项有二进制([B] Binary)、八进制([O] Octal)、十六进制([H] Hexadecimal)、有符号十进制([U] Unsigned Decimal)和无符号十进制([S] Signed Decimal)。
> 值(Value),即运算符后面的取值,可选项有 0(逻辑 0)、1(逻辑 1)、X(任何值)、R(上升沿)、F(下降沿)、B(上升或下降沿)、N(没有变化)。

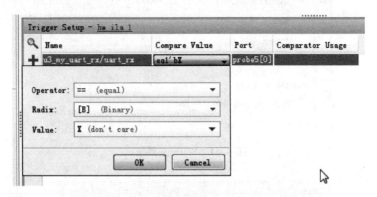

图 4.34　触发条件设置

本实例设置如图 4.35 所示,表示触发条件为 uart_rx ＝＝ F,即 uart_rx 信号的下降沿触发。

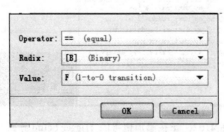

图 4.35　设置好的触发条件

如图 4.36 所示,Waveform 界面显示弹出信号在触发条件满足后的波形。窗口左侧的小图标可以控制探测信号的添加、删减,波形采样的单次运行、连续运行、停止,波形的放大、缩小以及光标线的移动等。

如图 4.37 所示,鼠标停留在小图标上,则弹出相应图标的功能描述。单击当前的 Run 图标可以进行一次触发条件的波形捕获。

如图 4.38 所示,此时 Status 一直处于 Waiting for Trigger 状态,等待触发条件 uart_rx ＝＝ F 的发生。

这是一个串口调试实例,所以可以使用 USB Type-B 线连接好 PC 和目标板,如

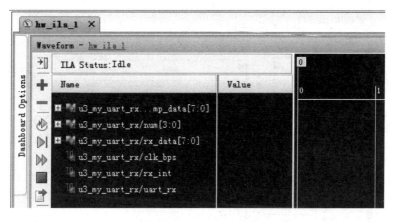

图 4.36 Waveform 界面

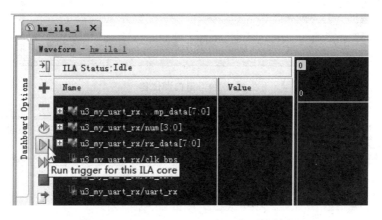

图 4.37 Run trigger for this ILA core 按钮

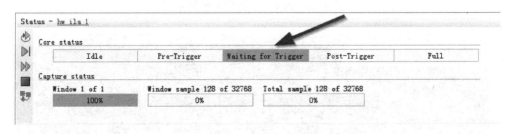

图 4.38 等待触发状态

图 4.39 所示,开启串口调试器,发送数据 0x5a。

此时,如图 4.40 所示,Status 会依次经过 Post – Trigger 和 Full 状态并回到 Idle 状态。

如图 4.41 所示,Waveform 窗口中出现了 FPGA 接收一帧串口的波形。接收到 的数据经过串并转换后为 0x5a,和串口调试器发送的数据一致。

深入浅出玩转FPGA（第4版）

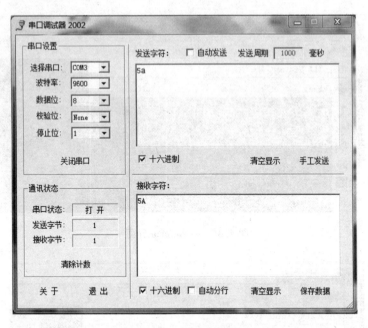

图 4.39　窗口调试器

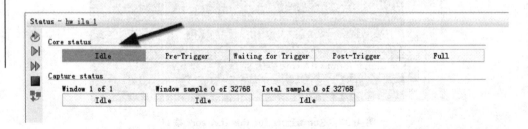

图 4.40　触发完成返回 Idle 状态

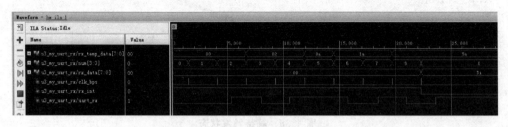

图 4.41　触发波形

如图 4.42 所示，放大波形后可以看到，光标线的默认位置即 uart_rx 信号下降沿的位置，也是设定的 128 的位置。

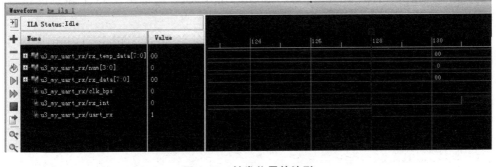

图 4.42   触发位置的波形

三、虚拟 I/O 应用实例

1. 探测阶段

以 note14_prj002 工程（即 RTC 芯片读/写时间的工程）为例，这里将 rtc_top. v 模块中读和写 RTC 芯片的信号接口作为需要探测的信号，使用 VIO 方式进行板级调试。

识别出 VIO 的待探测信号如图 4.43 所示，其中，rtc_wren、rtc_wrhour、rtc_wrmini、rtc_wrsecd 是要写入到 uut_rtc_top. v 模块的信号，rtc_rdhour、rtc_rdmini、rtc_rdsecd 则是从 uut_rtc_top. v 模块读出的数据。换句话说，如果使用 VIO 探测这些信号，则 rtc_wren、rtc_wrhour、rtc_wrmini、rtc_wrsecd 就是要从 VIO 中产生的信

图 4.43   识别出探测信号

号(VIO 的 output),rtc_rdhour、rtc_rdmini、rtc_rdsecd 就是在 VIO 上显示的信号(VIO 的 input)。

　　如图 4.44 所示,在 IP Catalog 中选择 Debug & Verification→Debug→VIO(Virtual Input/Output)项开启 VIO 的 IP 核配置页面。

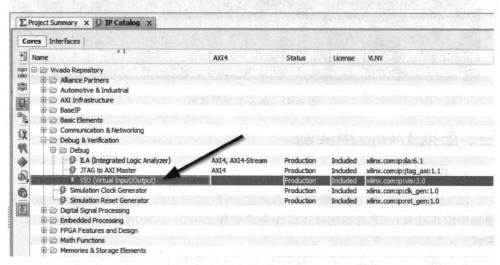

图 4.44　VIO IP 核

　　如图 4.45 所示的 VIO 配置界面中,General Options 中设定 Input Probe Count

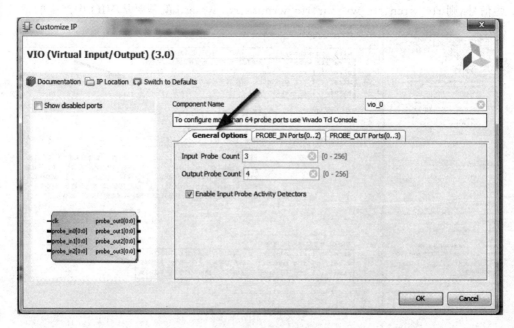

图 4.45　VIO 配置的 General Options 界面

的数量,即 FPGA 中 output 到 VIO 进行观察显示的信号数量(每个信号的位宽可以在 PROBE_IN Ports 中设置);同时设定 Output Probe Count 的数量,即需要送到 FPGA 中进行实时变化的信号数量(每个信号的位宽可以在 PROBE_OUT Ports 中设置)。rtc_rdhour、rtc_rdmini、rtc_rdsecd 这 3 个信号是 input probe,因此设置 Input Probe Couen、rtc_wrhour、rtc_wrmini、rtc_wrsecd 这 4 个信号是 output probe,因此设置 Output Probe Count 为 4。

如图 4.46 所示,在 PROBE_IN Ports 中可以设置每个 input 信号的位宽,rtc_rdhour、rtc_rdmini、rtc_rdsecd 这 3 个 input port 的位宽都是 8,因此都设定 Probe Width 为 8。

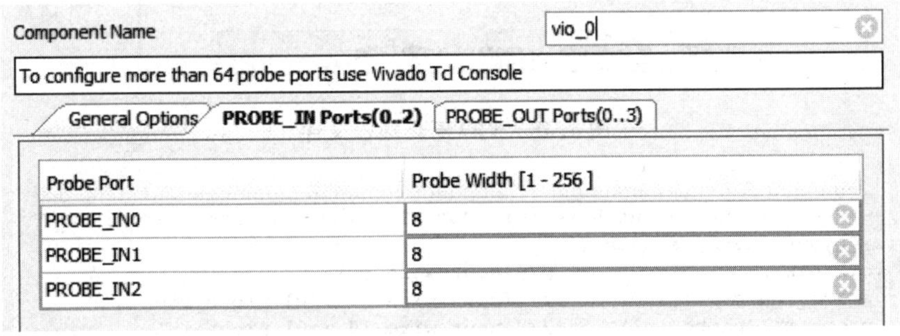

图 4.46　VIO 配置的 PROBE_IN Ports 界面

如图 4.47 所示,在 PROBE_OUT Ports 中可以设置每个 output 信号的位宽。rtc_wren 的位宽是 1,而 rtc_wrhour、rtc_wrmini、rtc_wrsecd 的位宽都是 8。

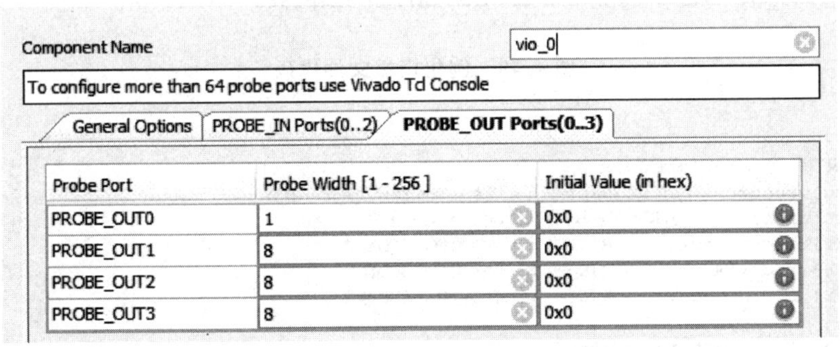

图 4.47　VIO 配置的 PROBE_OUT Ports 页面

如图 4.48 所示,在 Source→IP Sources 下可以看到出现了 vio_0 的 IP,Instantiation Template 展开后可以看到有 VHDL 和 Verilog 这 2 种版本的例化模板。

例化模板文件的代码如图 4.49 所示。复制例化模板的代码,修改对应括号内的信号名称和 FPGA 系统中的匹配,于是就完成了 VIO 的代码集成。

如图 4.50 所示,在顶层模块 at7.v 中,注释 rtc_top.v 模块下的 rtc_wren、rtc_wrhour、rtc_wrmini、rtc_wrsecd 信号连接。

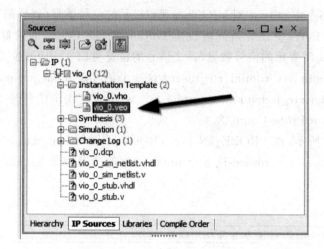

图 4.48　VIO 例化模板文件

```
//----------- Begin Cut here for INSTANTIATION Template ---// INST_TAG
vio_0 your_instance_name (
  .clk(clk),                  // input wire clk
  .probe_in0(probe_in0),      // input wire [7 : 0] probe_in0
  .probe_in1(probe_in1),      // input wire [7 : 0] probe_in1
  .probe_in2(probe_in2),      // input wire [7 : 0] probe_in2
  .probe_out0(probe_out0),    // output wire [0 : 0] probe_out0
  .probe_out1(probe_out1),    // output wire [7 : 0] probe_out1
  .probe_out2(probe_out2),    // output wire [7 : 0] probe_out2
  .probe_out3(probe_out3)     // output wire [7 : 0] probe_out3
);
// INST_TAG_END ------ End INSTANTIATION Template ---------
```

图 4.49　例化模板文件代码

```
//-----------------------------------
//解码UART帧，使能RTC时间重置写入操作
wire rtc_wrack;          //RTC当前写入请求的响应信号，高电平有效
wire rtc_wren;           //RTC芯片写入使能信号，高电平有效
wire[7:0] rtc_wrhour;    //RTC芯片写入的时数据，BCD格式
wire[7:0] rtc_wrmini;    //RTC芯片写入的分数据，BCD格式
wire[7:0] rtc_wrsecd;    //RTC芯片写入的秒数据，BCD格式

rx_bridge        uut_rx_bridge(
                     .clk(clk_25m),
                     .rst_n(sys_rst_n),
                     .rxen(rxen),             //串口接收数据有效标志位，高电平一个时钟周期
                     .rxdb(rxdb),             //串口发接收据
                     .rtc_wrack(rtc_wrack),           //RTC当前写入请求的响应信号，高电平有效
                     .rtc_wren(/*rtc_wren*/),          //RTC芯片写入使能信号，高电平有效
                     .rtc_wrhour(/*rtc_wrhour*/),      //RTC芯片写入的时数据，BCD格式
                     .rtc_wrmini(/*rtc_wrmini*/),      //RTC芯片写入的分数据，BCD格式
                     .rtc_wrsecd(/*rtc_wrsecd*/)       //RTC芯片写入的秒数据，BCD格式
                 );
```

图 4.50　注释部分接口

如图 4.51 所示，同时增加对 vio_0.v 模块的例化。

```
//------------------------------------
//VIO模块例化
vio_0            uut_vio_0 (
    .clk(clk_25m),              // input wire clk
    .probe_in0(rtc_rdhour),     // input wire [7:0] probe_in0
    .probe_in1(rtc_rdmini),     // input wire [7:0] probe_in1
    .probe_in2(rtc_rdsecd),     // input wire [7:0] probe_in2
    .probe_out0(rtc_wren),   // output wire [0:0] probe_out0
    .probe_out1(rtc_wrhour),   // output wire [7:0] probe_out1
    .probe_out2(rtc_wrmini),   // output wire [7:0] probe_out2
    .probe_out3(rtc_wrsecd)   // output wire [7:0] probe_out3
);
```

图 4.51 例化 VIO IP 核模块

2. 实现阶段

完成 VIO 的基本配置和 IP 核例化后，对工程进行重新编译，生成 bit 文件。

3. 分析阶段

如图 4.52 所示，将工程编译产生的"…/project/at7_ex13_VIO/at7.runs/impl _1/at7.bit"以及"…/project/at7_ex13_VIO/at7.runs/impl_1/debug_nets.ltx"文件下载到 FPGA 中。

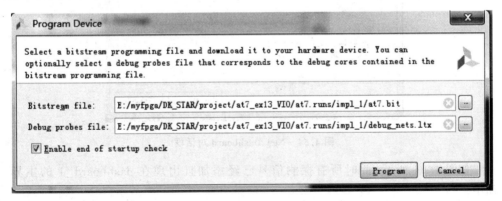

图 4.52 Program Device 界面

如图 4.53 所示，下载完成后，在 Hardware Manager→Hardware 下，双击打开 hw_vio_1，即例化的 VIO 的调试界面。

在弹出的如图 4.54 所示的 New Dashboard 对话框中选中 hw_vio_1，单击 OK。

如图 4.55 所示，在 dashboard_1 界面中，单击左侧的"＋"号，在弹出的 Add Probes 中选中所有的信号，单击 OK。就将所有的 VIO 连接好的信号添加到 dash-board_1 的调试界面中。

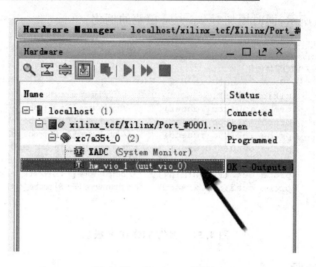

图 4.53　Hardware 界面

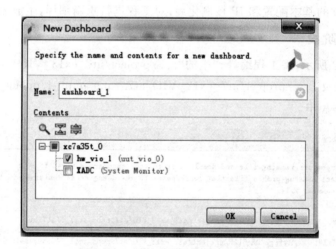

图 4.54　New Dashboard 对话框

　　如图 4.56 所示,此时所有探测信号已经添加且出现在 dashboard_1 的主界面中。

　　如图 4.57 所示,rtc_rd * 这 3 个信号是读出 RTC 芯片的时、分、秒数据,它其实是在不停地更新,尤其是 rtc_rdsecd 信号每秒都会递增 1。

　　如图 4.58 所示,若在某个信号上右击,在弹出的级联菜单中选择 Radix 选项,接着弹出 5 种不同的进制供选择,作为该信号值(Value)显示的进制。对于 VIO 的 input port,右键菜单中有个 LED 选项,选择它后,对应信号会以 LED 指示灯的方式出现在界面中,某些应用中更便于观察。

图 4.55　添加可用的 VIO 接口信号

Name	Value	Activity	Direction	VIO
⊞ rtc_rdhour[7:0]	[H] 00		Input	hw_vio_1
⊞ rtc_rdmini[7:0]	[H] 06		Input	hw_vio_1
⊞ rtc_rdsecd[7:0]	[H] 25	↕	Input	hw_vio_1
rtc_wren	[B] 0		Output	hw_vio_1
⊞ rtc_wrhour[7:0]	[H] 00 ▼		Output	hw_vio_1
⊞ rtc_wrmini[7:0]	[H] 00 ▼		Output	hw_vio_1
⊞ rtc_wrsecd[7:0]	[H] 00 ▼		Output	hw_vio_1

图 4.56　完成 VIO 调试接口的添加

Name	Value	Activity	Direction	VIO
⊞ rtc_rdhour[7:0]	[H] 00		Input	hw_vio_1
⊞ rtc_rdmini[7:0]	[H] 07		Input	hw_vio_1
⊞ rtc_rdsecd[7:0]	[H] 18		Input	hw_vio_1
rtc_wren	[B] 0		Output	hw_vio_1
⊞ rtc_wrhour[7:0]	[H] 00 ▼		Output	hw_vio_1
⊞ rtc_wrmini[7:0]	[H] 00 ▼		Output	hw_vio_1
⊞ rtc_wrsecd[7:0]	[H] 00 ▼		Output	hw_vio_1

图 4.57　识别只读的信号接口

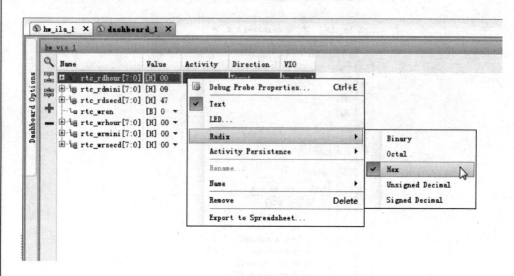

图 4.58　更改接口显示的进制

如图 4.59 所示,在 text 模式下,展开 input port,则显示的是每个信号当前的数值 0 或 1。

rtc_rdsecd[7:0]	[H] 49	↕	Input	hw_vio_1
rtc_rdsecd[7]	0		Input	hw_vio_1
rtc_rdsecd[6]	1		Input	hw_vio_1
rtc_rdsecd[5]	0		Input	hw_vio_1
rtc_rdsecd[4]	0		Input	hw_vio_1
rtc_rdsecd[3]	1	↑	Input	hw_vio_1
rtc_rdsecd[2]	0	↓	Input	hw_vio_1
rtc_rdsecd[1]	0	↕	Input	hw_vio_1
rtc_rdsecd[0]	1	↕	Input	hw_vio_1

图 4.59　展开总线接口

图 4.60　Select LED Colors 对话框

如果设置了 LED 模式,并且设定信号低电平时 LED 显示灰色(Gray),则信号高电平时 LED 显示绿色(Green),如图 4.60 所示。

此时,每个信号位对应一个 LED 模样的符号,它会以不同的显示颜色状态指示当前的输入值,如图 4.61 所示。

对于 output port,可以单击对应信号的 Value 值,则弹出可编辑的 Value 对话框,如图 4.62 所示。

与 input port 不一样,output port 右击菜单中出现了 Active-High Button、Ac-

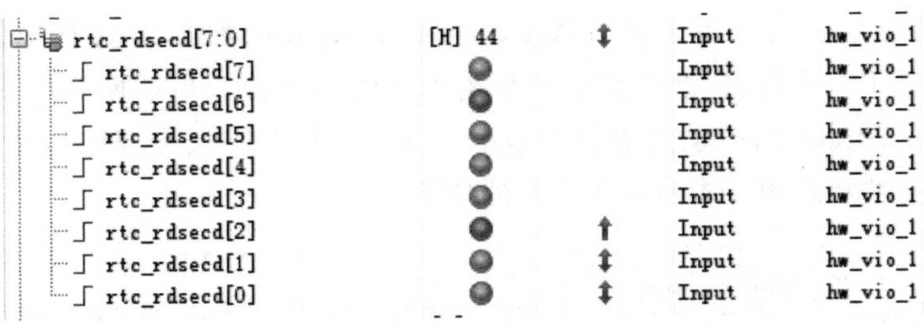

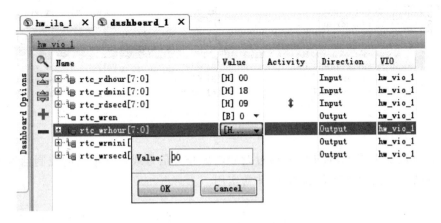

图 4.61　以 LED 方式显示的状态信号

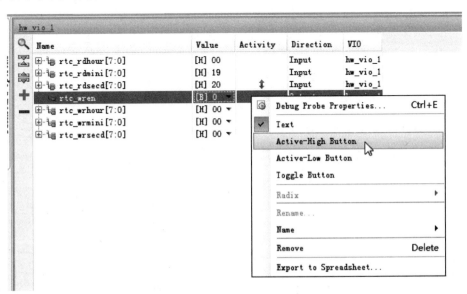

图 4.62　更改可写数据接口

tive – Low Button 和 Toggle Button 的选项,如图 4.63 所示,这些选项可以使得当前
信号的每个位像按钮一样进行高电平和低电平输出的控制。

图 4.63　可写信号的右键菜单

　　例如,将 rtc_wren 信号设置为 Active – High Button,如图 4.64 所示,rtc_wren 的 Value 变成了一个按钮,默认值是 0;单击则变成 1,释放以后就恢复为 0。这么操作后发现,input port 的值也会更新为 output port 对应的时、分、秒值,然后继续计时。这就是这些接口设计本身希望达到的功能。

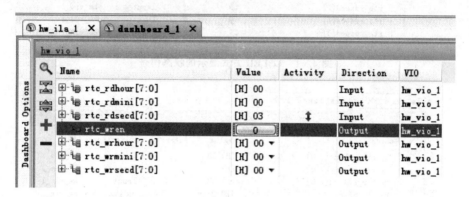

图 4.64　button 方式控制的 rtc_wren 信号

　　VIO 就这么简单,对于希望通过改变内部开关信号或速率不高的控制信号来观察相应结果变化的调试应用,VIO 非常实用。

第五部分　实践经验

你们要给人，就必有给你们的。

——路加福音 6 章 38 节

笔记 **15**

系统架构思想

一、FPGA 到底能做什么

初学者爱问这个问题,就笔者个人的理解可以回答你:逻辑粘合是 FPGA 早期的任务,实时控制让 FPGA 变得有用武之地,FPGA 实现的各种协议灵活度很高,信号处理让 FPGA 越来越高端,片上系统让 FPGA 取代一切……

但是,这几天笔者很纠结,一直在问自己"FPGA 到底能做什么"。事情源于马上要启动的 DVR 项目,视频搞定了,也显示了,下一步要存储,传输带宽和存储容量放出话来了——必须要压缩。那么,图片要用 JPEG,视频要用 H.264。各种方案虽然只是初步了解一些,但是发现这方面尽管有类似 SOPC 概念的海思和 TI 双核解决方案,而且是专门干这个的,但它是有门槛的,对于人力物力极为有限的小团队那叫"望'芯'兴叹"。成本不仅仅是 money 的问题,还有工程师熟悉一个新的高复杂度的开发环境的时间和精力投入。那么退而求其次,貌似一个 DSP 也很难搞定,市场上常见的是 DSP+FPGA,或者也有一些专用的 ASIC 能够胜任诸如 H.264 的编码,不过看看芯片价格只能用"死贵死贵"来形容了。

折中下来,上午还寻思着就再来一个 DSP 吧,也看好了 ADI 的 Blackfin,准备下一步慢慢筹备 DSP 之旅。但是,也许这几天一直萦绕在我脑子里的问题越发强烈起来,FPGA 到底能做什么。很显然,如果要在通用控制器或处理器和 FPGA 之间做一些比较,笔者会很快地送上图 5.1~图 5.3。

很显然,图 5.1 中的一般控制器或处理器由于软件固有的顺序特性,决定了它的工作必须是按部就班,一个输出的 4 个步骤完成后才能接着开始下一个输出的 4 个步骤,那么它完成 4 个输出就需要 20 个步骤单位时间(假定输出也算一个步骤,一个输出需要 5 个步骤)。虽然现在很多 DSP 中也带有功能强大的硬件加速引擎,如简单搬运数据的 DMA 等,但是它所做的工作量,或者说和软件并行执行的工作量其实是很局限的。这里说的局限是指它的灵活性上很差,协调性不够好也会让处理速度大打折扣。

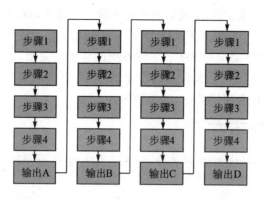

图 5.1　基于控制器或处理器的一般处理流程

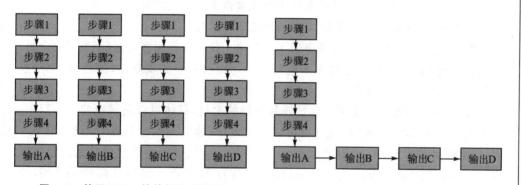

图 5.2　基于 FPGA 的并行处理流程　　　图 5.3　基于 FPGA 的流水线处理流程

　　而反观图 5.2 和图 5.3 的 FPGA 处理,先说图 5.2,并行处理方式很强大,是前面的软件处理速度的 4 倍。并行是 FPGA 最大的优势,只不过需要用大量的资源来换速度,通俗地说就是要用大量的 money 换性能,我想这并不是人人都能够承受的解决方案。而图 5.3 是一个不错的折中方案,流水线处理是 FPGA 乃至整个信号处理领域最经典的一种方法,能够在基本不消减处理速度的前提下只用并行处理方法的 1/4 资源就完成任务了。

　　那么话题回到 JPEG 和 H.264 的压缩上来,其实 FPGA 足以胜任,网络上很多这样的解决方案。其实退一万步来讲,算法再复杂,实时性要求再高,都难不倒 FPGA,尤其是采用流水线方法,也许第一个数据输出的时间需要很长(一般系统是许可的),但是这并不妨碍后续数据的实时输出。这就是成本(器件资源)和性能最好的折中办法。

　　那么,这些复杂的算法中无外乎存储和运算。实时处理中的存储其实很大程度上依赖于器件的片内存储器资源,外扩的存储器无论从复杂度和速度上都只会降低处理性能。加减乘除好办,内嵌的乘法器或是各种各样专用的 DSP 处理单元就能搞定,但是开方求幂等比较无奈的运算就只能靠查表来解决了。

如此这般下来，其实 FPGA 就是要干这个的——算法，越是大家搞不定的问题，FPGA 越是不在话下。但却有 FPGA 不适合干的活，个人认为那些顺序性很强的活，比如文件系统，就算简单的 SD 卡文件系统的管理也是要不停地"折腾"，数据这里读那里写的，FPGA 代码写起来就够难受的，一个偌大的状态机也许能够解决问题，但是很容易让设计者深陷其中，晕头转向。

二、DMA 无处不在

在一次闲聊中，一位朋友问其中几个还在大学就读的同学："你们是什么专业的？"

答曰："物流。"

那位朋友就调侃说："物流就是把东西搬来搬去。"

同学不服，纠正说："应该是'实现物体空间的位移'。"

然后我就问自己："我们这般电子工程师是干什么的？很多时候（当然不完全是）不也是在做物流吗？只不过对象不同而已，因为我们是'实现数据（信息）的空间位移'。"说得通俗一点，"通信"不也是"物流"吗？

言归正传，数据的传输可以通过各种各样的途径，载体可以是模拟的，也可以是数字的；协议可以五花八门，位宽也可以或大或小，速度当然也是各有千秋，电平不同，稳定性也有差异……而这里要提一种在 CPU 系统数据传输中很常见的通信方式——DMA(Direct Memory Access)，即直接存储存取。很多较高端的 DSP 或 MCU 中，都存在着这样一种数据传输功能，引一段网络上常见的对 DAM 的解释，如下：

DMA 是一种不经过 CPU 而直接从内存存取数据的数据交换模式。在 DMA 模式下，CPU 只需要向 DMA 控制器下达指令，让 DMA 控制器来处理数据的传送，数据传送完毕再把信息反馈给 CPU，这样就很大程度上减轻了 CPU 资源占有率，可以大大节省系统资源。

那么也就是说，DMA 工作时可以和 CPU 的其他工作毫不相关，CPU 可以控制（或者确切说是配置）DMA，而 DMA 和 CPU 可以并行工作。CPU 工作大多要有软件程序运行，而软件的顺序决定了它的速度和性能是有瓶颈的，但是一旦有了 DMA 这个功能，就能够给系统带来一定性能上的提升。打个不恰当的比方，还是和前面提到的物流相关，在 A 和 B 地之间原本只有一条铁轨（对应一条总线）、一列火车（对应一个 CPU）进行运输，那么如果要在一个月或一年之内多运一些东西（加大数据吞吐量），除了加快火车速度外别无选择，但是 DMA 就相当于在火车运转过程中的空闲路段上（不被总线占用的模块）增加了一列火车，它不负责全程运输，只负责一个路段的运输（局部数据传输），并且只能在主运火车不占用该路段的情况下工作（由总线仲裁器进行判断）。

换句话说,DMA 可以提升系统的数据吞吐量。因为 DMA 能够传送 CPU 配置好的起始地址到目的地址之间的数据,在初始化并启动之后不需要 CPU 程序的任何其他控制,直到传输结束递交一个中断信号。DMA 的吞吐量很大程度上取决于与它所连接的模块(可以是存储器、总线、各种外设芯片等)。当然,越多的 DMA 通道也就越能够加大系统的数据吞吐量,如图 5.4 所示,从一个 DMA 到两个 DMA,可以在系统运行中让每个模块都不处于闲置状态。

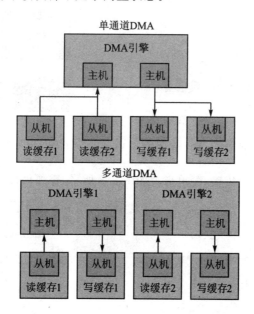

图 5.4　单通道和多通道的 DMA

举一个很简单的 CPU 系统中使用 DMA 的例子。如图 5.5 所示,在不使用 DMA 的 CPU 系统中,需要完成一个数据采集(输入)、数据处理、数据传输(输出)的功能,就需要 CPU 从始至终不停地运转。这 3 个步骤都由 CPU 的程序来控制,采集到数据,然后扔进 Buffer(通常是存储器);处理的时候也需要从 Buffer 里取数据,处理完成还要送出去。同样的功能,在如图 5.6 所示的含有 DMA 的系统中对数据的传输就显得游刃有余,CPU 可以专注于数据处理,数据输入/输出这等搬运工干的活就交给 DMA 来做。DMA 和 CPU 可以共用一片存储区,并且采用乒乓操作进行交互,这样一来,系统性能就得到大大提高,CPU 的运算能力也可以最大限度地得到发挥。

说完 CPU 系统中的 DMA,不得不转移话题来解释一下本节的题目“DMA 无处不在”。没错,笔者就是想说,一个 FPGA 原型开发系统中“DMA 无处不在”。因为一个数据流的处理中,往往是一个流水线式的一刻都不停歇的工作机制,并且任意两个相关模块的通信都有一套握手机制,都有专用的数据地址通道,当然也可以复用,这时就会涉及总线仲裁。对于点到点数据传输,笔者最喜欢的一种简单握手机制如

图 5.7 所示,模块 A 要向模块 B 写入或读出数据;只要发出 req 请求,然后送地址 ab 和数据 db,直到模块 B 发出传输完成应答 ack 信号,那么模块 A 撤销请求 req 完成一次传输。

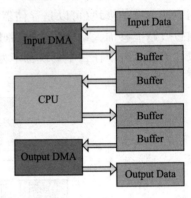

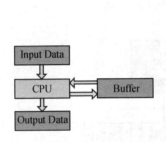

图 5.5　传统不带 DMA 的 CPU 系统　　图 5.6　带 DMA 的 CPU 系统

而对于多点到点的传输,简单来看如图 5.8 所示,需要添加一个仲裁逻辑。

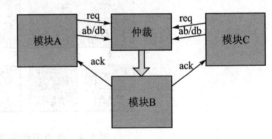

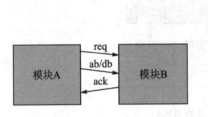

图 5.7　简单握手机制　　　　图 5.8　带仲裁控制的多模块握手机制

再看整个系统的传输,最简单的顺序流传输如图 5.9 所示。

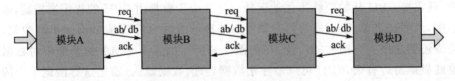

图 5.9　多个模块顺序数据流传输

对于稍复杂一些的互联架构的系统,如图 5.10 所示。

从上面的几个图中不难发现,尤其是图 5.10,系统的利用率很高,可以做到同一时刻整个系统都在运转,并且可以是毫不相关的。这就是 FPGA 的硬件特性所决定的,软件系统的硬件架构其实就是 FPGA 设计的精髓,在 FPGA 系统中的 DMA 是无处不在的。

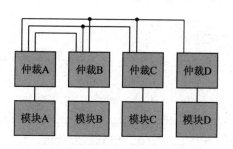

图 5.10　负载多模块数据流传输

三、图片显示速度测试报告

在评估设计方案时,常常需要考虑数据吞吐量问题,数据吞吐量的高低与否取决于硬件的频率、带宽或是软件的运行速度、复杂度等。因此,本节将一个项目启动前的数据吞吐量评估测试报告活生生地展现在读者面前,希望作为借鉴,读者能够举一反三、活学活用。

该测试主要是检验 CPU 执行读/写操作,从而实现图片数据从 Flash 搬运到 SDRAM 中进行实时缓存显示的可行性。

1. 测试硬件平台

CPU:32 位 NIOS/e　50 MHz
RAM:片上存储器　50 MHz

2. 测试软件程序

```
for(y = 0;y<480;y + + )
{
    for(x = 0;x<800;x + + )
    {
        //送显示数据
        IOWR_16DIRECT(MCULCD_CTRL_0_BASE,((y<<11) + (x<<1)),0x001f);
    }
}
```

3. 测试接口时序

一次 IOWR_16DIRECT()函数产生的时序波形如图 5.11 所示。clk 即 CPU 的时钟周期 50 MHz,也就是 20 ns。从图 5.11 可以推断出:一次显示数据(对应一个显示像素点)的写入时间大约为 6×20 ns=120 ns。

4. 测试结果分析

下面是示波器实际采集到的被专门拉出来观察的写入片选信号 cs_n 的波形。图 5.12 是单次选通的波形,大约 120 ns,和前面的时序图(图 5.11)是一致的。

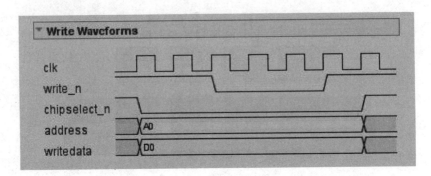

图 5.11　写操作时序波形

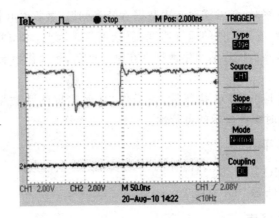

图 5.12　单次片选波形波捕获

　　而图 5.13 是多次(3 次)连续地写入操作产生的片选信号 cs_n 的波形。让人感到意外的是,即便只是简单的 x<800 和 x++以及(y<<11)+(x<<1))程序的执

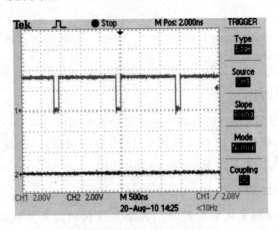

图 5.13　多次片选操作波形捕获

行,竟然占到了大约 1 500 ns 的执行时间。仔细想想,这是软件运行,虽然 CPU 的时钟达到 50 MHz,但是一条指令的执行(我们姑且认为指令周期能够达到 40 ns)不仅包括执行这条语句本身,还有变量读/写需要访问存储器(RAM)的额外时间开销,这些操作一算下来,1 500 ns 也就不足为怪了。

有了上面的这组数据,我们可以做一个简单的预算。对于笔者的这个写入操作,不计算执行写入坐标地址换算上的时间开销,单纯只执行写数据显示一满屏的色彩数据(分辨率 800×480,写入的色彩固定),需要的时间是:

$$120 \text{ ns} \times 800 \times 480 = 46.08 \text{ ms}$$

通常来说,如果一幅图片的显示切换能够达到这个速度,换算成 1 s 的频率是 1 s/46.08 ms＝21 Hz(通常视频的显示是 25 Hz),那么应该说这个切换是还不错的性能,人眼也是完全可以接受的。

而对于一个 CPU,它要显示一幅图片,不可能只是一味地做前面的简单写时序,它还需要一些坐标计数、一些变量存储器的读/写。而对于这个测试中,只是一个简单的清屏函数,它也是考核 CPU 性能的一个方式,如果这样简单数据的搬运所需要的时间过长,以致无法让人眼接受(切换时间过长),那么说明软件送图片到显示外设实现显示界面切换的方案不是很可行。下面可以算算目前的平台下,软件送一个屏的数据大约需要的时间:

$$1 500 \text{ ns} \times 800 \times 480 = 576 \text{ ms}$$

这个数据可以说是当前软硬件平台上,真正软件送图片不可逾越的速度瓶颈了。但是,这个时间也只是客户勉强可以接受的切换图片的效果。对于图片需要预存储在 Flash 或 SD 卡等非易失存储器中的应用,软件一般要先从这些非易失存储器中读取数据,然后再送给显示外设缓存,而如此一来,一幅图片切换的时间要远远大于 576 ms 了,2 倍甚至 3 倍都不足为怪。

5. 优化尝试与考虑

(1) 提升 CPU 的性能

提高 CPU 的时钟频率,提高 CPU 读/写 RAM 存储器的速度,这个代价比较高,不仅关系到成本,而且可能需要开发人员换一个处理器和软件开发环境,相应的开发时间会受到很大影响。

(2) 纯硬件加速

由 FPGA 底层逻辑来控制非易失存储器(图片存储器,如 Flash)的读/写。用 FPGA 来控制这些非易失存储器的读/写,开发灵活性较低,对图片的管理和地址的分配都不够灵活,此时速度的瓶颈在于非易失存储器的读速度。

(3) 软硬件协同加速

这种考虑是在 FPGA 显存中开辟一大块图片预存储空间,上电后 CPU 做的第一件事就是不断地搬运数据,把需要显示的数据预先从非易失存储器中读出来,并送给显存。这可能在系统刚上电过程中有一段较长的 boot 时间,但是 boot 结束后,软件需要切换显示画面时,只要发出一些定制指令,那么 FPGA 内部逻辑自动实现两块显存的数据映射(从不显示存储区搬数据到显示区)。这种显示方式相较于前两种优化方案是最可行的,而且切换画面的速度也是最快的。

基于前面的测试,提出的这 3 种方案也各有优劣,当然实际可行的方案也许不局限于这 3 种方式,但是基本思路大同小异。而无论采取哪种方式,事先进行理论论证甚至实际测试都是很有必要的。

四、仲裁逻辑设计要点

用中文在 Google 中搜索"仲裁逻辑",结果很令人失望,除了一些 PCI 总线仲裁方面的论文只言片语地谈到那么点仲裁设计细节外,其他的文章基本无任何参考价值。于是,笔者用 Arbitration logic、Arbitration design、Arbiters 等各种可以想到的相关词汇来搜,终于找到了几篇不错的文章,这里推荐一篇叫作 *Arbiters：Design Ideas and Coding Styles* 的文章。初看标题,还以为要说软件编程方面的知识,再看内容才发现正是我所寻觅的。

花时间细读了一遍,该文由浅入深,探讨了一种效率高、可靠稳定的仲裁逻辑设计方法,有详细的理论叙述,也有一些实例图示,形象生动。放到一两年前看到这篇文章,笔者很可能瞥一两眼就不再搭理,因为用不上;但是当项目中遇到这方面的难点或是困惑的时候,它的出现绝对就是"救命粮草"。

不啰嗦了,下面谈正题。笔者不想规规矩矩地去翻译那篇文章,只想取其精华的内容,再结合自己的项目就实践谈理论。笔者认为以下 4 个点是比较容易让设计者纠结的地方:

① 复位状态;
② 切换时序;
③ 轮流响应;
④ 超时退出。

通常,若是直接采用最底层的与或非等关系来做这个仲裁逻辑,未免让人感觉难度太大。因此,利用状态机来实现(当然最终实现的也就是最底层的与或非逻辑,不过可以把这中间的转换工作交给工具来完成)会大大简化这个设计,帮助设计者理清思路。

笔者虽然只是面对了多个简单的 2 选 1(最多也只是 3 选 1)仲裁器,但是在多次思考尝试之后,还是选择使用状态机来实现。如图 5.14 所示,基本上这个状态机示意图已经能够完全涵盖前面提到的 4 个点了。

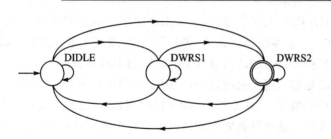

图 5.14　仲裁轮转状态机

　　首先是复位,需要进入一个中间仲裁状态。对于这个 2 选 1 仲裁器,在这个中间仲裁状态,应该可以确保产生的请求 1 或者请求 2 都可能得到响应。对应的这个中间状态就是 DIDLE,若某一时刻请求 1 和请求 2 都无效,那么将一直保持原状态(DIDLE)不变;如果请求 1 或者请求 2 有一方有效,则进入相应的响应状态(状态 DWRS1 或 DWRS2);如果请求 1 和请求 2 同时有效,则优先级高的请求首先获得响应(即进入对应的响应状态中)。

　　切换时序,其实前面描述 DIDLE 的状态保持或状态迁移就包含切换的概念。再说已经进入的某个响应状态(DWRS1 或 DWRS2),如果每次响应完成后只是简单地返回中间仲裁状态,也许没有问题,相对也不容易出现各种因仲裁响应切换带来的问题,但是在一些系统吞吐量要求很高的场合,这种简单的切换会造成仲裁响应性能的下降。因此,就很有必要像图 5.14 一样,在某个正在响应的状态中,一旦当前响应结束,就可以继续仲裁并响应下一个有效的请求。对于这个 2 选 1 的仲裁来说,如果当前处于仲裁请求 1 的响应状态(DWRS1),一旦响应结束,那么下一个状态就可以继续仲裁并决定是停留在当前状态继续响应请求 1、进入另一响应状态(DWRS2)以响应请求 2 的请求还是无请求返回中间仲裁状态(DIDLE)。这里要强调的不只是提高响应速度(降低因切换状态造成的性能下降),更多地需要设计者注意对切换过程中(尤其是不同响应状态的切换中)具体相关的锁存信号的赋值。因为,很可能在切换时快一拍(一个时钟周期)或者慢一拍而造成整个数据的锁存紊乱(笔者吃过这个亏,所以印象深刻,给各位提个醒)。

　　轮流响应,*Arbiters: Design Ideas and Coding Styles* 文章的最后一部分,提到了 Round - Robin Arbiter 的设计。Round - Robin Arbiter 要是深入探讨也是很有趣的。其最核心思想就是在有优先级响应的情况下,依然需要制定一套轮流响应的机制,以避免某些优先级高的请求长期霸占总线。这对于大多数设计是有用的,就拿笔者这个仲裁器来说,SDRAM 的写入有 AV 视频信号、也有 MCU 图像 DIY 层的写入信号,如果其中一方长期霸占总线,使得另一方的数据缓存 FIFO 溢出,那么很可能导致在液晶显示的时候部分图像的数据丢失,甚至出现某一帧图像的闪烁。因此,这里轮流响应机制的加入就会大大降低这种事件发生的概率。在具体实现中,比如图 5.14 的 DWRS1 可以在响应结束时选择下一状态,它的优先级关系就是 DWRS2

＞DWRS1＞DIDLE；与此不同的是，DWRS2 的下一状态优先级关系为 DWRS1＞DWRS2＞DIDLE。基本的思想就是：我响应完了，就优先考虑你的"需求"，然后再考虑自己的"需求"；若是都没有"需求"，咱们就回到中间状态。

最后要提的是超时退出机制，这对于很多应用也是必要的。它可以有效地防止在某些不可预料的情况下，状态机不明不白地"蒸发"。这也算是一个"健壮"的状态机必须具备的条件。这里笔者要拿调试过程中一个很生动的"蒸发"实例让大家引以为戒。一个用 FPGA 实现的视频采集显示应用中，在没有超时退出机制的情况下，出现过上电瞬间视频显示死机（图像定格），但是只要 MCU 执行 SDRAM 写入（产生新的仲裁请求），则死机解除。这个现象出现的概率非常低，并且只发生在上电瞬间的图像显示切换后（感觉上电期间有很多不确定的因素），以至于很难确定到底问题出在了什么地方。有一点是可以肯定的，那就是视频采集写入 SDRAM 的请求长期得不到响应，状态机"死"在了另一个响应状态里，直到新的变化条件出现。所以，在加入超时退出机制后，问题不再复现。可以肯定的是，超时退出机制对解决此类突发问题相当有效。

到这里，想说的 4 点都讲完了，回头却发现围绕一个简单的例子谈了很多理论。其实感觉很多时候，对于一个做具体开发的工程师来说，细节的东西是很难用文字分享出来的，能够把设计思想和设计理念阐释清楚，本身就是一件相当不简单的事。细节的设计实现，需要工程师在思路清晰的状况下认真细致地来完成。

五、硬件加速：用起来很美

其实在硬件加速方面，笔者早想写点东西，只是苦于没有合适的对比题材。赶上最近的一个系统平台，整个 SOPC 完全自己 DIY 外设系统，所以很大程度上会去考量外设到底是作为硬件外设还是软件模拟外设，抑或是软硬兼施。在本笔记第三节"图片显示速度测试报告"中展现了相当让人无法忍受的软件运行效率，因此，系统必须优化，优化的最好途径就是用硬件来加速。

2010 年上海 Freescale Technology Forum 上展示了一款叫作 Killer 的游戏硬件加速引擎，给笔者留下了较为深刻的印象。在广告片中，用了两个相同的游戏界面作为对比，一个是基于通常的 PC 平台，另一个则是在原有 PC 平台上加入了这款游戏硬件加速引擎 Killer（估计是一个 PCI 外设，相当于给用户加了一个优化系统显示性能的"显卡加速器"）。先说个题外话，笔者对游戏不是很在行，不过还记得大学时候比较痴迷的一款 NBA live 的游戏，由于显卡不堪重负，玩久了，在比赛中就经常卡死。一个很经典的界面：两个球员一前一后，通常是你跑一步，我跑一步，两个球员的"慢速跑动"镜头把 CPU 的顺序工作机制"穿帮"了。好，回到原话题，在广告游戏中的普通游戏界面里两个人的走动就好似前面的"穿帮"镜头一前一后；而 Killer 平台里两个人则非常协调，看上去"很美"地并行跑动。我想，Killer 带来的就是一种纯粹硬件的加速，其实并不知道那两个人是否真正在并行工作。因为，在视频面前，人眼是靠不住的。但是,有一点是可以确定的:硬件加速不仅看上去很美,而且用起来也很美。

如果说广告片中 Killer 有掺水分之嫌,不能让各位信服,那么下面笔者就要用数据和波形来证实这一点:硬件加速确实很美!

使用以下程序测试一幅图片的显示速度。

```
IOWR_ALTERA_AVALON_PIO_DATA(PIO_LED_BASE,0x00);    //LED OFF
Flash_photo_display(0,0);                           //送第 0 幅图片
IOWR_ALTERA_AVALON_PIO_DATA(PIO_LED_BASE,0xff);    //LED ON
```

用示波器观察 LED 引脚输出的低脉冲时间,即可得出显示一幅图片运行的时间。

在第三节中一段简单的遍历坐标地址清屏程序:

```
for(y = 0;y<480;y + + )
{
    for(x = 0;x<800;x + + )
    {
    //送显示数据
    IOWR_16DIRECT(MCULCD_CTRL_0_BASE,((y<<11) + (x<<1)),0x001f);
    }
}
```

上面这段程序执行的 LED 低脉冲情况如图 5.15 所示,这个清屏的时间大约需要 575 ms。在第三节中已经提到了,这个显示的大部分时间是消耗在软件变量的读/写访问时间上,纯粹硬件接口层(显示外设)的写时间(46 ms)占的比例很小。因此,软件程序或者说处理器性能将是优化的重点。

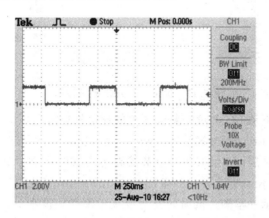

图 5.15　常规清屏时间测试 LED 观察波形

图 5.16 是在图 5.15 基础上,读 Flash 中预存储的一幅图片,然后逐个像素点地送一幅图片给显示外设所耗费的时间。这幅图片的显示大约要 1.6 s,如果看着这样一幅图片慢慢地自上而下显示出来,用户体验可想而知。优化势在必行。

不说如何优化,先看结果,如图 5.17 所示。优化后一幅图片的显示只需要

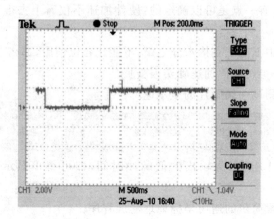

图 5.16　Flash 显示图片时间测试 LED 观察波形

70 ms 左右,基本已经接近了理论的最短时间 46 ms。其实对于优化后的系统来说,理论的最短时间其实已经不是 46 ms 了,要远比这个值小。因为,硬件加速了!

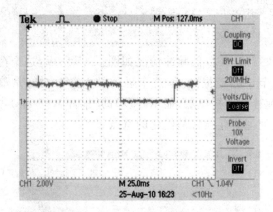

图 5.17　优化后的 LED 观察波形

粗略地计算一下从 Flash 读一整幅图片的理论最短时间:
$$(25\ \mu s + 25\ ns \times 2\ 048\ byte) \times 375\ page = 28.575\ ms$$
而实际上在硬件层读 Flash 每个字节的周期是 100 ns,那么理论时间应该是:
$$(25\ \mu s + 80\ ns \times 2\ 048\ byte) \times 375\ page = 70.815\ ms$$
硬件优化后显示一幅图片的时间完全取决于硬件外设本身,基本与软件以及处理器性能没有太大关系了。硬件加速真的有这么神吗?真的这么管用吗?在这个测试中,笔者也很震撼,平时我们不仅高估了软件(或是处理器)的性能,而且大大低估了硬件的性能。在这一点上,会让我今后对手中的 FPGA 更有信心。

最后,简单说一下这个硬件加速系统是如何工作的。图 5.18 是这个系统优化之前的一个简单系统架构,Flash 的读/写控制完全交给了 CPU,而 CPU 的每次执行都依赖于 RAM 上的程序和变量,然后 CPU 还需要把读出来的数据送给 LCD Controller。

再来看硬件加速后的系统框图,如图 5.19 所示。CPU 负责 Flash 的控制管理,而 Flash 读出来的数据不需要通过 CPU,直接送给 LCD Controller,读数据省下来的时间使得系统性能发生了翻天覆地的改变,也使得系统的最优化成为可能(图片显示的速度瓶颈最终在于 Flash 这个外设)。

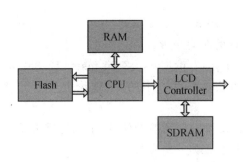

图 5.18　优化前系统框图

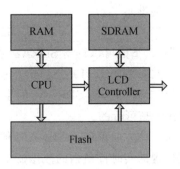

图 5.19　优化后系统框图

六、数据吞吐量预估一例

所谓优化,除了设计本身,即性能的优化,进一步降低成本应该也算优化的一个目标。原本设计中花费了两个存储器、一片 SRAM 和一片 SDRAM,因此要想方设法地省去那个“死贵”的 SRAM。所以,对于 SDRAM 的吞吐量需要重新评估,尤其对于某些实时性很强的地方,需要考虑好在出现数据读/写拥塞的情况下该如何处理。还有就是因为涉及多个数据流需要和 SDRAM 发生关系,仲裁逻辑的设计也是笔者近来颇有感触的一个地方。

先说 SDRAM 数据吞吐量方面的一些思考。由于在一个液晶屏上要显示的两个层的数据都存储在 SDRAM 中,因此初步预计,SDRAM 每秒需要处理的数据流大体有以下 4 块:

① 实时采集的视频写入数据量:$640 \times 480 \times 16$ bit $\times 50$ Hz;

② 实时显示的视频读出数据量:$< 640 \times 480 \times 16$ bit $\times 60$ Hz;

③ 叠加层读出数据量:$640 \times 480 \times 16$ bit $\times 60$ Hz;

④ 叠加层写入数据量:不确定,假设写入一帧的图像数据,为 $640 \times 480 \times 16$ bit。

对于该项目中使用的 SDRAM,每次写入 N 个数据的时间开销为:$N \times 10$ ns $+ 80$ ns;而每次读出 N 个数据的时间开销为:$N \times 10$ ns $+ 100$ ns。而视频数据读/写和叠加层数据读都是以 160 个数据为一页进行操作的,唯有叠加层写入数据是单独逐个数据操作(即单字突发写)。因此,初步计算上面 4 块数据每秒的时间开销为:

① $(640 \times 480 \times 16 \text{ bit} \times 50 \text{ Hz}/160) \times (160 \times 10 \text{ ns} + 80 \text{ ns}) = 161.28 \text{ ms}$

② $(640 \times 480 \times 16 \text{ bit} \times 60 \text{ Hz}/160) \times (160 \times 10 \text{ ns} + 100 \text{ ns}) = 195.84 \text{ ms}$

③ $(640 \times 480 \times 16 \text{ bit} \times 60 \text{ Hz}/160) \times (160 \times 10 \text{ ns} + 100 \text{ ns}) = 195.84 \text{ ms}$

④ $640 \times 480 \times (10 \text{ ns} + 80 \text{ ns}) = 27.648 \text{ ms}$

此外,需要额外再计算一下 SDRAM 每隔 15.625 μs(64 ms 一次全部地址预刷性周期)一次的预刷新操作所占用的时间开销(每次预刷新时间<110 ns,这里就以110 ns 为准):

$$(1 \text{ s}/15.625 \ \mu s) \times 110 \text{ ns} = 7.04 \text{ ms}$$

那么,下面可以得出 SDRAM 在 1 s 内的时间余量:

$1 \text{ s} - 161.28 \text{ ms} - 195.84 \text{ ms} - 195.84 \text{ ms} - 27.648 \text{ ms} - 7.04 \text{ ms} = 412.352 \text{ ms}$

换句话说,当前 SDRAM 的空闲时间还是有近一半的,从理论上看如此利用 SDRAM 是可行的。

从整体方面论证了 SDRAM 的吞吐量足以胜任当前的任务,下面还需要从一些可能出现的实时性最强的数据流中找寻速度瓶颈。

个人认为,这个设计中,数据流最大的情况很显然是上文提到的 4 种对 SDRAM 的操作同时出现。而此时由于每个读或写操作对应的都有一个 1 024 字节的缓冲 FIFO,所以在这些操作同时出现于某一个显示行中,也不需要过于担心数据会出现被丢弃的现象。下面也简单地计算一下余量,由于叠加层写入是特别需要验证的数据流,所以这里就计算其他 3 种操作同时发生时可以执行多少次叠加数据写入操作。

液晶显示某一行的时间为:

$$800 \times 40 \text{ ns} = 32 \ \mu s$$

视频层显示一行数据的操作时间为:

$$4 \times (160 \times 10 \text{ ns} + 80 \text{ ns}) = 6.72 \ \mu s$$

叠加层显示一行数据的操作时间为:

$$4 \times (160 \times 10 \text{ ns} + 80 \text{ ns}) = 6.72 \ \mu s$$

视频层写入一行的时间为:

$$4 \times (160 \times 10 \text{ ns} + 100 \text{ ns}) = 6.8 \ \mu s$$

自刷新的时间为:

$$(32 \ \mu s/15.625 \ \mu s) \times 110 \text{ ns} = 0.33 \ \mu s$$

因此剩下的时间为:

$$32 \ \mu s - 6.72 \ \mu s - 6.72 \ \mu s - 6.8 \ \mu s - 0.33 \ \mu s = 11.43 \ \mu s$$

为了给足余量,这里取剩余时间的 60% 作为叠加层可写入的时间,那么可以执行的叠加层写入数据次数为:$(11.43 \ \mu s \times 60\%)/90 \text{ ns} = 76$ 次。因此,需要尽量控制叠加层数据量。如果从最保险的操作看,叠加层写入一次数据的平均时间应该大于 $32 \ \mu s/76 = 420 \text{ ns}$。

如此理了一下思路,感觉清晰很多,对于正在进行的设计也显得更加有把握。这种理论的评估是很有用的,至少可以让自己在实际设计中少走一些弯路,对可能出现的问题尽早做一些预判甚至避免。

设计思路的梳理和知识的梳理一样重要,随着当前项目的深入,笔者在这一点上感受极为深刻。

七、秒杀 FPGA 片间通信

在工程实践中,常常需要涉及多个主芯片间的数据传输。尤其在多个 FPGA 级联的系统中,不同吞吐量的数据传输可以采取不同的接口方式来实现。但无论如何,一个基本的条件是必须考虑的,即采取的通信方式能够使得相互间的数据传输可靠、稳定,又满足吞吐量的需求。

这里要分享一个 FPGA 片间通信的项目案例。在这个工程中,两片 FPGA 分别实现 NIOS Ⅱ 软核＋扩展逻辑(数据传输端,简称 TX‑FPGA)和纯逻辑(数据接收端,简称 RX‑FPGA)的功能。TX‑FPGA 与 RX‑FPGA 进行数据交互,数据传输方向由 TX‑FPGA 端到 RX‑FPGA 端。

图 5.20 为两片 FPGA 通信的接口示意图。这里的两片 FPGA 之间通过简单的一条控制和数据总线进行传输,而在两片 FPGA 内部则分别有一个用于缓存数据的FIFO(至于 FIFO 和传输控制信号的设计,设计者应根据具体项目的需求来考虑)。

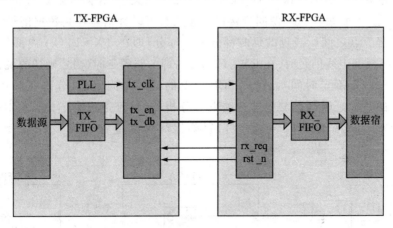

图 5.20　两片 FPGA 通信接口示意图

基本的通信是这样的:RX‑FPGA 端产生复位信号 rst_n,低电平有效。在复位期间,TX‑FPGA 的选通信号 tx_en 始终为低电平(即当前传输数据处于无效状态)。复位结束后(即 rst_n 拉高后再延时若干个 clk),只要 TX_FPGA 端接收到请求信号 rx_req 为高电平,则 TX‑FPGA 发起每次连续 160 个数据的发送操作(在clk 的上升沿若 tx_en 为高电平,则此时写入数据总线 tx_db 为有效)。

下面来关注两片 FPGA 之间进行通信最重要的问题,即时序的建模与约束。其接口与时序参数定义如图 5.21 所示。

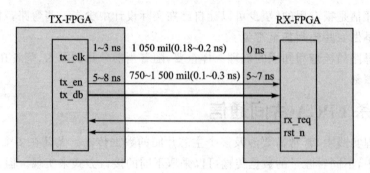

clk:1.18~3.2 ns 取 1~3.5 ns

db:10.1~15.3 ns 取 10~15.5 ns

图 5.21　两片 FPGA 之间通信的基本时序参数

图 5.21 已经给出了每段路径数据传输的基本时间范围,RX - FPGA 端发出的 rx_req 和 rst_n 信号时序要求均不高,可以简单地约束或者直接作为 false 路径。

主要关注的时序是 tx_clk、tx_en、tx_db 三者,它们必须满足如图 5.22 所示的关系。即希望能用 tx_clk 的上升沿采样到稳定的 tx_en 和 tx_db 信号。也就是说,tx_clk 的上升沿最好能够对准 tx_en 和 tx_db 的有效信号窗口中央。

从寄存器级来看 tx_clk 与 tx_en/tx_db 之间的关系,大体可以如图 5.23 所示。其实这也是一个比较典型的源同步接口。无论对于时钟信号还是数据信号,它们的源节点到宿节点之间所经过的延时都分为 3 部分,即在 TX - FPGA 内部的路径延时、在 PCB 板上走线的延时、在 RX - FPGA 内部的路径延时(当然确切的说,可能应该再加上一些不确定时间)。而在 PCB 板上的延时是固定的,分别在两片 FPGA 器件内部的路径延时则是需要进行约束和分析的,并且通过它们的实际情况来调整作为 RX - FPGA 输入时钟的相位,以确保尽可能地符合图 5.22 所示的时序要求。

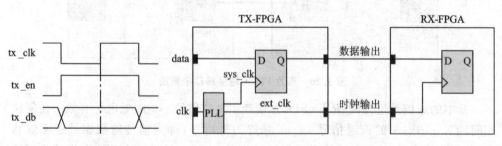

图 5.22　数据采样模型　　图 5.23　两片 FPGA 间通信时序模型

图 5.21 其实已经标注出了实际的一个大致延时范围。通过这个范围以及实际情况的不断校准,最终希望计算出一个比较合适的 tx_clk 相位偏移。

按照图 5.24 的方式来定义 clk(tx_clk)和 data 总线(tx_en/tx_db)的路径延时,

那么 clk 总的路径延时为 $T_{c1}+T_{c2}+T_{c3}$（每一个值可能都有一个取值范围，不是固定的），data 总的路径延时为 $T_{d1}+T_{d2}+T_{d3}$。我们可以取 $T_{c1}+T_{c2}+T_{c3}$ 的最大值为 T_{cmax}，最小值为 T_{cmin}；并且取 $T_{d1}+T_{d2}+T_{d3}$ 的最大值为 T_{dmax}，最小值为 T_{dmin}。

再来看图 5.25 所示的波形，其中 sysclk 是 tx_clk 内部时钟，也是源寄存器时钟；data 即输出到 RX-FPGA 的数据总线（包括 tx_en/tx_db 信号）；outclk 是从 PLL 输出的时钟波形；inclk 则是最终到达目的寄存器（RX-FPGA 端）的时钟波形。

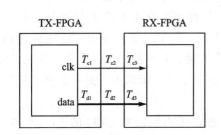

图 5.24　时钟和数据传输路径时序模型

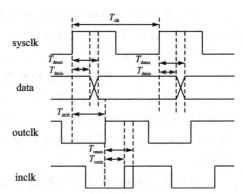

图 5.25　时钟和数据传输时序波形

从图 5.25 所示的一些时间关系中，不难理出一个 T_{shift} 取值的公式。步骤如下：

① 令 data 总线的有效数据窗口为 $(T_{dv1}、T_{dv2})$，则：

$$T_{dv1}=T_{dmax}，T_{dv2}=T_{clk}+T_{dmin}，中间值为 T_{dv}=(T_{dmax}+T_{clk}+T_{dmin})/2$$

② 令 clk 信号的上升沿有效窗口为 $(T_{cv1}、T_{cv2})$，则：

$$T_{cv1}=T_{shift}+T_{cmin}，T_{cv2}=T_{shift}+T_{cmax}，中间值为 T_{cv}=T_{shift}+(T_{cmin}+T_{cmax})/2$$

③ 若要得到最佳的采样结果，则：

$$T_{dv}=T_{cv}，即(T_{dmax}+T_{clk}+T_{dmin})/2=T_{shift}+(T_{cmin}+T_{cmax})/2$$

也就是要满足：

$$T_{shift}=(T_{clk}+T_{dmax}+T_{dmin}-T_{cmin}-T_{cmax})/2$$

这个系统的 tx_clk 使用了 50 MHz 的时钟，即 $T_{clk}=20$ ns。另外已经通过图 5.21 的分析得到了一些参数值，即 $T_{dmin}=10$ ns，$T_{dmax}=15.5$ ns，$T_{cmin}=1$ ns，$T_{cmax}=3.5$ ns。所以可以算得 $T_{shift}=20.5$ ns，因为 $T_{clk}=20$ ns，所以可以取 $T_{shift}=0.5$ ns。

有了 tx_clk 的这个 T_{shift}，加上前面已经给出的 T_{dmin}、T_{dmax}、T_{cmin}、T_{cmax} 等一系列参数，便可以完成 TX-FPGA 和 RX-FPGA 的时序约束。

八、FPGA＋CPU：并行处理大行其道

深亚微米时代，传统材料、结构乃至工艺都在趋于极限状态，摩尔定律已有些"捉

襟见肘"。而步入深亚纳米时代,晶体管的尺寸就将接近单个原子,无法再往下缩减。传统 ASIC 和 ASSP 设计不可避免地遭遇了诸如设计流程复杂、生产良率降低、设计周期过长、研发制造费用剧增等难题,从某种程度上大大放缓了摩尔定律的延续。

显而易见的是,在巨额的流片成本面前,很多中小规模公司不得不改变策略,更多地转向 FPGA 的开发和设计。反观 FPGA 市场,即便是 5 年前,其相对于 ASIC 的市场增速还是相当迟缓的。但在近些年,尤其是迈进 90 nm 节点之后,其成本优势逐渐凸显。

二十年如一日,长期霸占着可编程逻辑器件市场的两大巨头 Xilinx 和 Altera 依然动作频频。2011 年 8 月的 Altera 研讨会,13 个城市的技术巡演,大张旗鼓地力推 28 nm 工艺上的 V 系产品、SOPC Builder 到 Qsys 新平台的更迭乃至 SoC FPGA 的新构想。相比之下,9 月的 Xilinx 则低调许多,但依然拿出了 7 系列产品与对手叫板。从一年前的 65 nm 到今天的 28 nm,由于门延时早已不再是速度性能提升的瓶颈,所以用户能够感受到的变化只是器件密度的提高和单位成本的下降。除此以外,只能说厂商绞尽脑汁地优化器件架构和改善开发工具性能成为了另一道可供观赏的风景线。

无独有偶,Xilinx 和 Altera 都纷纷加快推出了内嵌硬核 CPU 的 FPGA 器件。FPGA＋CPU 的解决方案并不稀奇,早在 5 年前就被提出并付诸实践,Xilinx 和 Altera 也一直在致力于自己的软核 CPU 的推进,但市场反应显然没有达到预期。穷则思变,Xilinx 顺应市场需求,率先于 2010 年 4 月发布了集成 ARM Cortex－A9 CPU 和 28 nm FPGA 的可扩展式处理平台(Extensible Processing Platform)架构。时隔不到一年,可扩展处理平台 Zynq－7000 系列又被搬上了前台,Xilinx 的用心良苦可见一斑。Altera 也不示弱,英特尔在 2010 年秋季发布的凌动 E600C 可配置处理器中就集成了 Altera 的 FPGA,并且 Altera 推出的同样集成 Cortex－A9 CPU 的 SoC FPGA 明显是要与 Xilinx 唱对台戏。

厂商的明争暗斗不是咱们这些芯片级的"小喽啰们"真正关心和在意的,我们更多的是需要去探讨和思索这种新的开发平台是否真能满足我们的客户日益增长的"物质文化"需求。我们也不禁会问:FPGA＋CPU 的集成架构到底是顺应了历史发展的趋势,还是仅仅昙花一现转眼即逝?

如图 5.26 所示,一个比较简化的传统嵌入式系统如左图,单片集成了 CPU 的 FPGA 架构则如右图。单从硬件架构层面来看,好像没有太大的花头,仅仅只是二合一而已。但是真正做过系统开发的工程师都知道,这个二合一所带来的不仅是 Bom 和 Layout 的简化,更多的利好是我们肉眼看不到的软硬件底层衔接的优化、无形之中的灵活性以及潜在的性能提升。

这里可以罗列出基于 FPGA 的 CPU 集成带来的一些潜在优势:

● 更易于满足大多数系统的功能性需求;

● 潜在地改善了系统的性能;

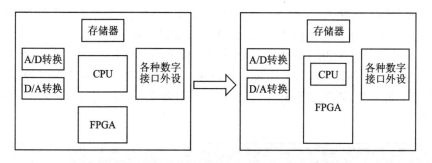

图 5.26 CPU 和 FPGA 器件从分立到集成的转换

- 在某些应用中的灵活性和可升级性大大提高;
- 处理器到外设的接口能够得到优化;
- 软硬件互联的接口性能获得极大的提升;
- 有利于设计的重用和新设计的快速成型;
- 简化单芯片甚至整板的 PCB 布局布线。

FPGA＋CPU 的单片集成相较于传统应用的优势可见一斑,但从另一个角度看,正如 CPU 从单核到多核演进着延续着摩尔定律的"魔咒",FPGA＋CPU 的强势出击更像是并行处理在嵌入式应用的大行其道。

延续 Xilinx 和 Altera 一贯的作风,在它们嵌入 CPU 的 FPGA 器件上都不约而同地选择了性能出色的 ARM Cortex-A9 内核,可见它们目前瞄准的市场趋向于中高端应用客户。而在低端方面,即便是网络爆炸的时代,默默无闻的 Capital-Micro 依然不为广大工程师们所熟知,但它们辛勤耕耘的可重构系统芯片(CSoC,Configurable SoC)却能够悄然无声地在中低端的市场应用中杀出一片血路。值得一提的是,这是一家地地道道的中国本土 FPGA 厂商,相信说到这里就能够让很多读者欣喜和好奇,那么接下来会把目光转向低端应用,把篇幅留给本土的 FPGA 新贵。

有意思的是从 1971 年 Intel 的第一片 4 位处理器问世至 2011 年恰好 40 个年头,虽然嵌入式行业经历了可谓是翻天覆地的巨变,但即便你认为它是"土得掉牙"却简单实用的 8 位 MCS-51 单片机却依然独树一帜,尤其是在国内的整个工控行业中还是有着很强的生命力。从 2005 年成立至今,Capital-Micro 脚踏实地,先是不声不响地收购了某 8051 设计公司,在此基础之上先后推出了 Astro 和 Astro Ⅱ 两代 CSoC。另外值得一提的是,其内嵌的 8051 在两代器件上分别可以稳定地运行到 100 MHz 和 150 MHz。虽然 FPGA 制造工艺还处于 0.13 μm,大大制约了逻辑性能,但目前的这两代产品至少可以满足包括步进电机控制、LCD 驱动控制、接口扩展、LED 控制卡、微型打印机在内的工业应用需求。

从器件的内部架构上看,如图 5.27 所示,Astro Ⅱ 中不仅有同类产品中堪称性能"卓越"的 8051 硬核,也集成了一些常见的外设,如定时器、看门狗、UART、I²C 和 SPI 等。当然,8051 的程序启动也完全采取了类似很多 ARM 的直接映射(Fully

Shadowed)方式,确保读/写缓慢的 ROM 不再成为制约 CPU 性能的"杀手锏"。而 8051 与 FPGA 的互联方面,不仅可以使用 8051 的 EMIF 寻址(23 位宽可寻址地址 总线),4K×8 bit 的 DPRAM 也是高速数据传输的不错选择,并且在这些互联接口 上都已经固化好了同步逻辑,无须设计者费神。此外,从最廉价的晶体时钟支持,到 I/O 数量的最大化,再到其平易近人的价格,无不向我们展示着这款国产芯片的"经 济适用"。

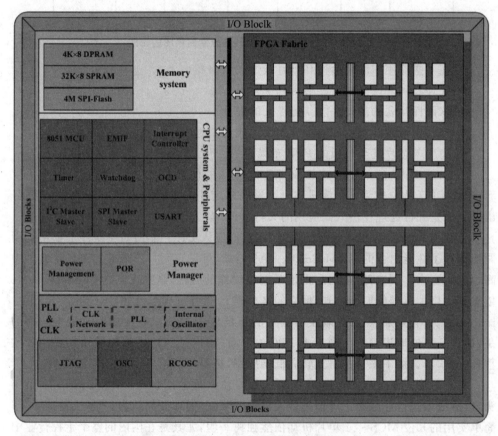

图 5.27 Astro Ⅱ 器件内部架构

总而言之,无论是 Xilinx 还是 Altera,或是"横空出世"的 Capital - Micro,它们 所力推的全新单片集成器件,无不预示着 FPGA+CPU 的并行处理架构将在嵌入式 应用中开辟出一片崭新的天地。在这个单片性能提升即将迈入极限的深亚纳米时 代,灵活多变的 FPGA 凭借其独有的并行性,必将助力传统 CPU 的性能再次迈向新 的高度。

笔记 16

实践应用技巧

一、被综合掉的寄存器

记得之前遇到过一个很蹊跷的仿真问题，见笔者的博文"Altera 调用 ModelSim 仿真奇怪的复位问题"。这次也遇上了一个很类似的问题，但是发现了根本原因之所在。

问题是这样的，一个被测试的工程包含如下的一段代码：

```
//色彩信号产生
reg[23:0] vga_rgb；      // 色彩显示寄存器
always @ (posedge clk or negedge rst_n)  begin
    if(!rst_n) vga_rgb<= 24'd0；
    else if(!valid) vga_rgb<= 24'd0；
    else vga_rgb<= 24'hff_00_ff；
end
//r,g,b控制液晶屏颜色显示
assign lcd_r = vga_rgb[23:16]；
assign lcd_g = vga_rgb[15:8]；
assign lcd_b = vga_rgb[7:0]；
```

很明显，这段代码里的 vga_rgb 寄存器的位 15～8 是不变的，始终为 0。而这样的代码在仿真时，vga_rgb 的值却出现了一些意外，如图 5.28 所示。

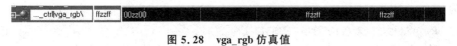

图 5.28　vga_rgb 仿真值

在代码中，寄存器 vga_rgb 的位 15～8 虽然始终保持低电平，但是仿真结果却是高阻态。为什么呢？回头看看综合报告，如图 5.29 所示。

vga_rgb[15：8]被综合掉了，即所谓 removed registers，所以这个 8 位寄存器不存在了，仿真时也就只能以 8'hzz 代替了。若将代码改成：

	Registers Removed During Synthesis	
	Register name	Reason for Removal
1	vga_ctrl:vga_ctrl|vga_rgb[8..15]	Stuck at GND due to stuck port data_in
2	Total Number of Removed Registers = 8	

图 5.29　综合报告

```
// 色彩信号产生
reg[23:0] vga_rgb;        // 色彩显示寄存器
always @ (posedge clk or negedge rst_n)   begin
    if(!rst_n) vga_rgb <= 24'd0;
    else if(!valid) vga_rgb <= 24'd0;
    else vga_rgb <= 24'hff_ff_ff;
end
//r,g,b 控制液晶屏颜色显示
assign lcd_r = vga_rgb[23:16];
assign lcd_g = vga_rgb[15:8];
assign lcd_b = vga_rgb[7:0];
```

这样 vga_rgb 的所有 24 个寄存器都可能出现变化，也就不会被综合掉，那仿真后是否正常呢？图 5.30 得到预期的结果。因此，在代码中如果是从始至终没有变化的信号值很可能让"智能"的综合工具优化了。

图 5.30　修改后 vga_rgb 仿真值

二、Verilog 中宏定义位宽带来的问题

宏定义在 C 语言中的使用司空见惯，它的好处就在于可以大大提高代码的可读性和可移植性。Verilog 中也支持这个语法，在很多开源代码中都能看到 'define 的身影。但是它的使用和 C 语言可不完全一样，很多时候需要非常小心和谨慎。其中最可能让设计者犯错的就是它的位宽问题。笔者就吃过这个亏，因此有必要在此专门撰文讨论一下，不仅给自己提个醒，也希望读者少走弯路。

先简单复习一下 define 在 Verilog 基本语法书中的一些定义和简单的使用说明。

宏定义 'define：用一个指定的标识符（即名字）来代表一个字符串，它的一般形式为：

'define 标识符（宏名）字符串（宏内容）

例如，'define signal string，它的作用是指定用标识符 signal 来代替 string 这个字符串，在编译预处理时，把代码中在该命令以后所有的 signal 都替换成 string。这种方法使设计者能以一个简单的名字代替一个长的字符串，也可以用一个有含义的名字来代替没有含义的数字和符号，因此把这个标识符（名字）称为"宏名"，在编译预处理时将宏名替换成字符串的过程称为"宏展开"。'define 是宏定义命令。

例：

```
'define P_SIZE 8
reg['P_SIZE:1] r_data;          //相当于定义寄存器 reg[8:1] r_data;
```

下面拿一个简单的实例来说明 define 使用时容易遇到的典型位宽问题。

【工程实例 note16_prj001】

```
module vlg_design(
    input          i_clk,
    input          i_rst_n,
    input[9:0]     i_addr,
    output[9:0]    o_addr
);
'define P_PAGES    800
'define P_PAGE1    'P_PAGES/4
'define P_PAGE2    'P_PAGE1 * 2
'define P_PAGE3    'P_PAGE1 * 3
reg[11:0] r_addr;
always @(posedge i_clk) begin
    if(!i_rst_n) r_addr <= 12'd0;
    else if((i_addr[9:0] >= 10'd0) && (i_addr[9:0] < 'P_PAGE1))
        r_addr <= {2'b00,i_addr[9:0]};
    else if((i_addr[9:0] >= 'P_PAGE1) && (i_addr[9:0] < 'P_PAGE2))
        r_addr <= {2'b01,i_addr[9:0] - 'P_PAGE1};
    else if((i_addr[9:0] >= 'P_PAGE2) && (i_addr[9:0] < 'P_PAGE3))
        r_addr <= {2'b10,i_addr[9:0] - 'P_PAGE2};
    else r_addr <= {2'b11,i_addr[9:0] - 'P_PAGE3};
end
assign o_addr = {r_addr[11:10],r_addr[7:0]};
endmodule
```

上面一段代码希望实现的功能是：对输入地址总线 i_addr[9:0]进行译码，当它的值比 'P_PAGE1 小（肯定比 256 小）时，i_addr[9:0]直接赋值 r_addr[9:0]，并且此时的 r_addr[9:8] = 2'b00；当它的值大等于 ' P_PAGE1 且小于 'P_PAGE2 时，i_addr[9:0] - 'P_PAGE1 的值（肯定比 256 小）赋给 r_addr[7:0]，并且此时的 r_addr[9:8] == 2'b01；依此类推。

写一段简单的测试脚本，分别依次输入 i_addr = 55/255/455/655，预计的输出应该是 55/(55+256)/(55+512)/(55+768)，即 55/311/567/823。波形如图 5.31 所示，得到的结果 o_addr 却都是 55，很显然没有达到既定的期望。

图 5.31　错误的仿真波形

那么是谁在"作怪"？很显然，是位宽。再返回源代码，其实在综合的时候给出了 3 条如下警告：

```
Warning (10230): Verilog HDL assignment warning atvlg_design.v(39): truncated value
with size 34 to match size of target (22)
Warning (10230): Verilog HDL assignment warning atvlg_design.v(40): truncated value
with size 34 to match size of target (24)
Warning (10230): Verilog HDL assignment warning atvlg_design.v(41): truncated value
with size 34 to match size of target (26)
```

分别指前面 always 中的 3 个 else if/else if/else 语句。问题也就是出在这里，因为通常定义的宏参数都是 32 位的常量（也可能是 64 位的，和运行的 PC 有关），哪怕是定义了这个宏参数的位宽。P_PAGES 是 32 位的常量，而后面的几个宏参数都是由 P_PAGES 运算得到，也是 32 位常量。运算式（i_addr[9:0] - 'P_PAGE1）的结果当然也就是 32 位宽，它前面再补 2 位，那么整个运算结果就是 34 位宽，因此给出了 Warning 说式子左侧的 12 位寄存器和右边的 34 位结果位宽不符合。那么，这也就容易明白为什么仿真得出的结果中，原本译码的最高两位赋值始终为 0 不变了。

针对这个例子，可以对源代码做如下修改：

【工程实例 note16_prj002】

```
module vlg_design(
    input           i_clk,
    input           i_rst_n,
    input[9:0]      i_addr,
    output[9:0]     o_addr
);
'define P_PAGES800
'define P_PAGE1'P_PAGES/4
'define P_PAGE2'P_PAGE1 * 2
'define P_PAGE3'P_PAGE1 * 3
reg[11:0] r_addr;
always @(posedge i_clk) begin
    if(!i_rst_n) r_addr <= 12'd0;
    else if((i_addr[9:0] >= 10'd0) && (i_addr[9:0] < 'P_PAGE1))
        r_addr <= {2'b00,i_addr[9:0]};
    else if((i_addr[9:0] >= 'P_PAGE1) && (i_addr[9:0] < 'P_PAGE2)) begin
        r_addr[9:0] <= i_addr[9:0] - 'P_PAGE1;
        r_addr[11:10] <= 2'b01;
    end
    else if((i_addr[9:0] >= 'P_PAGE2) && (i_addr[9:0] < 'P_PAGE3))  begin
        r_addr[9:0] <= i_addr[9:0] - 'P_PAGE2;
        r_addr[11:10] <= 2'b10;
    end
    else   begin
        r_addr[9:0] <= i_addr[9:0] - 'P_PAGE3;
```

```
        r_addr[11:10] <= 2'b11;
    end
end
assign o_addr = {r_addr[11:10],r_addr[7:0]};
endmodule
```

重新仿真后的结果如图 5.32 所示,达到了设计要求。

图 5.32 正确的仿真波形

这样做不会产生任何 Warning,其实很多时候使用 parameter 能够达到和 'define 一样的效果。通常建议这个实例做如下的修改:

```
module vlg_design(
    input         i_clk,
    input         i_rst_n,
    input[9:0]    i_addr,
    output[9:0]   o_addr
);
localparam P_PAGES = 10'd800;
localparam P_PAGE1 = P_PAGES / 4;
localparam P_PAGE2 = P_PAGE1 * 2;
localparam P_PAGE3 = P_PAGE1 * 3;
reg[11:0] r_addr;
always @(posedge i_clk) begin
    if(!i_rst_n) r_addr <= 12'd0;
    else if((i_addr[9:0] >= 10'd0) && (i_addr[9:0] < P_PAGE1))
        r_addr <= {2'b00,i_addr[9:0]};
    else if((i_addr[9:0] >= P_PAGE1) && (i_addr[9:0] < P_PAGE2)) begin
        r_addr[9:0] <= i_addr[9:0] - P_PAGE1;
        r_addr[11:10] <= 2'b01;
    end
    else if((i_addr[9:0] >= P_PAGE2) && (i_addr[9:0] < P_PAGE3)) begin
        r_addr[9:0] <= i_addr[9:0] - P_PAGE2;
        r_addr[11:10] <= 2'b10;
    end
    else  begin
        r_addr[9:0] <= i_addr[9:0] - P_PAGE3;
        r_addr[11:10] <= 2'b11;
    end
end
assign o_addr = {r_addr[11:10],r_addr[7:0]};
endmodule
```

三、Verilog 代码可移植性设计

1. 参数定义

localparam 实例代码如下：

```
module m_counter (
i_clk, i_rst_n, o_cnt
);
input i_clk;
input i_rst_n;
output reg[M:0] o_cnt;
localparam N = 4;
localparam M = N-1;
always @(posedge i_clk) begin
    if(!i_rst_n) o_cnt <= 0;
    else o_cnt <= o_cnt + 1'b1;
end
endmodule
```

其实，localparam 即 local parameter（本地参数定义）。简单说，通常习惯用 parameter 在任何一个源代码文件中进行参数定义，如果不在例化当前代码模块的上层代码中更改这个参数值，那么可以使用 localparam。具体的区别待 parameter 的用法实例后就能明白。

Parameter 的使用实例代码如下：

```
module m_counter #(
    parameter N = 4
    ) (
    i_clk, i_rst_n, o_cnt
);
input i_clk;
input i_rst_n;
output reg[M:0] o_cnt;
localparam M = N-1;
always @(posedge i_clk) begin
    if(!i_rst_n) o_cnt <= 0;
    else o_cnt <= o_cnt + 1'b1;
end
endmodule
```

定义了 parameter 后，在其上层模块中可以用如下的方式传入 parameter 参数进行重新定义，而相应的 localparam 定义是不可以再重定义的。

```
module vlg_design #(
    parameter N = 5;
)(
    input    i_clk,
```

```
    input    i_rst_n,
    output[N-1:0] o_cnt
);
m_counter #(
    .N            (N)
)uut_m_counter(
    .i_clk        (clk),
    .i_rst_n      (i_rst_n),
    .o_cnt        (o_cnt)
);
```

Verilog 设计中习惯将一些常量用 parameter 来申明定义，它的适用范围通常是某个代码模块，或者其相关的上一层模块可对其进行重新申明定义。如果工程中有多个模块要用到同样的子模块，则这个 parameter 就提供了一定的灵活性。

2. 宏定义

从定义方式上看，Verilog 语法中的宏定义和 C 还是略有区别，如 Verilog 中的宏定义如下：

```
`define M5
```

使用该宏定义值时，通常 M 应该表示为 `M。之所以不太提倡滥用宏定义，是因为它不像 parameter 那么"中规中矩"地作用在某几个特定的源代码文件中。一旦 `define 被编译，其在整个编译过程中都有效，只有当遇到 `undef 命令才能使之失效。即它通常会影响工程的其他模块，尤其当多个同样宏名定义时，稍不注意就有可能造成定义的混乱。

3. 条件编译

`ifdef、`else 和 `endif 编译指令用于条件编译，如下所示：

```
`ifdef windows
parameter P_SIZE = 16;
`else
parameter P_SIZE = 32;
`endif
```

在编译过程中，如果已定义了名字为 windows 的文本宏，则选择第一种参数声明；否则，选择第二种参数说明。`else 程序指令对于 `ifdef 指令是可选的。

条件编译其实是很有用的，尤其在代码移植过程中。在工程中，如果编写某段代码逻辑（可能不止一段），而在实际应用中并不需要（或者只是用于调试，或者用于别的工程），通常的做法可能是将该部分逻辑进行注释。而当再次使用这部分代码的时候，一个常见的问题出现了，取消注释的时候可能不记得哪些逻辑是和这个功能块相关并被注释了。因此，这个时候条件编译就派上用场，可以节省时间。

以上提到的 3 种常见参数定义和编译指令，在一个好的工程中应该是频频出现的。毕竟用好它们对于代码的重用（移植）和升级是非常有帮助的。笔者在工作中常常需要重用以前的设计模块,也常常需要将工程移植到新的器件或类似的应用中,遇到过不少恼人的问题,也许只是简单的几个小疏忽,却常常花费很多时间。这都是因为代码的原型设计得不够规范,可重用性考虑欠缺。总结过去遇到的一些常见问题,简单归纳几点心得:

① 工程中一些通用常量的定义多用 parameter,慎用 'define。

② 部分暂时不需要的功能块用 'ifdef 来"注释",用 'define 来开启。

③ 模块的进出信号接口尽量标准化(可以是比较官方的标准化,当然也可以是自定义的"草根"标准化),利于将来复用。

④ 注释要清晰明了,不说废话,即便在一个代码源文件里,也尽量将各不同的功能块代码"隔离"。

⑤ 配套文档和说明必不可少。

⑥ 信号命名尽量"中性"化。比如某模块的时钟输入是 25 MHz,那么可以取个中性的信号名 i_clk,而不需要取 i_clk_25m。这样做的好处是将来移植到时钟输入为 50 MHz 或是其他频率的应用中时,不必再费劲地改 clk_25m 为 clk_50m 了。如果时钟频率是一个重要信息,则最好能在注释中标明频率。

四、存储器实现方式转换

最近在搭建一个系统时遇到了一些问题,使用的 FPGA 器件逻辑资源很充足,而内嵌存储器资源却相当紧张。因此在优化内部 RAM 使用率时,正如本笔记第七节"榨干 FPGA 片上存储资源"所分析的,发现了有些存储器的利用率相当低。如果是自己例化的 RAM/ROM/FIFO,一般配置时会出现"What should the memory block type be?"相应选项,可以是 Auto 也可以是 MnK(如 M4K、M9K 等)。就拿 FIFO 来说,如图 5.33 所示,有这样的选项。

选择 Auto 和 MnK 有区别吗?99% 的时候需要我们去例化的片内存储器 type 会被编译为 MnK,而不可能是 Auto 的另一个选项:LEs。那么首先会问:Auto 到底是如何 Auto 的?有什么基准?其次可能还要问:既然出现了 MnK 的选项,它是 Auto 可能实现的一种方式,那么当要使用 Auto 可能的另一种方式(即逻辑资源)来构建存储器的时候,没有选项,我们又该怎么办?

如图 5.34 所示,笔者的系统中,在查看综合报告里 RAM Summary 时,发现了一些只有 1 024 bit 存储量却占用一整个 M9K 的情况。不到 1/8 的利用率,如果逻辑资源充足则无妨,但存储资源紧张的时候,这是无论如何不可以容忍的,笔者就处在这种尴尬境地之中。因此,上文提到的问题势必要打破砂锅问到底了。

说白了,就是要用逻辑资源换存储资源。在遇到此种情况时,想当然地认为有两种解决办法:其一是实践——到相关存储器配置的页面海找设置选项,也许会发现设置存储器实现 type 的选项;其二是理论——还是要海找,用关键词去搜 Handbook,也许能够找到解决方案。

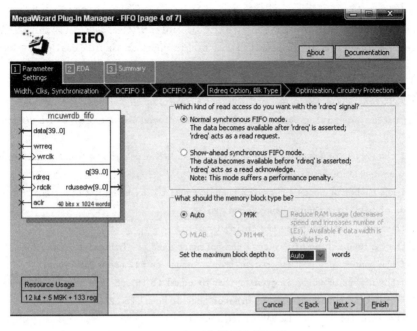

图 5.33　FIFO 存储器配置页面

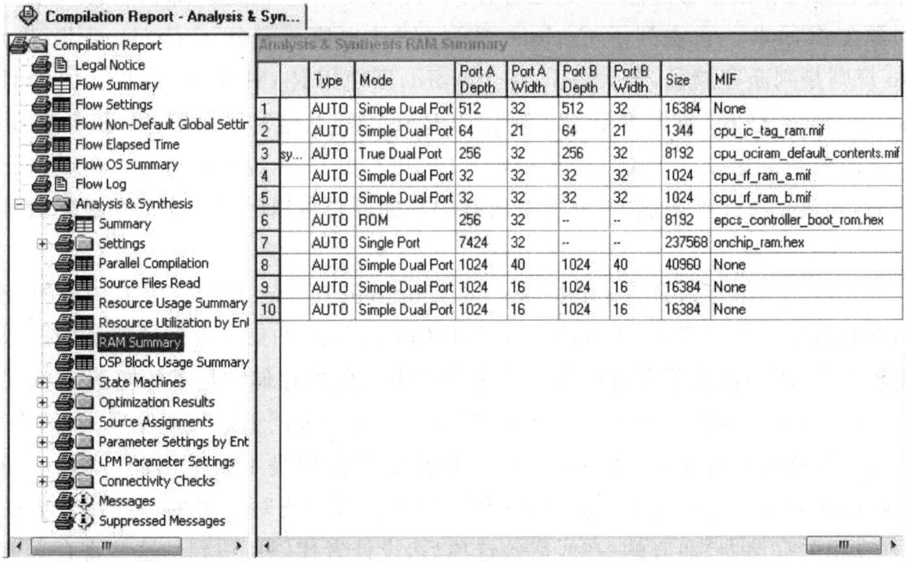

图 5.34　RAM 资源使用报告

在 Handbook 中找到一个 RAM to Logic Cell Conversion 的选项设置。Hand-book 中对 RAM to Logic Cell Conversion(下面再说它是干什么用的,这里先理解一下)的说明如下:

The Auto RAM to Logic Cell Conversion option allows the Quartus II integrated synthesis to convert RAM blocks that are small in size to logic cells if the logic cell implementation is deemed to give better quality of results. Only single-port or simple-dual port RAMs with no initialization files can be converted to logic cells. This option is off by default. You can set this option globally or apply it to individual RAM nodes.

For FLEX 10K, APEX, Arria GX, and the Stratix series of devices, the software uses the following rules to determine whether a RAM should be placed in logic cells or a dedicated RAM block:

- If the number of words is less than 16, use a RAM block if the total number of bits is greater than or equal to 64.
- If the number of words is greater than or equal to 16, use a RAM block if the total number of bits is greater than or equal to 32.
- Otherwise, implement the RAM in logic cells.

For the Cyclone series of devices, the software uses the following rules:

- If the number of words is greater than or equal to 64, use a RAM block.
- If the number of words is greater than or equal to 16 and less than 64, use a RAM block if the total number of bits is greater than or equal to 128.
- Otherwise, implement the RAM in logic cells.

看完这些内容，其实两个问题我们都解决了。当然如果你对软件不够熟悉，对这段介绍所处的背景不够熟悉，那么也许你只明白了第一个问题。那么再说一下第一个问题怎么回事。它说到了 Cyclone 系列（估计也应该包括了 Cyclone Ⅱ/Ⅲ）的 Auto 规则是判断存储量，若大等于 64 个 word，则使用 RAM 块；若大等于 16 个且小于 64 个 word、总 bit 数大等于 128，则使用 RAM 块，其他时候使用逻辑资源实现。

下面来解决第二个问题，做 RAM to Logic Cell Conversion 约束。在做这个约束之前，其实是有一些限制的，并不是所有的存储器都可以随意地实现用逻辑资源代替 RAM 块。

首先，在 Fitter 后，只有 single-port 或 simple-dual port RAMs 并且没有被初始化的存储器才可以实现 RAM to Logic Cell Conversion 约束。看到这句话的时候笔者比较伤心，因为回头看看自己期望优化的占用率低的存储器居然恰好没有满足条件。其次，这个功能有一个大大的背景，笔者绕了好久也试了好久才发现。

这个功能其实对于在 Megawizard 中例化的存储器是不太适用的，或者确切地说转换的对象不是针对这类存储器，它是针对设计者代码写出来的一些比较大的寄存器（或相关存储器）而言的；在开启该选项后，设计者代码所用到的这些寄存器就会遵循上文所述的规则来决定是用逻辑资源实现还是嵌入式存储器实现。

通常可以通过 Fitter 报告里的 RAM Summary 来了解设计实现的存储器情况，如图 5.35 所示，这里看到 Location 选项里罗列出了每个存储器所使用的具体的 M9K 块名称。

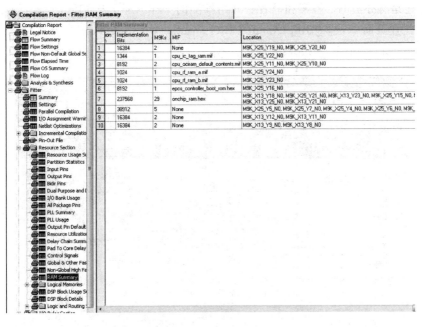

图 5.35　Fitter 报告中的 RAM Summary

如果用前面说到的代码综合成的嵌入式存储块占用的情况,那么可以右击相应的存储器名称,然后选择 Location→Location In Assignment Edit,进入如图 5.36 所示的 Assignment 约束窗口,Assignment Name 一栏选择 Auto RAM to Logic Cell Conversion。

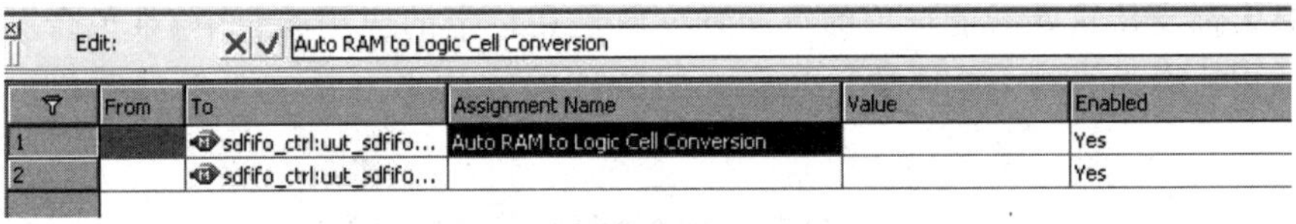

图 5.36　RAM 转换设置页面

保存设置后,重新 Fitter。Fitter 完毕,首先会发现资源占用率提高了,多使用了一些 LEs。其次,再看 Fitter 报告里的 RAM Summary 时,之前被约束的存储器不见了。当然,这些可能情况必须是在我们所约束的存储器满足特定条件的情况下。

除此以外,关于内部代码综合成片内存储器的相关选项还有 Auto ROM Replacement、Auto RAM Replacement 等,在 RAM Style and ROM Style–for Inferred Memory 小节中也介绍了使用代码注释的方式来强制约束综合的结果。感兴趣的读者也可以自己到 Handbook 中搜索一下。

回到 Megawizard 中例化的存储器上来,如果非要它们也完全使用逻辑资源来实现也还是有办法的。答案和笔者一开始推测的一样。还是拿 FIFO 来说,如图 5.37 所示的配置页面中,选中 Implement FIFO storage with logic cells only, even if the device contains memory blocks. 即可。

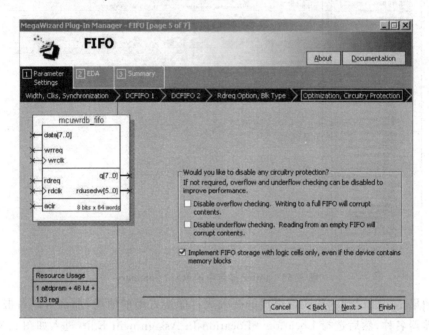

图 5.37　FIFO 优化配置页面

到底是使用逻辑资源实现还是嵌入式存储块实现,其实本不存在问题,如今的开发工具大都支持这些智能选项的重配置。但是在特定的应用场合中,难免会有一些特殊的用法牵涉其中,这时候就要有一些特殊的方式来重新改变工具默认的处理方法。

五、关于 MAX Ⅱ 上电和复位的一点讨论

在使用 MAX Ⅱ 的过程中出现了一些状况,这些状况也往往发生在上电伊始。因此,笔者特别花心思好好研究了一下 MAX Ⅱ 的上电过程和简单的 RC 复位。当然,最终问题的解决其实和本节要说的上电过程和复位并没有什么关系,但仍然不妨碍好好地梳理一下这些看似简单却又非常基础的知识点。

首先来说 MAX Ⅱ 的上电过程,在 Handbook 中已有较详细的说明。如图 5.38 所示,在 V_{CCINT} 从 0 V 不断上升的过程中,一旦迈过 1.7 V 的阈值电压后,MAX Ⅱ 内部便开始进行逻辑的配置,大约需要 t_{CONFIG} 时间,这个时间长短取决于逻辑资源多少。t_{CONFIG} 时间内对外 I/O 的状态也是可以通过 Quartus Ⅱ 选项进行配置的,在这个时间后,器件便进入正常的用户模式。

对于前面提到的 t_{CONFIG} 时间,不同逻辑资源的器件稍有区别,如表 5.1 所列。

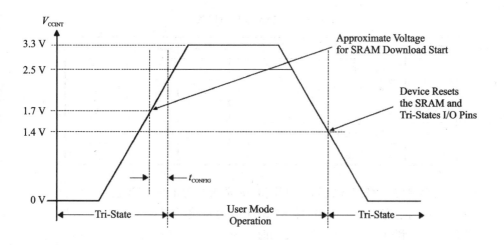

图 5.38   MAX Ⅱ 器件上电时序

表 5.1   MAX Ⅱ 上电延时时间表

器　件	符　号	性　能	Min	Typ	Max	单　位
EPM240	t_{CONFIG}	The amount of time from when minimum V_{CCINT} is reached until the device enters user mode	—	—	200	μs
EPM570			—	—	300	μs
EPM1270			—	—	300	μs
EPM2210			—	—	450	μs

接下来要讨论复位的问题,原文在图 5.38 的下方有一段注释:

After SRAM configuration, all registers in the device are cleared and released into user function before I/O tri－states are released. To release clears after tri－states are released, use the DEV_CLRn pin option. To hold the tri－states beyond the power－up configuration time, use the DEV_OE pin option.

简单地说,在 CPLD 内部配置完成后,所有寄存器通常处于清零状态,I/O 脚进入用户模式。而用户如果希望这时候内部各个寄存器的状态处于可控或者特定的状态(尤其当其值不一定是清零的状态),那么用户可以使用器件提供的专用引脚 DEV_CLRn 或 DEV_OE 来达到所期望的效果。一般而言,使用其他的 I/O(当然最好是全局时钟输入引脚)作为内部复位引脚也没问题,反正是通过在 t_{CONFIG} 时间过后的一段初始时间内继续使器件处于复位或者期望的状态即可。这里也只讨论复位的状况,如表 5.2 所列,MAX Ⅱ 的 3.3 V LVTTL 电平的输入高电平也是＞1.7 V。

一个最简单的低电平复位电路如图 5.39 所示。

这个电路在上电初始过程中,可以延缓 SYS_RST 信号电压从 DGND 突变到 VCC3.3。其延时时间的计算方法如下:

V_0 为电容上的初始电压值,初上电时通常该电压值为 0 V。

表 5.2　MAX Ⅱ 电气特性

符　号	性　能	条　件	Min	Max	单　位
V_{CCIO}	I/O 电压	—	3.0	3.6	V
V_{IH}	输入高电压	—	1.7	4.0	V
V_{IL}	输入低电压	—	−0.5	0.8	V
V_{OH}	输出高电压	$I_{OH} = -4\ \text{mA}$	2.4	—	V
V_{OL}	输出低电压	$I_{OL} = 4\ \text{mA}$	—	0.45	V

V_1 为电容最终可充到或放到的电压值,通常为电源电压 VCC。

V_t 为 t 时刻电容上的电压值,即 RESET 信号的电压值。

则从 t_0 时刻到电压到达 V_t 所需要的时间为: $t = RC \times \text{Ln}[(V_1 - V_0)/(V_1 - V_t)]$。

笔者也简单地对公示做了一些验证。这里取 $C = 1\ \mu\text{F}$, $R = 10\ \text{k}\Omega$, $V_0 = 0$。$V_1 = \text{VCC}$, $V_t = 1.7\ \text{V}$,那么计算到的延时值约为 7.24 ms。而实际检测到的波形如图 5.40 所示,约为 7.25 ms,和理论值很接近。

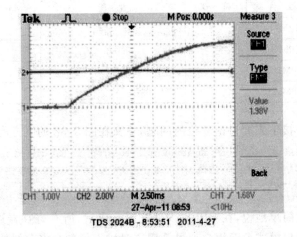

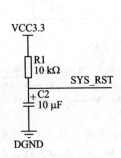

图 5.39　RC 复位电路　　　　　图 5.40　复位信号波形

相关链接:

《单片机复位电路的可靠性设计》:http://blog.21ic.com/user1/4211/archives/2009/62500.html。

《RC 电路瞬时电压在线计算器》:http://www.838dz.com/calculator/1889.html。

MAX Ⅱ 相关资料:http://www.altera.com.cn/products/devices/cpld/max2/mx2 − index.jsp。

笔记 17

板级调试

一、复用引脚，陷阱多多

　　曾经有一个项目使笔者郁闷了两天，终于在决定放弃前发现了问题，就出在想当然地以为不会有问题的复用引脚上。

　　一个简简单单的 TFT，本以为是个小 case，代码到仿真个把小时的事情，到搭起来的简陋调试板上一试，不亮，什么问题？当然代码不可能一次 OK，所以回头找问题，最后总算能够在上下电的瞬间看到自己测试用的色彩了，但是只有那么短暂的瞬间。其实大多问题出在简陋的板子上，又折腾了一番，情况稍微好了一些，测试色彩出来了，但是时序明显不稳定，不停地有杂色掺杂进来一闪一闪的。一直以为有可能是没用上 DE 信号配合 HSY/VSY 使用，但是 datasheet 上明白地写着可以使用不带 DE 信号的 HSY 模式。最后板子都快用烙铁捣鼓烂了，实在很无奈。静下心来发现有时代码下载进去后蜂鸣器跟着乱叫，那么一定是有地方短路了，这是第一反应，也绝对不是 VCC 和 GND，这是可以肯定的。很有可能是 I/O 口什么地方短路了，于是再一次细心地搜寻，结果发现了 CPLD 上接 LCD_CLK 的 I/O 口似乎和 GND 短路了，并且这个 I/O 口原来是 BJ－EPM 板子上与一个在 SN74LS4245 上定义为 D0 的接口相连的，而这个接口以前不用，焊接好了也没有测试过，原来是它和 GND 之间短路了。

　　解决了这个问题之后再试，发现问题似乎依旧，那又是为什么呢？忽然想起某天和同事讨论设计 DSP 的 5 V 到 3.3 V 外设扩展总线接口时使用 74ALVC164245APW（下文简称 4245）的问题。这个 4245 很值得注意，DIR 接高电平时代表着一个方向，接低电平时代表着另一个方向。对于该 CPLD，不用 4245 时会给 DIR 一个高阻态，那么它的 D0 会是什么状态？笔者也没有深究，即使这里搞懂了是什么状态，换了别的厂家的 4245 也不一定是一个固定的状态。问题肯定就在这个与 4245 复用的 LCD 时钟信号上了，用不起咱还躲不起啊，换！问题解决，在画板之前终于搞定了这个真彩屏。

复用引脚,一定要小心,希望使用 BJ – EPM 的扩展接口挪为他用的朋友引以为戒。

二、EPCS 芯片的信号完整性问题

问题是针对 Cyclone Ⅲ EP3C 系列(之所以不提具体型号,因为问题是共性的),笔者在使用 Cyclone Ⅱ 系列器件时不会出现 EPCS 控制器下载的下述问题。

SOPC 系统中添加 EPCS 控制器组件,在 flash programmer 中同时烧录. elf 和. sof 到 EPCS 中。通过 JTAG 接口进行烧录。遇到的问题和 ourdev 论坛讨论得热火朝天的"被 Cyclone Ⅲ 搞得死去活来"(http://www. ourdev. cn/bbs/bbs_content_all. jsp? bbs_sn=3928335)一贴基本一样。也难为"缺氧小弟"了,大半年了问题依然没有得到很好地解决。不过笔者也折腾了两个多月,这次不得不解决此问题了,所以一番理论→实践→理论,最后的测试找到了主要问题。

由于 Cyclone Ⅲ 器件的 EPCS 控制器不像 Cyclone Ⅱ 一样自动分配引脚,需要用户手动分配一下。因此,当遇到数次下载不成功的时候,笔者首先怀疑的是 EPCS 控制器输出的几个引脚的时序出问题了,于是做了一些比较紧的时序约束。虽然众多资料中没有找到很明确地阐述 Cyclone Ⅲ 器件的 EPCS 引脚时序关系,但是后来翻看时序图和实际引脚(主要是 data 和 dclk 引脚)的输出波形,发现它们存在问题的可能性不大。另外,笔者还特意测试了 EPCS 控制器组件不同的驱动时钟频率下的 dclk 信号波形,如表 5.3 所列。

表 5.3　EPCS 控制器的驱动时钟频率与实际 EPCS 芯片驱动时钟频率的关系

EPCS 控制器的驱动时钟频率/MHz	EPCS 芯片驱动时钟频率
100	60 ns(16. 7 MHz)
50	80 ns(12. 5 MHz)
25	80 ns(12. 5 MHz)
5	200 ns(5 MHz)

当笔者以为是时序出问题的时候,时序约束可能也不太有根据,只是想当然地添加。但是逐渐地降低时钟 dclk 的频率后,问题仍然没有太多改善。于是,时序问题的可能性需要先被排除了。

但是,笔者很意外地发现,下载期间用示波器探头触碰 EPCS 芯片的 data 和 dclk 引脚,下载成功率很高。*AN523: Cyclone Ⅲ Configuration Interface Guidelines with EPCS Devices* 里面提到的一些需要注意的设计要点中,尤其是 Board Design Constraints and Analysis 一节提到的几个点非常有用。General Board Design Constraints 里面提到了走线长度不要超过 10 inch、dclk 负载电容不可太大等问题好像都不存在笔者的板子上。而 Signal Integrity Concerns 里做了一些有或无终端匹配电阻的测试,结合笔者之前遇到的示波器探头的事情,感觉这里面很有"玄机"。

接着,笔者专门拿一块板子来做烧录测试。当时的考虑是这样的:有一块母板,一块子板,母板上除了供电和 FPGA 芯片外,配置芯片 EPCS 不焊接,而是把 EPCS 芯片的引脚全部引出到子板的芯片插座上。其实开始这么做只是想便于后面在 dclk 和 data 脚上添加匹配电阻。但是没想到在不加匹配电阻的时候,每次下载都是成功的。这时基本不用怀疑了,可以大胆推测 4 个传输信号的飞线有着很好的阻抗匹配效果,而之前示波器探头也客串了一回"终端匹配者"的角色(示波器通常有一定的寄生电容,相当于在被测试端并联了一个 10 pF 左右的电容)。

最后,笔者为了完全确认这个设想。索性拿掉子板,母板上直接焊接芯片,恢复原来出问题的状况。重新烧录基本很难成功。于是,如图 5.41 所示,在 EPCS 芯片的 2 脚(data)和 6 脚(dclk)与焊盘之间分别"飞"了一个 33 Ω 的电阻(推荐是 25 Ω)。

图 5.41　EPCS 引脚串入电阻

如此这般之后,再次体会到了"屡试不爽"的感觉。问题真出在这里。以往从来都对信号终端的过冲"睁一只眼闭一只眼",这回是"领教"它的厉害了。

最后,将有或无匹配电阻的 dclk 和 data 采样波形"展示"一下。笔者坚信,示波器也许无法原汁原味地采样到实际电路的波形(探头常常也扮演着"匹配电阻"的角色),但是下面的波形至少也是可以说明问题的。

图 5.42～图 5.45 分别为 dclk 无匹配电阻采样波形、dclk 加 33R 匹配电阻采样波形、data 无匹配电阻采样波形和 data 加 33R 匹配电阻采样波形。

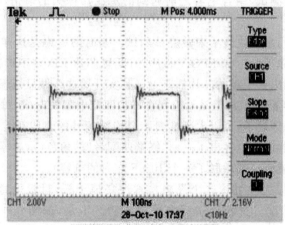

图 5.42　dclk 无匹配电阻采样波形

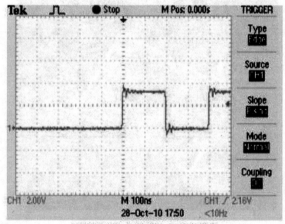

图 5.43　dclk 加 33R 匹配电阻采样波形

三、都是 I/O 弱上拉惹的祸

　　笔者开发的一款液晶驱动器接收 MCU 过来的指令和数据进行图像显示,其使用了一片可编程(带使能和 PWM 调节控制)的背光芯片。在 CPLD 设计中,上电复位状态将背光使能拉低(关闭),直到 MCU 端发送显示指令后才会将背光使能拉高(开启)。

　　遇到的问题是这样:一上电原本背光是关闭的,直到 MCU 发出指令后才会开启,但是一上电(按下开关),背光闪烁了一下。效果就像闪光灯一样,也就是说,上电

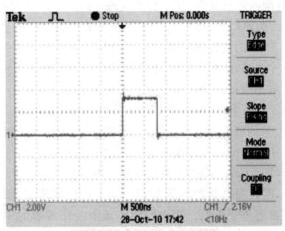

图 5.44　data 无匹配电阻采样波形

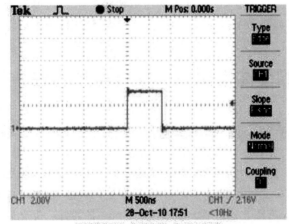

图 5.45　data 加 33R 匹配电阻采样波形

瞬间,背光开启又关闭。试着改变上电延时启动背光时间以及不同的电路板,发现都会出现类似的问题,由此排除代码设计问题和电路板本身的问题。

　　开始的时候,没有动用示波器,只是以为 CPLD 在上电后复位结束前的这段时间内控制背光使能信号的引脚处于三态,使能引脚对于这个三态(类似悬空)也有可能被开启。因此,猜想在背光芯片的输入端所使用的 10 μF 电容是否太小,如果加大这个电容应该就可以大大延缓背光芯片的输入电压时间,从而即便在复位结束后一段时间内,使能引脚仍然无法正常使能背光。这个想法确实也没有什么问题,于是并了一个 10 μF,效果不是那么明显,再并了一个 100 μF,问题解决了。不过充电长、放电也长,关闭后短时间内若再开启,现象仍然复现,问题搁浅,加大电容不是办法。

　　询问了背光芯片的原厂商,提出了 CPLD 在上电初始是高电平的解释。拿来示波器一看,确实在 CPLD 的复位信号刚刚上升的时候(0.5 V 以下),连接到背光使能的 I/O 脚出现了一个短暂的高脉冲,这个高脉冲维持了大约 250 μs,感觉很蹊跷,为什么复位期间 I/O 脚出现如此的高脉冲呢? 于是再找了另一个 I/O 脚对照,一模一样的波形。然后找了同一个 BANK 的 VCCIO 同时捕获,VCCIO 上升后不久就看到那个 I/O 脚上升,上升的波形也几乎一致。挺纳闷的,为什么 CPLD 在上电初始复位之时 I/O 出现一个短暂的高脉冲呢? 是电路的干扰吗? 不像,于是找来 Altera 的 FAE,一句话解决问题:Altera CPLD 的 I/O 在上电后复位前处于弱上拉状态。也难怪出现这个高电平,而且对背光产生了作用。弱上拉已成事实,那解决的办法有一个,加个下拉,电阻要远小于上拉。而电路原本就有一个推荐的 100 kΩ 下拉电阻。为什么不起作用呢? 而且采样到的高电平还是 3.3 V 呢? 是不是那个弱上拉电阻比 100 kΩ 小得多呢? 不知道,但是换了 10 kΩ 的下拉电阻后问题解决了,无数次开关看不到闪屏现象了。再次采样,I/O 的输出不到 0.33 V,这么看弱上拉该有 100 kΩ 以上吧? 而和下拉电阻 100 kΩ 时计算的压值比较还挺让人摸不着头脑的。这个问题也许是和负载有关吧。不过,让笔者记住了一点,CPLD 上电后复位前的 I/O 处于弱上拉。

四、被忽略的硬件常识——I/O 电气特性

　　上一节中提及了 Altera 的 CPLD 在初始化时引脚通常会处于弱上拉状态。从实际示波器采样来看,就表现在上电初期 I/O 脚会有一个短暂(持续大约几百 μs)的高脉冲。虽然当时遇到的一些闪屏现象在外接一个 10 kΩ 下拉电阻后得到解决,但是近期笔者又遇上"换汤不换药"的类似问题。有了前车之鉴,问题定位很快。用示波器一采样,怪哉,在上电初期居然有 1.68 V 左右的高脉冲,和上回唯一的不同是器件更换了,之前是 MAX Ⅱ 器件,而这次是 Cyclone Ⅲ 器件。那么它们在上电弱上拉的一些细节上又有怎样的不同呢?

　　在同样的 FPGA 外部输出 I/O 脚下拉了 10 kΩ 的电阻,用示波器采样到上电初期也确实有一个瞬间的高脉冲,这个高脉冲维持了 200 ms 左右,而且电压值居然高达 1.68 V。I/O 的电平是标准的 LVTTL,高电平 3.3 V,那么 1.68 V 差不多是减半的样子。由此推断,此时 I/O 脚上的"弱上拉"好像不"弱",应该也在 10 kΩ 左右。推想归推想,笔者将外部下拉的 10 kΩ 换成了 4.7 kΩ,再一测试,闪屏现象虽然有所好转,但还是没有完全根除,抓取到上电初期的高脉冲在 1 V 多一点。从理论上想,1 V 肯定不会被认为是 TTL 的高电平,但是为什么依然出现了高电平而使能背光的现象呢? 翻看 datasheet,在表 5.4 所列的 $V_{\text{LED-ON/OFF}}$ 一行的高低电压参数中,2~5.5 V 被认为是高电平开启背光,而低于 0.8 V 被认为是低电平关闭背光。那么处于 0.8~2 V 的"两不管"地带电平到底又会被认为是开还是关背光呢? 实践告诉我

们,至少 1 V 时是开背光了(当然也许长期的 1 V 电压不会得到稳定的背光开启状态)。所以,再降低外接下拉电阻才可能解决问题。

表 5.4　背光芯片电气特性

符　号	参　数	Min	Typ	Max	单　位	备　注
V_{LED}	输入电压	9	12	20	V	
V_{LED}	输入电流	—	0.25		A	$V_{LED}=12V$,
P_{LED}	消耗功率		3		W	$D_{PWM}=100\%$
$Irush_{LED}$	浪涌电流	—		TBD	A	
V_{PWMDIM}	调光控制高电压	1.5	3.3	5.5	V	
	调光控制低电压	—	—	0.2	V	
F_{PWM}	调光频率	200		30K	Hz	
D_{PWM}	变光周期	1		100	%	
$V_{LED-ON/OFF}$	开启电压	2	3.3	5.5	V	
	关闭电压	—	—	0.8	V	

于是换成了 2 kΩ 的下拉,和预想的一样,此时的上电高脉冲在 0.55 V 左右(满足关闭电压),完全印证了 I/O 引脚内部上拉 10 kΩ 电阻的初步推断。关于上电弱上拉,其实笔者也想到了 JTAG 的 TCK/TMS/TDI 上拉或下拉都用 1 kΩ 电阻,也许与此也有一定的关系。此外,在 Quartus Ⅱ 的引脚约束中有 Weak Pull - Up Resistor 一项,原本以为这个选项可以更改 I/O 引脚上电时的弱上拉开启与否,但是实践证明不是这样,至于具体的用法和功能,笔者也没有在 Handbook 中找到,或许这个选项是用于设置 I/O 正常工作期间内部是否进行弱上拉的。

其实笔者在这里不是要再次强调这个所谓的上电弱上拉,而是想提一下数字电路中的电平标准。也就如标题所示,被忽略的硬件常识,至少笔者近来或者说一直以来都不太关心这个问题。电平标准最常见就是 TTL 和 CMOS,它们的异同优劣读者都很清楚。而前面遇到的问题当中比较有意思的就是 1 V 这样既非高电平又非低电平的"悬浮状态"居然也"被高电平"了。

其实,笔者还遇到了一个被疏忽的背光使能的问题。表 5.5 是一颗升压芯片的部分电气特性,需要关心的是"使能控制输入"中的内容。

表 5.5　升压芯片电气特性

参　数	符　号	测试条件	Min	Typ	Max	单　位
反馈电压调节		$V_{COMP}=1.24\ V$ $2.5\ V<V_{IN}<5.5\ V$	—	0.05	0.15	%/V

参 数	符 号	测试条件	Min	Typ	Max	单 位
MOSFET						
MOSFET 电阻	$R_{DS(ON)}$		—	200	500	mΩ
电流限制			1.2	1.6	—	A
使能控制输入						
最低输入电压	V_{IL}	2.5 V$<V_{IN}<$5.5 V	—		$0.3 \times V_{IN}$	V
最高输入电压	V_{IH}	2.5 V$<V_{IN}<$5.5 V	$0.7 \times V_{IN}$			V

在这个升压电路中,V_{IN} 是 5 V,而使能信号想当然地用 FPGA 的 3.3 V TTL 电平提供(之前有另一颗芯片按这个标准没有问题)。结果可想而知,出现的状况是无负载状态时,升压输出 12 V 很稳定;一旦外接负载,则输出跌落到仅有 6 V 多,最终在表 5.5 的电气特性中才发现问题。被认为是"最高输入电压"的最低电压值应该是 $0.7 \times V_{IN}$,对于这里的电路就是 0.7×5 V=3.5 V,而用 FPGA 的 3.3 V 高电平供给显然还没有"达标",那么不稳定也就理所当然了。

其实,设计中有很多遗漏疏忽的地方,究其根本原因也许不仅是我们看 datasheet 不够认真,而是由于太多先入为主的观念在影响着我们的思维,太多基本的硬件设计常识无形中被忽略了。一个优秀的硬件工程师也许不是不犯错,而是"转"得快。

五、PLL 专用输出引脚带来的反思

Altera 器件的 PLL 输出到引脚的时钟需要使用专用输出引脚。在某个项目中,这个问题在调试 SDRAM 的时候暴露无遗,如图 5.46 和图 5.47 所示,分别是 PLL 输出到 FPGA 外部连接到 SDRAM 的时钟引脚 sdram_clk 分配在非专用引脚和专用引脚时的路径报告。很明显,分配在专用引脚的图 5.47 报告中的路径延时要小很多。

对于笔者使用的 EP2C8Q208 器件,如图 5.48 和图 5.49 所示,47 脚和 48 脚分别为 PLL1 输出专用的差分正(PLL1_OUTp)和负(PLL1_OUTn)时钟引脚。在使用 PLL1 的输入时钟作为外部时钟时,建议设计者使用这两个引脚(器件手册里没有特别提到这两个引脚,但是依照笔者的经验分析,它们应该是作为差分时钟引脚时同时使用的)连接外部器件,如果只是一个输出时钟,那么应该使用 47 脚而非 48 脚。当然,如果尝试使用 48 脚,那么会得到和图 5.46 类似的不甚理想的路径报告。

笔者在笔记 16 第四节分享了"Cyclone 器件全局时钟尽在掌握"的内容,只不过理论分析得"头头是道",却往往在实践中由于粗心犯下低级错误。仔细想想,确实不应该。希望在这一系列的"飞线"项目中多有一些反思,再沉稳一些,再细致一些,对问题考虑得再全面一些。

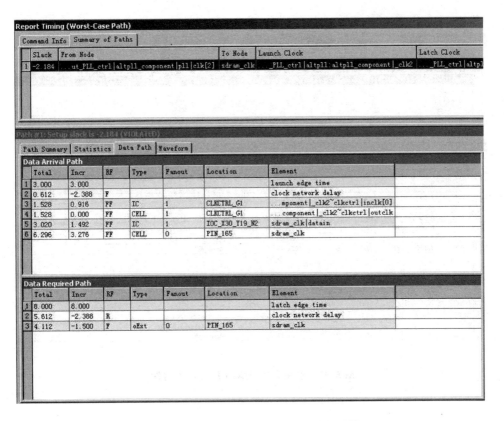

图 5.46　使用非专用引脚的 PLL 输出时钟

六、毛刺滤波的一些方法

在采集一组并行接口信号时发现接收到的数据非常不稳定,用示波器测量几个用于同步的控制信号,发现时不时有毛刺产生。因为这些数据最终都是要显示在液晶屏上的,当示波器同时测量两个同步信号时,液晶屏的显示错位现象得到明显好转。示波器探头测量信号时相当于并联上一个 pF 级的电容,也能够在一定程度上起到滤波的效果,因此可以断定同步信号的毛刺影响了数据的采集。其中一个同步信号如图 5.50 所示,两个有效高脉冲之间有很多毛刺,放大毛刺后如图 5.51 所示,大约维持 10 ns 的高电平。

如何滤除这些毛刺呢? 办法有两个,其一就是用纯粹硬件的办法,在信号进入FPGA 之前进行滤波处理,串个电阻、并个电容都可以。笔者并了一个 20 pF 电容后就能够把这些毛刺彻底滤干净,如图 5.52 所示。

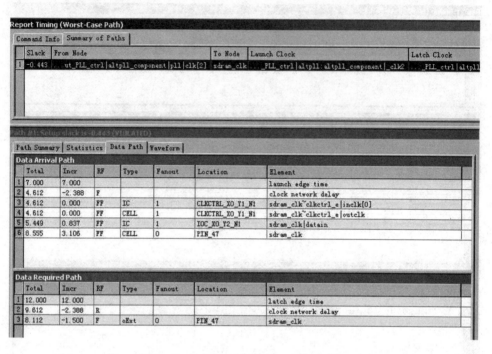

图 5.47　使用专用引脚的 PLL 输出时钟

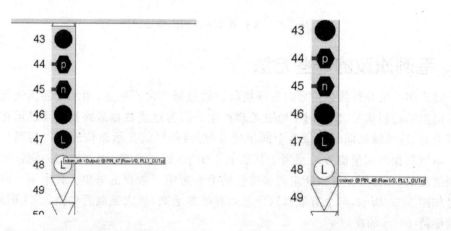

图 5.48　PLL 专用输出时钟差分正引脚　　　图 5.49　PLL 专用输出时钟差分负引脚

　　而还有一种"软"硬件滤波的方法,降低数据采集频率以及脉冲边沿采集法都是很好的办法。这里给出一种脉冲边沿采集的滤波方法。

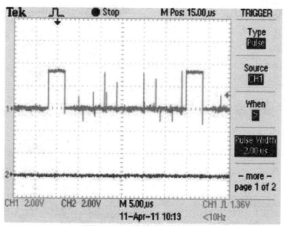

图 5.50　某个同步信号的波形

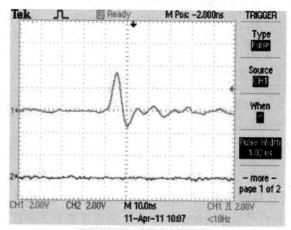

图 5.51　放大的毛刺波形

```
input ain;              //输入信号
reg[3:0] ainr;          //输入信号缓存
//输入信号打 4 拍
always @(posedge clk or negedge rst_n) begin
    if(! rst_n) ainr< = 4'd0;
    else ainr< = {ainr[2:0],ain};
end
//输入信号上升沿检测,高电平有效
wire pos_ain = ~ainr[3] & ~ainr[2] & ainr[1] & ainr[0];
//通常只要两个信号就行,即 wire pos_ain = ~ainr[2] & ainr[1] ;。
```

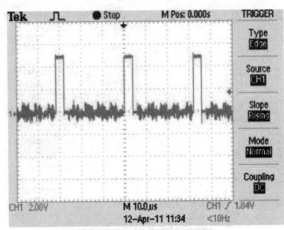

图 5.52　硬件滤波后的波形

```
//这里用了4个信号就是多次采样滤波的效果

//输入信号下降沿检测,高电平有效
wire neg_ain = ainr[3] & ainr[2] & ~ainr[1] & ~ainr[0];
//通常只要两个信号就行,即 wire neg_ain = ainr[2] & ~ainr[1]
//这里用了4个信号就是多次采样滤波的效果

//若该输入信号主要关注其高脉冲,那么可以做以下滤波
//两个信号相与通常可以滤除一个 clk 的毛刺;3 信号相与可以滤除两个 clk 的毛刺
wire high_ain = ainr[1] & ainr[0];

//若该输入信号主要关注其低脉冲,那么可以做以下滤波
wire low_ain = ainr[1] | ainr[0];
```

　　脉冲边沿采集法虽好,但是并非所有的应用都可以采纳此办法,由于必须提供至少 3～4 倍于被采样信号频率的采样时钟,而且采集中会产生几个时钟周期的延时,所以设计者在考量是否可以采用此办法时还是需要多联系实际应用,根据具体情况来定。

七、基于 FPGA 的 LVDS 差分阻抗设计应用实例

1. 差分线的基本阻抗匹配原理

(1) 差分线的阻抗匹配

　　差分线是分布参数系统,因此在设计 PCB 时必须进行阻抗匹配,否则信号将会在阻抗不连续的地方发生反射,信号反射在数字波形上主要表现为上冲、下冲和振铃现象。下式是一个信号的上升沿(幅度为 EG)从驱动端经过差分传输线到接收端的频率响应:

$$V_L = \frac{E_G Z_0}{Z_G + Z_0} \times \frac{H_I(\omega)(\Gamma_L + 1)}{1 - \Gamma_L \Gamma_G H_I^2(\omega)} \tag{5.1}$$

其中,信号源的电动势为 E_G,内阻抗为 Z_G,$H_I(\omega)$ 为传输线的系统函数。Γ_L 和 Γ_G 分别是信号接收端和信号驱动端的反射系数,由以下两式表示(Z_L 为为负载阻抗):

$$\Gamma_L = \frac{Z_L - Z_0}{Z_L + Z_0} \tag{5.2}$$

$$\Gamma_G = \frac{Z_G - Z_0}{Z_G + Z_0} \tag{5.3}$$

由式(5.1)可以看出,传输线上的电压是由从信号源向负载传输的入射波和从负载向信号源传输的反射波的叠加。只要通过阻抗匹配使 Γ_L 和 Γ_G 等于 0,就可以消除信号反射现象。在实际工程应用中,一般只要求 $\Gamma_L = 0$,这是因为只要接收端不发生信号反射,就不会有信号反射回源端并发生源端反射。

由式(5.2)可知,如果 $\Gamma_L = 0$,则必须 $Z_L = Z_0$,即传输线的特性阻抗等于终端负载的电阻值。传输线的特性阻抗可以由有关软件计算出来,它和差分线的线宽、线距及相邻介质的介电常数有关,一般把差分线的特性阻抗控制在 100 Ω 左右。注意,一个差分信号在多层 PCB 的不同层传输时(特别是内外层都走线时),要及时调整线宽线距来补偿因为介质的介电常数变化带来的特性阻抗变化。终端负载电阻的控制要根据不同的逻辑电平接口来选择适当的电阻网络和负载并联,以达到阻抗匹配的目的。

（2）差分线的端接

差分线的端接要满足两方面的要求:逻辑电平的工艺要求和传输线阻抗匹配的要求。因此,不同的逻辑电平工艺要采用不同的端接。本文主要介绍两种常见的适于高速数传的电平的端接方法:

① LVDS 电平信号的端接。

LVDS 是一种低摆幅的差分信号技术,它上面的信号可以以几百 Mbps 的速率传输。LVDS 信号的驱动器由一个驱动差分线的电流源组成,通常电流为 3.5 mA。它的端接电阻一般只要跨接在正负两路信号的中间就可以了,如图 5.53 所示。

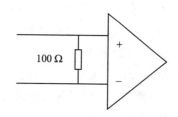

图 5.53　LVDS 接收原理图

LVDS 信号的接收器一般具有很高的输入阻抗,因此驱动器输出的电流大部分都流过了 100 Ω 的匹配电阻,并产生了 350 mV 的电压。有时为了增加抗噪声性能,差分线的正负两路信号之间用两个 50 Ω 的电阻串联,并在电阻中间加一个滤波电容到地,这样可以减少高频噪声。随着微电子技术的发展,很多器件生产商已经可以把 LVDS 电平信号的终端电阻做到器件内部,以减少 PCB 设计者的工作。

② LVPECL 电平信号的端接。

LVPECL 电平信号也是适合高速传输的差分信号电平之一,最快可以让信号以 1 GBaud 波特的速率传输。它的每一单路信号都有一个比信号驱动电压小 2 V 的直流电位,因此应用终端匹配时不能在正负两条差分线之间跨接电阻(如果在差分线之间跨接电阻,电阻中间相当于虚地,直流电位将变成零),而只能将每一路进行单端匹配。

对 LEPECL 信号进行单端匹配时,要符合两个条件,即信号的直流电位要为 1.3 V(设驱动电压为 3.3 V,减 2 后,为 1.3 V)、信号的负载要等于信号线的特性阻抗(50 Ω)。因此,可以应用如图 5.54 所示的理想的端接方式。

在实际的工程设计中,增加一个电源就意味着增加了新的干扰源,也会增加布线空间(电源的滤波网络要使用大量的布线空间),改变电源分割层的布局。因此在设计系统时,可以利用交直流等效的方法,对图 5.55 中的端接方式进行了等效改变。

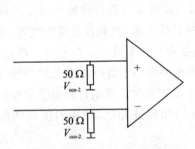

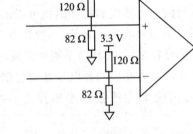

图 5.54　LVPECL 信号理想的端接方式　　　图 5.55　常用的 LVPECL 信号的端接方式

在图 5.55 中,对交流信号而言,相当于 120 Ω 电阻和 82 Ω 电阻并联,经计算为 48.7 Ω;对于直流信号,由两个电阻分压,信号的直流电位为 3.3 V×82 Ω/(120 Ω+ 82 Ω)＝ 1.34 V。因此,等效结果在工程应用的误差允许范围内。

(3) 差分线的一些设计规则

在做 PCB 板的实际工作中,应用差分线可以很大程度上提高信号线的抗干扰性。要想设计出满足信号完整性要求的差分线,除了要使负载和信号线的阻抗相匹配外,还要在设计中尽量避免阻抗不匹配的环节出现。现根据实际工作经验,总结出以下规则:

➢ 差分线离开器件引脚后,要尽量相互靠近,以确保耦合到信号线的噪声为共模噪声。一般使用 FR4 介质、50 Ω 布线规则(差分线阻抗为 100 Ω)时,差分线之间的距离要小于 0.2 mm。

➢ 信号线的长度应匹配,不然会引起信号扭曲,引起电磁辐射。

➢ 不要仅仅依赖软件的自动布线功能,要仔细修改以实现差分线的阻抗匹配和隔离。

➢ 尽量减少使用过孔和其他一些引起阻抗不连续的因素。

➢ 不要使用 90°走线,可用圆弧或 45°折线代替。

> 信号线在不同的信号层时,要注意调整差分线的线宽和线距,避免因介质条件改变引起的阻抗不连续。

在高速数字 PCB 设计中,运用差分线传输高速信号,一方面在对 PCB 系统的信号完整性和低功耗等方面大有裨益,另一方面也给 PCB 设计水平提出了更高要求。作为设计者应该深刻理解传输线理论的有关概念,仔细分析出各种畸变现象的原因,找出合理有效的解决办法;还要不断把工作中积累的一些经验加以总结,并上升为理性认识,才能够取得满意的设计效果。参考链接:http://wxxrp.blog.163.com/blog/static/68022475200822221615584/。

2. 实际应用中遇到的 LVDS 差分阻抗问题

如图 5.56 所示,在 VITA1300 CMOS Sensor 的 LVDS 通信协议中,4 个通道数据在每一行的视频流传输末端都会带一个 10 bit 的 CRC 校验码,用于接收端确认每一行视频流传输过程的可靠性和稳定性。

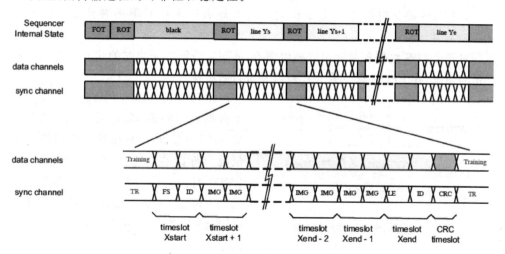

图 5.56　LVDS 通信协议

如图 5.57 所示,在作为 LVDS 接收端的 FPGA 中,根据接收的每一行视频流,在本地重新产生一个 10 bit 的 CRC 校验码,和传输接收到的 CRC 检验码进行比对。NIOS Ⅱ 在软件上可以读取 4 个数据通道相应的 CRC 错误计数寄存器。

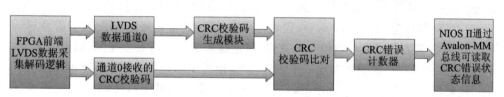

图 5.57　LVDS 数据传输原理框图

当 CRC 错误校验功能添加到 FPGA 设计后可以发现,在硬件系统连续运行 1～2 天后,总是出现一些 CRC 错误行的计数,而且总是通道 1 出现的,如图 5.58 所示。

```
CRC error state register value is 2.
Channel 0 CRC error state register value is 0.
Channel 1 CRC error state register value is 15.
Channel 2 CRC error state register value is 0.
Channel 3 CRC error state register value is 0.
```

图 5.58 打印 LVDS 传输 CRC 错误统计数据 1

对于 LVDS 数据传输错误的发生,通常会定位到两个因素:

➤ 单纯的 LVDS 数据和时钟的相位对齐出现问题,即归结为时序问题。

➤ LVDS 差分对的信号完整性问题直观地表现为信号眼图展开过小或波形异常。

对于 LVDS 数据和时钟出现相位偏差,从而导致数据采集时的建立或保持时间不足的情况,在 FPGA 端其实是比较容易进行测试检查的。

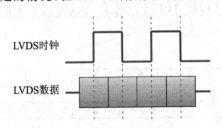

图 5.59 LVDS 时钟和数据波形

由于 VITA1300 的 spec 中只给出了数据通道间的 skew 是 50 ps 这个参数,并没有给出时钟和数据之间的对齐情况。所以在默认情况下,我们认为 LVDS 时钟边沿(用于数据采集的上升沿和下降沿)和数据输出的最佳采样点(数据最稳定的点)是对齐的,如图 5.59 所示。

因此,在 FPGA 端,我们设置用于采样数据的 LVDS 时钟和数据之间的相位差为 0,即保持 LVDS 传输到 FPGA 输入端口的时钟和数据相位状态。在实际测试中发现,这是正确的猜测。

由于要确认通道 1 是否存在固有的数据和时钟相位偏差(如可能是通道 1 数据差分对走线过长等导致的),所以人为地调整了 LVDS 的时钟相位差。

当调整相差为 45 degree 时,仅仅运行几十秒,一串错误便出现了,而且有意思的是,4 个数据通道的错误计数值并不一致,但是通道 1 还是遥遥领先的,如图 5.60 所示。因此,可以初步推断和其他 3 个通道相比,通道 1 的确更有存在问题的风险。

接着将相位调整到 −45 degree(315 degree),则运行几十秒后,4 个通道出现了几乎相当的错误计数值,如图 5.61 所示。

在调整相位到 −22.5 degree(337.5 degree)时,运行了 3 天半后,发现还是通道 1 有 CRC 错误,如图 5.62 所示。

```
CRC error state register value is 15.
Channel 0 CRC error state register value is 1466.
Channel 1 CRC error state register value is 1228536.
Channel 2 CRC error state register value is 95.
Channel 3 CRC error state register value is 10.
```

图 5.60　打印 LVDS 传输 CRC 错误统计数据 2

```
CRC error state register value is 15.
Channel 0 CRC error state register value is 1998.
Channel 1 CRC error state register value is 1996.
Channel 2 CRC error state register value is 2001.
Channel 3 CRC error state register value is 2000.
```

图 5.61　打印 LVDS 传输 CRC 错误统计数据 3

```
CRC error state register value is 2.
Channel 0 CRC error state register value is 0.
Channel 1 CRC error state register value is 15.
Channel 2 CRC error state register value is 0.
Channel 3 CRC error state register value is 0.
```

图 5.62　打印 LVDS 传输 CRC 错误统计数据 4

从这些测试来看,其实在相位为 $-22.5\sim22.5$ degree(22.5 degree 未测试)之间某个点应该是最佳的采样点。但是几乎没有不出现错误的通道 1 的采样点(或许会出现在 $-22.5\sim0$ degree 的某个点,但是 FPGA 不支持这些相位值的设定)。因此,初步断定通道 1 应该不纯粹是时钟和数据不对齐的问题导致错误,而是另有原因,很可能是这个差分对在板级走线过程中存在问题。

于是回头看板级的电路。如图 5.63 所示,目前的 LVDS 通路有两块板连接,一块 FPGA 板和一块 Sensor 板,二者通过 HSMC 插值进行连接。

如图 5.64 所示,在 FPGA 端,用于 LVDS 接收的 6 个通道差分对中,只有时钟差分对之间有一个 $100\ \Omega$ 的匹配电阻,而其他 4 个数据通道和同步通道并没有任何匹配电阻。

如图 5.65 所示,在 Sensor 板端,所有的传输差分对之间都有 $100\ \Omega$ 的匹配电阻(确实都焊接了)。

235

图 5.63　LVDS 传输硬件电路板

HSMC_CLKIN_p1　　R200　　100　　HSMC_CLKIN_n1

图 5.64　FPGA 板端接电阻

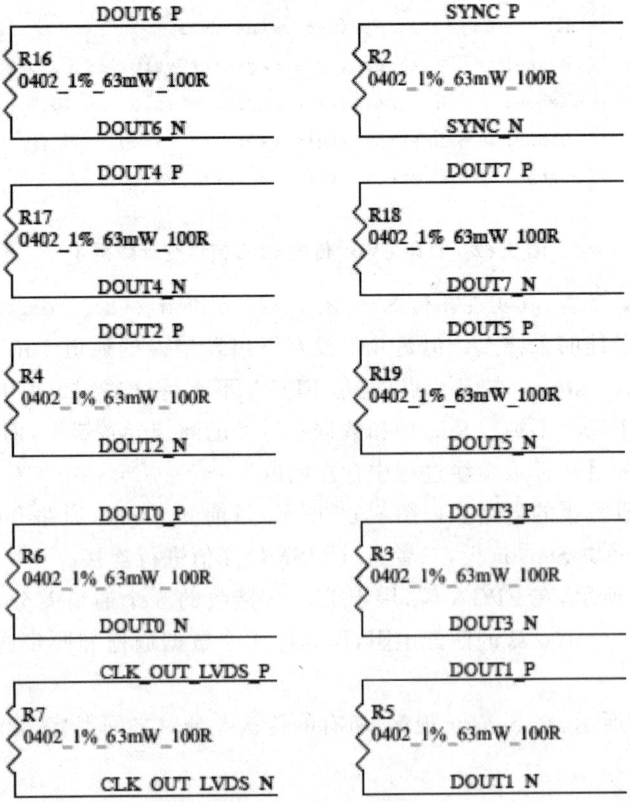

DOUT6 P

R16
0402_1%_63mW_100R

DOUT6 N

SYNC P

R2
0402_1%_63mW_100R

SYNC N

DOUT4 P

R17
0402_1%_63mW_100R

DOUT4 N

DOUT7 P

R18
0402_1%_63mW_100R

DOUT7 N

DOUT2 P

R4
0402_1%_63mW_100R

DOUT2 N

DOUT5 P

R19
0402_1%_63mW_100R

DOUT5 N

DOUT0 P

R6
0402_1%_63mW_100R

DOUT0 N

DOUT3 P

R3
0402_1%_63mW_100R

DOUT3 N

CLK_OUT_LVDS_P

R7
0402_1%_63mW_100R

CLK_OUT_LVDS_N

DOUT1 P

R5
0402_1%_63mW_100R

DOUT1 N

图 5.65　Sensor 板端接电阻

对于 FPGA 的 LVDS 接收阻抗,在 Cyclone V Handbook 的 page40 有如图 5.66 所示的描述,说明 FPGA 内部是支持片内匹配电阻的。在 page46 有如图 5.67 所示的描述,说明 Altera 官方是很推荐用户使用这些片内阻抗来节省板级空间和 BOM 成本的。

The Cyclone V devices support OCT for differential LVDS and SLVS input buffers with a nominal resistance value of 100 Ω, as shown in this figure.

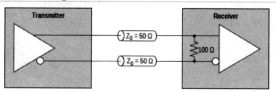

图 5.66　电阻匹配说明

Differential I/O Termination

The I/O pins are organized in pairs to support differential I/O standards. Each I/O pin pair can support differential input and output buffers.

The supported I/O standards such as Differential SSTL-15, Differential SSTL-125, and Differential SSTL-135 typically do not require external board termination.

Altera recommends that you use dynamic OCT with these I/O standards to save board space and cost. Dynamic OCT reduces the number of external termination resistors used.

图 5.67　差分信号终端匹配说明

从上面查到的资料来看,实际上如果使用了 FPGA 内部的片内匹配电阻,外部的任何匹配电阻都是不需要的。而 FPGA 内部的匹配电阻有可设置的开和关状态吗? 开始笔者在 LVDS 引脚的分配设置中并没有找到相应的开关,因此认为默认已经开启。由于找到了匹配电阻上来,因此查看 Sensor 板发现,D0/D1/SYNC/CLK 这 4 个差分对间的 100 Ω 电阻没有焊接,而 D3/D4 则焊接上了。

这里还有个小故事,之前和板级硬件设计时探讨过这个问题,当时认为可以去除这些在 Sensor 板上的匹配电阻,于是做了电路修改。这里重新确认的时候发现,当时忽视了我们使用的 4 个数据通道(一共 8 个数据通道)并非 D0~D3,而是 D2/D3/D4/D5 这 4 个通道,因此电路修改时残留了 D3/D4 的匹配电阻。照常理,我们认为出问题的应该是 D3/D4,因为 FPGA 内部有匹配电阻了,外部又有匹配电阻,这个信号很可能存在问题,而实际情况却是去除了电阻的 D1 出现了问题。

这里又做了一个测试,因为 Sensor 板和 FPGA 之间由一个软硬结合板连接(之前出于连接的便利,都使用了这个软板转接),如图 5.68 所示,考虑到它可能造成 LVDS 传输的阻抗不连续。因此去除软板后,直连 Sensor 板和 FPGA。此时,发现一个有意思的现象,通道 1 在系统运行后就不停地递增 CRC 错误计数值,而另外 3 个通道都没有任何错误产生。

此时,我们拿出一块未做过任何修改、所有匹配电阻都焊接着的 Sensor 板,直接连到 FPGA 板上,系统运行后一切正常,通道 1 并未出现任何的 CRC 错误计数。因此,我们将目光聚焦在了 LVDS 的匹配阻抗上。

3. 使用 FPGA 片内的 LVDS 匹配阻抗

Cyclone V Device Handbook 的 page67～68 有如图 5.69 所示的描述。由此可见,LVDS 差分对间的片内电阻是需要在 pin assignment 中开启的。

图 5.68　LVDS 传输用的软硬结合板

Differential I/O Termination for Cyclone V Devices

The Cyclone V devices provide a 100 Ω, on-chip differential termination option on each differential receiver channel for LVDS standards. On-chip termination saves board space by eliminating the need to add external resistors on the board. You can enable on-chip termination in the Quartus II software Assignment Editor.

All I/O pins and dedicated clock input pins support on-chip differential termination, R_D OCT.

Figure 5-42: On-Chip Differential I/O Termination

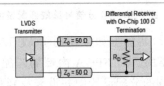

Table 5-41: Quartus II Software Assignment Editor–On-Chip Differential Termination

This table lists the assignment name for on-chip differential termination in the Quartus II software Assignment Editor.

Field	Assignment
To	rx_in
Assignment name	Input Termination
Value	Differential

图 5.69　LVDS 阻抗匹配说明

考虑到容易出现错误的通道 1 在外部并没有匹配电阻,因此在 FPGA 的 Pin assignment 中专门设置开启了它的片内匹配电阻。重新运行系统,之前一开机就不断递增通道 1 的 CRC 错误计数的板子,不再出现错误计数。

因此,基本可以断定通道 1 的一系列异常错误问题的直接导火索是匹配阻抗。

下面又做了一个测试,将 Sensor 板上的所有匹配电阻都取下,将 FPGA 内部的所有片内匹配电阻都打开。运行系统后并不是一切正常,反而是正常显示了两三秒钟后视频流终止了。仔细一核对发现,FPGA 板上的 CLKIN 还有一个外部匹配电阻并未去除,而 FPGA 片内匹配电阻也开着,这就导致了时钟信号的电平异常,那么直接导致了视频流的异常。

当关闭 FPGA 片内的 CLKIN 匹配电阻后,一切正常。开启 FPGA 内部的 D0/D1/D2/D3/SYNC 匹配电阻,关闭 CLKIN 的匹配电阻,只预留 CLKIN 的板级匹配电阻,如图 5.70 所示,同时取下其他在电路板上的匹配电阻。将 LVDS 的时钟相位设置为 0。笔者进行了 8 天的测试发现,不再出现任何的 CRC 校验错误。

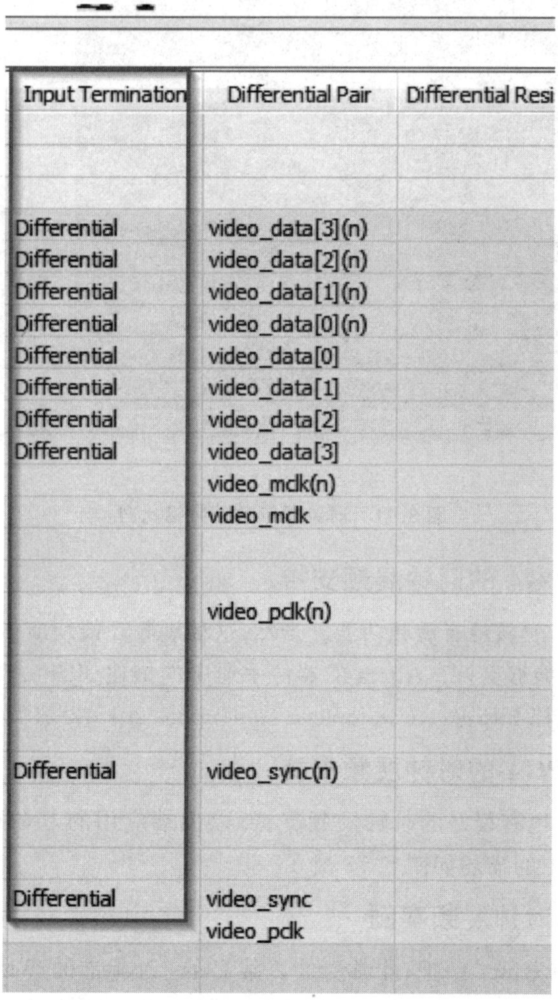

Input Termination	Differential Pair	Differential Resi
Differential	video_data[3](n)	
Differential	video_data[2](n)	
Differential	video_data[1](n)	
Differential	video_data[0](n)	
Differential	video_data[0]	
Differential	video_data[1]	
Differential	video_data[2]	
Differential	video_data[3]	
	video_mclk(n)	
	video_mclk	
	video_pclk(n)	
Differential	video_sync(n)	
Differential	video_sync	
	video_pclk	

图 5.70　LVDS 引脚片内匹配电阻使能

八、使用 FPGA 时钟展频技术搞定 RE 测试

1. 关于时钟展频应用

如图 5.71 所示,展频技术是通过对尖峰时钟进行调制处理,使其从一个窄带时钟变成为一个具有边带谐波的频谱,从而达到将尖峰能量分散到展频区域的多个频率段,来达到降低尖峰能量、抑制 EMI 的效果。

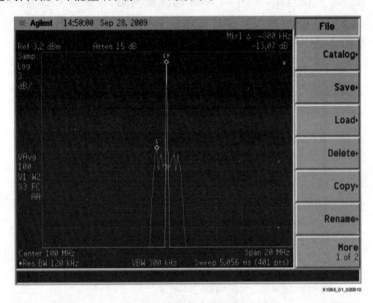

图 5.71 时钟展频前后频谱比对

2. Altera FPGA 的时钟展频支持

Altera 的 PLL IP 核带有展频功能。当然,这种展频功能块应该是"硬核"实现,在某些特定器件上才能够支持。Altera 的器件手册中的描述如图 5.72 所示。具体可以参考 Altera 官方文档 http://www.topleve.com/upfile/2015122510365534.pdf。

3. Xilinx FPGA 的时钟展频支持

Xilinx FPGA 也有很好的时钟展频支持,以低端应用的 Spartan6 为例,官方文档 xapp1065.pdf 中的描述如图 5.73 所示。

4. FPGA 的时钟展频案例

笔者在实践中尝试了一把,非常奏效。某 Class A 标准的产品在初测 RE 时,报告如图 5.74 所示,明显很多 60 MHz 基频的辐射点超出很多,辐射点的能量集中在一个点上。

Spread-Spectrum Clocking

Spread-spectrum technology reduces electromagnetic interference (EMI) in a system. This technology works by distributing the clock energy over a broad frequency range.

The spread-spectrum clocking feature distributes the fundamental clock frequency energy throughout your design to minimize energy peaks at specific frequencies. By reducing the spectrum peak amplitudes, the feature makes your design more likely meets the EMI emission compliance standards, and reduces costs associated with traditional EMI containment.

The traditional methods for limiting EMI include shielding, filtering, and using multi-layer printed circuit boards. Multi-layer circuit boards are expensive and are not guaranteed to meet the EMI emission compliance standards. The use of spread-spectrum technology is simpler and more cost-effective than these other methods.

To use the spread-spectrum clocking feature, you must set the programmable bandwidth feature to **Auto**.

Parameter Settings

For devices that support spread-spectrum technology, the parameter settings are located on the **Bandwidth/SS** page of the ALTPLL parameter editor.

The following figure shows the Spread Spectrum window.

Figure 10: Spread Spectrum Settings

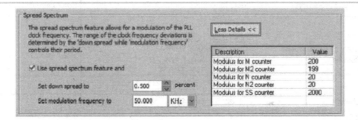

To enable the spread-spectrum feature, turn on **Use spread spectrum feature**. Set the desired down spread percentage, and the modulation frequency. The table in the spread spectrum window lists the detailed descriptions of the current counter values.

The down spread percentage defines the modulation width or frequency span of the instantaneous output frequency resulting from the spread spectrum. When you use down spread, the modulation width falls at or below a specified maximum output frequency. The wider the modulation, the larger the band of frequencies over which the energy is distributed, and the more reduction is achieved from the peak. For example, with a down spread percentage of 0.5% and maximum operating frequency of 100 MHz, the output frequency is swept between 99.5 and 100 MHz.

图 5.72　Altera 器件对展频的支持

　　使用 FPGA 对 60 MHz 基频输出做了 8 个频点的展频,最终 RE 报告如图 5.75 所示。

Spread-Spectrum Generation

Spartan-6 FPGAs can generate a spread-spectrum clock source from a standard fixed-frequency oscillator. A Spartan-6 FPGA spread-spectrum clock source is generated by using the DCM_CLKGEN primitive. The DCM_CLKGEN primitive can either use a fixed spread-spectrum solution, providing the simplest implementation, or a soft spread-spectrum solution that adds flexibility but requires additional control logic to generate the spread-spectrum clock.

As detailed in Table 2, the fixed spread-spectrum solution is for typical spread-spectrum clock requirements. It only requires setting the SPREAD_SPECTRUM attribute. The soft spread-spectrum solution provides additional flexibility, but requires an additional state machine to control the DCM_CLKGEN primitive and is focused on video applications (M = 7, D = 2).The attributes used in conjunction with the soft spread-spectrum solution are VIDEO_LINK_M0, VIDEO_LINK_M1, or VIDEO_LINK_M2.

Table 2: **Summary of DCM_CLKGEN Spread-Spectrum Modes**

	Fixed Spread-Spectrum Clock	**Soft Spread-Spectrum Clock**
SPREAD_SPECTRUM Values	CENTER_LOW_SPREAD	VIDEO_LINK_M0
	CENTER_HIGH_SPREAD	VIDEO_LINK_M1
		VIDEO_LINK_M2
Additional Logic	None	Use `sstop.v`
Modulation Profile	Triangular	Triangular
Spread Direction	Center	Down
F_{MOD} (Modulation Frequency)	F_{IN}/1024	See Figure 8
Spread of CLKFX Clock Periods (Frequency Deviation)	CENTER_LOW_SPREAD: 100 ps/CLKFX_DIVIDE CENTER_HIGH_SPREAD: 240 ps/CLKFX_DIVIDE	See Figure 11
CLKFX_MULTIPLY	2–32	7
CLKFX_DIVIDE	1–4	2, 4
DCM_CLKGEN Programming Ports	N/A	PROGCLK, PROGEN, PROGDATA, PROGDONE

图 5.73　**Xilinx 器件对展频的支持**

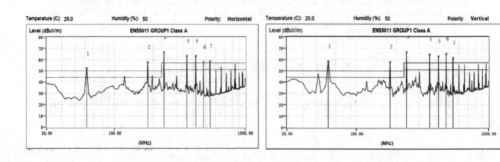

图 5.74　某产品在 FPGA 时钟展频前的 RE 测试报告

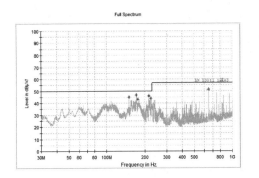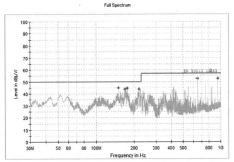

图 5.75　某产品在 FPGA 时钟展频后的 RE 测试报告

243

第六部分　感悟杂文

你要切切保守你心，因为生命的果效发之于心。

——箴言书 4 章 23 节

笔记 18

苦练基本功

细细算来,到 2010 年,笔者真真正正接触嵌入式设计,从接触 51 单片机的软件编程和硬件设计,到后来一心一意专注于 FPGA 设计,也不过两年而已。在此期间,接触过 TI 的 16 位单片机(MSP430)、NXP 的入门级 ARM7(LPC2103),在自己的板子上使用过 Altera 的 MAX7000/MAX II 系列 CPLD 以及 Cyclone/Cyclone II/Cyclone III 系列 FPGA,也接触过 Xilinx 的 Virtex/Spartan 3 系列 FPGA。虽然感觉自己项目做得不够多、不够深也不够广,但是这两年自己真的很努力,很用心地在学。

都说做硬件很多经验是要靠时间和项目攒出来的,回顾这两年,走过不少弯路,也尝到过成功的喜悦。或许这本书也算是对我个人付出的一个最好的回报,但是我不应该也没有必要太在意这一点成绩,我的职业生涯才刚刚起步。做一个硬件工程师很难,做一个优秀的硬件工程师更难。但就个人的一点体会进行一些总结,我认为下文要提到的几个基本功是很重要的,只希望能够给和我一样年轻的学生朋友或者是工程师朋友们一点灵感。也许掌握了这些基本功你依然不是一个优秀的硬件工程师,但是不掌握这些就肯定不会成为一个优秀的硬件工程师。也许这些点列得有些凌乱,或许也无法完全涵盖一个优秀硬件工程师所必须具备的所有素质,但是不要紧,这只是我个人的一点随笔,只要你懂就行。

一、datasheet 要看原版

我不知道确切的"datasheet"一词该如何翻译,看到过某些人生硬地将其翻译为"数据表",感觉很怪,有些拗口。也许从这个现象你就能感觉到原版的重要性了,有时候我们没有必要非得把英文译成中文才算有水平。基本上,一块电路板上 80% 的 IC 标的都是国外几个大厂商的名字。于是,经常在论坛看到诸如"求 XXX 中文资料"的帖子。是的,IC 是人家的,说明文档也是人家的,人家还爱管它叫 datasheet,那么习惯了中文的国人是不是会不习惯了呢? 开始的时候我也不习惯,这一点我承认,第一次彻头彻尾地花数小时把 AT24C0X 的 datasheet 看完时感觉那叫一个痛苦啊!

但是当我越深入硬件设计,接触到各类 IC 时,才发现想找到很多 IC 的中文资料那都是奢望,看不懂英文版的 datasheet 那基本就是死路一条。更可恨的是,有时虽然海找一番看到了弥足珍贵的中文版,细细研究会发现里面漏洞百出,有时和原文意思相去甚远。我就常见身边的同事抱着 2812(TI 的 DSP)的中文书,一边啃一边还要骂,那么到底是为什么? 既然不信任写书人的翻译水平为什么还要读,因为我们害怕英文,这是国内工程师的一个通病。经过几番惨痛的经历后,我决定看 datasheet 就一定要忠于原版,翻译的资料只能作为参考。也许,慢慢你会发现,datasheet 里的英文词汇也就那么些,翻来覆去地用,看习惯了也就那么回事。所以,这里提到的第一个基本功——datasheet 要看原版,也许不会让你的英文水平有多少提高,但是绝对会让你少走很多弯路。

二、开发工具要熟练

这里所谓的开发工具,只是针对做硬件来说的。俗话说"工欲善其器,必先利其器",如果一个硬件工程师连原理图都画不好,那就别提其他的了。

比如你要画原理图、PCB,那么就必须熟悉 Altium Designer(或早期的 Protel)、PADS、PowerPCB 等;当然不需要都熟悉,精通其一就可以。我对 Altium Designer 的使用可以说是蛮熟练的了,当初可是参加过一个 Altium 的研讨会,答上了 3 个问题把头奖都抱回家了。现在很多公司把 PCB 设计独立于原理图设计,一方面可能让硬件工程师更专注于原理图的设计,不用花费太多心思在繁琐的 PCB 布局布线上;但是另一方面却给 PCB 设计带来了一些弊端,有时 PCB 工程师不能够很好地明白设计者的意图,或者说没有和原理图设计者进行良好的沟通,设计出来的 PCB 就很可能差强人意了。

回到主题来,开发工具要熟练。硬件工程师即便不用自己动手画 PCB,最好也能够掌握这项技巧,原理图设计的技巧那更不用说了。

对于 FPGA/CPLD 设计也是如此,最常用的 Xilinx 的 ISE 和 Altera 的 QuartusⅡ,两个开发工具并没有太大差异,但还是需要设计者至少好好地掌握其中一套软件的使用。对于综合和仿真,有时还要涉及第三方工具的使用。也许这些工具的使用并不是最体现设计者能力的地方,但要是连工具都用不熟,能力又从何体现。所以,开发工具的使用一定要熟练,最好是达到精通的地步。

三、焊接功底要扎实

虽然焊接大都是焊接工人来完成的,他们也许焊点更漂亮、可靠。但是对于一些小公司来说,如果没有自己的焊接工厂(专门负责焊接的人),也许第一块样板的焊接任务就会落在硬件工程师的头上。所以,还是很有必要掌握焊接这项基本功。也许并不是很困难,只是因为觉得难所以才难,当你用心去学、用心去做的时候,那一切困难都会"迎刃而解"。很多喜欢动手的朋友在学生时代就能够自己焊接电路板了,直插的不用提,贴片的电阻电容也不算很有挑战。当你试着焊接 SOP/TSOP/TSSOP 的芯片时,尤其是 0.5 mm 以下的间距时,才会感觉到焊接技巧和焊接工具的重要性。当然,一般的焊接工具是搞不定类似 BGA 封装的器件的。

我的焊接功底虽谈不上专业,可当初也是花了 N 个夜晚焊完了在 EDN 第一次搞活动时 CPLD 板上的 100 片 TQFP - 100(EPM240)。最近自己手动焊接了一个 PQFP - 240 的片子,也没有什么特殊的工具,只用了一把调温烙铁和一些洗板水、松香兑的助焊剂。如图 6.1 所示,虽然助焊剂还没有完全擦拭干净,但是焊点还是看得过去的,调试起来也没有什么问题,正常运行工作。

图 6.1　手动焊接 PQFP - 240

所以,要自己焊接一些引脚密集的芯片也并不难。有心的朋友不妨到焊接工厂虚心向工人取经。扎实的焊接基本功能够给设计带来的便利也不用多说了,读者心里比我还清楚。

四、不要厌烦写文档

记得还在学校的时候,一位上了年纪的实验室老师就常语重心长地告诫我们:"不仅要会做东西,也要会写东西,我们当年做了很多东西,并不是东西不好,就是因为不会说也不会写,结果弄得什么好处都没捞着"。也许老师的这番话说得比较现实,但是也从另一个侧面反映了老一辈工程师们普遍遇到的问题,很多技术人员只会埋头苦干,从来都是默默无闻,一声不响。我们会对这样的一个工程师群体肃然起敬,但是光干活真的还不够,也许我们缺少的是表达、是沟通。

表达和沟通无非是靠嘴皮子和烂笔头,这里要说的重点是后者,也就是文档。也许很多从高校里刚走出来的年轻人一听说写文档,感觉就是 Google 一下或者 Baidu

一下拼拼凑凑的一篇论文。事实并非如此简单，整个硬件流程下来，各式各样的文档有时会压得人喘不过气来，正式的、非正式的，应付人的、自己看的，可谓五花八门。谈一点个人的见解，并不是所有的项目都非得像模像样按照一套固有流程走。每个项目都会有不一样的地方，它们的侧重点也大多是不一样的，写文档也是如此。也许按固定的流程看上去是很规范了，但是很多时候是给执行的人平添许多不必要的麻烦，尤其像在写文档上，有些时候真的是只能靠生搬硬套地给文档加东西，这时候的执行者有多少应付的成分在里面呢？又有多少真才实学在里面？所以，更好的做法是因项目而异，该有的有、不该有的就不要有。

话又有些扯远了，这里的重点好像不该是讨论该不该写文档的问题，那么我们回到正题，都该写些什么文档，如何写？我不是做标准化的人，也不想讨论格式的问题。工程师写文档的意图应该明确，无非是给验证者或是用户看，再或者是给自己看。验证者是要通过我们的文档来了解设计的输入和输出，有时甚至是一些设计的细节，从而更好地执行测试。用户想知道的是如何使用你的产品，往往并不关心设计的细节，所以给用户看的说明书要越简单、越傻瓜越好。而给自己看的是什么呢？不一定是漂亮的报表、华丽的数据，而是简单的总结、归纳，有时还应该是一些对已有设计的提示或解释，最主要的还是要有助于将来对原有设计的复用、升级和维护。也许，给自己看的东西有时就是常说的经验。

其实给自己看的文档大都不必做得很正式，甚至很多有心的工程师喜欢写技术博客，不仅在网络这个大舞台上记录经过总结、归纳的知识点，也把自己的点滴经验和感悟拿出来与大家分享，这是很难能可贵的。这样的文章不仅自己受益，同样也能让他人受益。在 EDN 网站上，大家可以看看 riple 的文章，看看 yulzhu 的文章，洋洋洒洒数百字，文风可以很随意。我最喜欢图文并茂的文章，既让大家学知识也让大家饱眼福，同时也给自己的工程师生涯多留下一些美好的回忆。

总之，不要误会这里所说的文档，只要是真真实实地记录与项目开发、设计过程相关的文字，都可以算作我们所说的文档。没有必要畏惧写文档，当代的工程师应该擅长写文档，擅长总结、归纳并记录设计中的点点滴滴。

优秀硬件工程师所应具备的东西不仅这些，也许很多我还没有体会到。但是对于年轻的工程师，现实地说，我们工作、我们追求技术，也许更多的是在为生活奔波，也许有太多的辛酸、太多的无奈。但是，既然选择了这个行业，选择了做技术，那么就应该好好奋斗，总会等到春天花开的季节。终有那么一天，曾经的小树苗会枝繁叶茂、参天大树。

相比于人这一生所必须经历和面对的人、事、物，技术的追求和学习只是很小很小的一个圈子。为人处世，我们有太多的东西需要学习。在本篇末，送一段话和大家共勉：

在成功的时候我学习谦虚

在失败的时候我学习坚毅

在快乐的时候我学习节制

在痛苦的时候我学习忍耐

在愤怒的时候我学习冷静

在害怕的时候我学习勇敢

在焦虑的时候我学习乐观

在迷惑的时候我学习分析

在犹豫的时候我学习果断

在懈怠的时候我学习积极

在羡慕的时候我学习知足

在孤寂的时候我学习独立

笔记 **19**

永远忠于年轻时的梦想

本来我也不知道最后的两课（视频教程）该以怎样的方式来讲，也不是很确定什么时候能够静下心来录。最近遇到了很多事，开心的不开心的，其实也无所谓开心和不开心，因为无论有什么样的结果，我的心情还是很平静的。但是今天我算是闲下来了，就决定要好好把最后两课录完，好给大家一个交代。

其实我不太爱在 EDN 的技术博客中做什么长篇大论来发表个人的一些人生观、价值观或是太多带有个人感情色彩的文字，因为总觉得讲很多主观的东西是不合适的。博客这样的平台非常好，给了我们展示自我的舞台，但是个人还是认为写东西一定要对人有帮助，尤其是技术博客，如果都是发发牢骚、表达不满，那还是不写为妙。

虽然进入电子这个行业工作没到几年时间，但是我很努力，也很用心，因为我一直在追求一个东西，虽然说不上来那个东西叫什么，也许叫梦想，就像我的博客上"永远忠于年轻时的梦想"一样。我想我是个有梦的人，虽然还不确定这个梦到底是怎样的梦，到底离我有多远。但我相信，每个人都有自己的梦。

当我很负责任地在未确定下一份工作，但是领导又在安排新一年工作任务时，我告诉他们"对不起，我要离开"。我的心是平静的，因为我相信走过的这一年半是不平常的，虽然我在岗位上大多时候有些碌碌无为，或是做一些繁琐而又缺乏实质性的工作，但我相信这是每个新人都需要走过的路。离开就意味着一个全新的开始。

和年轻的领导长谈中发现，每个人都会有我这样挣扎困惑的时期，每个人也都会有一些不同的决定和举动，而每个人的足迹都不尽相同。我觉得做什么样的决定也许不是最重要的，重要的是是否忠于你的梦想，尽管你和我一样真的不知道梦想到底在哪里。但是，我想我已经逐渐领悟到了个中奥秘。做一个电子工程师，一个精致的电子工程师，一个能够帮助人的电子工程师，一个受人敬仰的电子工程师，那也许离梦想应该很近了。但是，最重要的是要做到问心无愧，无论处于怎样的境况中，一定不要忘记在家庭、事业、他人、个人之间把握好平衡。当然了，于我而言还有信仰，我认为当我把握好了信仰，那么一切都不在话下。

　　我很确定我在 EDN 做第一个助学活动的初衷是什么，是那个很现实的东西，但当我越是深入，我发现那虽然是起点，但绝对不会是终点。在 EDN 的这个博客圈里接触的人多了，我却发现自己的渺小。虽然我不是很确定每个人写作的动机，但是我确定有那么一帮人，除了给自己总结，为自己积攒知识经验，也是为了能够给更多后来人的学习开路，这是很高的一个境界，也是很难能可贵的。

　　在国内，做一个出色的电子工程师很难，做一个无欲无求（不是指对设计）的电子工程师更是难上加难。现在的社会总让我们觉得付出必须有物质回报，否则就一定是个傻瓜。但是，往往忽略了一些细节，我们应该更多地看到一些无形的回报，或许我们都被物质化了。不是因为我们愿意，因为我们往往背负着的不是自己一个人而已，背后有一个家甚至不止一个家。

　　朋友，请原谅我一开篇就说自己是个不愿意谈个人看法的人，其实我还是愿意说的，但是总希望最后的结论是向上的，是应该让人觉得受鼓舞的。

　　我从小生长在一个可以说是蛮富裕的家庭里，甚至现在也不差。父母也都是基督徒，持家有道，从不缺乏。也许每个人都有自己理想的生活方式，当我走上社会，和我的另一半组成另一个家的时候就总在期待着有一天能够有一份不错的薪水（至少不用为我的衣食住行忧愁），有一份可以让我很投入的工作（我喜欢的工作，需要有一些压力，因为没有压力就没有动力），生活上也可以和另一半相互照应，在信仰上也多有一些追求，能够力所能及地帮助一些需要帮助的人。工作只应该是工作，生活也只应该是生活。

　　不知道说了这么一大堆话是否对读者有什么帮助，如果你觉得都是废话，那么请无视；如果你觉得有那么一点共鸣，那很好。无论如何，我相信选择了电子工程师这条路，在很多十字路口，我们做出的每一个决定，只要自己认为是对的，那么就坚持去做，也绝不要后悔。不要太物质化地以金钱作为职业生涯成功与否的定论，我曾看过一篇谈论各种不同工程师类型的文章，也只是简单地以金钱的多寡评论某一类人成功与否，但我不喜欢这样的定论。我认识一个很要好的朋友，做了十多年软件，甚至硬件也是很牛的，在公司里是一把手，基本上所有产品技术都掌握在他手上，但是基本工资并不高，他几次想跳槽，老板只能以股份来留他，他感觉还是不够，经常在外面接活干，自己还是不停地学东西。我很钦佩这样的人，追求是没有止境的，也许他在不停地为着他的梦想而奋斗，但不论结果是怎样的，我相信他都是成功的，至少在事业上是。只不过我希望这样的人能够再多分一些时间和精力来陪陪家人，顾顾自己的身体，或是能考虑一些这之外的东西。很多时候，我们又何尝不是？我们可以在这个行业有梦想，但它不应该也不可以是我们生活的全部。要忠于我们的梦想，但是也别忘记平衡把握我们的梦想。

笔记 **20**

持守梦想 or 屈于现实

　　昨晚无意间看到一段新闻频道对炒得火热的"史上最年轻教授"的专访，倒是他的一位同学对于梦想的"现实版"解说颇有些耐人寻味。大体意思是说"拼了老命考上一所梦寐以求的大学，父母辛辛苦苦为我们交了学费，我们却总是去挑最容易的学分，一切的目的只是为了求得一份好工作，我们都已经失去了对梦想的追逐"。或许这都是曾经处于就业压力中的我们的真实写照，而在我们如愿拿到了或者如意或者迁就着的 offer，摸爬滚打若干年以后又如何呢？梦想在你的脑子里是否已然遥远？

　　前些天在微博上看到一个蛮有意思的心理年龄测试，其中有个问题是："你最害怕失去什么"？答案若干，有家庭、婚姻、工作和梦想等，我毫不犹豫地选择了梦想，我得意地笑了——"咱肯定还年轻"。毫无悬念，最终给了我"25"，比实际的我还年轻。不知道走出校园若干年的你，是否也会毫不犹豫给出如此"年轻"的答案。也许再过若干年，我们真的不再年轻了，身边的 90 后、00 后会如雨后春笋般涌现，看着他们青涩的傻劲，你是否也还依稀记得我们也曾如此这般过？但是，我们还会再持守着曾经的梦想和期待吗？

　　45 个月对任何人的一生来说都不算短，而在这 45 个月的工作和学习经历中，捻转两份不同的工作或许不算多，但是我却能体会到做一个电子工程师的不易。第三次站在这个十字路口，我拥有的是年轻和经验的一个比较好的平衡点，没有名校和学历的光环，但是写过的两本书是我的敲门砖，而有过两个还算"漂亮"的项目则是我最大的谈资。

　　我的经历谈不上有多传奇，也不算是个很聪明的人。但是，我要夸自己的一点是，我做事情能够脚踏实地并且认真专注。曾几何时，我以为机会合适的时候或许我会慢慢离开技术，或许技术背景会是我的优势。但是，和一位前辈的交谈让我再次坚定了技术之路走到底的决心和勇气。"已过这些年你走对了，你没有走弯路……无论如何，技术不能丢"。和这位前辈的认识也是非常巧合，……（各种头衔一并掠过），现在他却不愁吃穿地玩起"自由技术职业者"，他追求的不是什么功成名就，而是对技术的自由追逐。而反过来,我也和在国内某大型通信公司工作数年的一位朋友聊过,他的谈吐,对技术、对 FPGA 的认知都很值得夸赞,可惜的是在长期的工作负荷下,他坦言"太累了,谁想在四五十岁还对着枯燥的代码敲键盘,做到某些时候这些东西都让人厌倦了"。我有些嗤之以鼻,如果热爱,为什么不可以! 当然,如果可能,我有胆量也到这种高负荷的工作环境中体验个三两年,或许我的想法也会改变。谁知道呢? 事物总是在发展中,没有什么是一成不变的,往往在无情的现实面前,我们说的不算。

就如 24 个月以前,我曾信誓旦旦地认为我或许会在这个什么都没有的小公司里干上 5 年,但是突如其来的变故和残酷的现状,以及对个人能力瓶颈的清醒认识,使我却再次选择了放弃。而在找寻下一个驿站中,面对风格迥异的雇主时,也让我有了更多、更成熟的思考。现实某些时候虽残酷,但其实梦想和现实本不冲突,大多时候,做好平衡,或许现实会让梦想得到更好的"升华"。

曾经天真的以为,我就是要做个 FPGA 工程师,单纯的 FPGA 工程师。但是在环顾四周之后,发现这样的 offer 很少,真的很少,甚至少得可怜。所以,还在大学中迷茫的亲爱的学弟学妹们,不要以为 FPGA 很有前途一头扎进去就以为拥有了"铁饭碗",现实会告诉你"铁饭碗都是浮云"。缘何如此? 当然这也是基于目前国内企业的各种现状吧。

我个人在用 FPGA 做设计上算是有一定水平,但在其他方面相应地有些偏弱,毕竟三四年的工作经验摆在那里,再怎么努力,个人也是要受到时间和精力限制的,有所强也注定有所弱。而目前国内的公司,大多数都没有而且也不准备设置所谓的完全意义上的 FPGA 工程师,它们理想的状况是由硬件工程师兼任,总希望找一个比较全面的工程师,并不感冒所谓的专家,某种意义上来说这是中国整个大环境造成的。不过换个角度看这个问题,企业主的担心也不是平白无故的,如果硬件工程师有某些偏好,那么他的设计或多或少会不自觉地向这方面靠拢,FPGA 本身很好,但是成本高,而且在某些场合使用还真不合适。说到这里,其实已经到了点子上,FPGA 目前的应用并不非常广泛,很多时候是迫不得已的选择。你说通信上用得不少,但可惜的是大多数用于做流片前的验证了;图像处理好像也很需要 FPGA,但是很多公司并没有选择用 FPGA 做图像算法类的工作,顶多不过是高速数据流的采集或转发的预处理而已。所以,其实 FPGA 能干的事虽然很多,但是 FPGA 目前在干的事情却并不多;此外,用 FPGA 可以,但不要拘泥于 FPGA。这是我对 FPGA 新的认识,当然了,除非有一天 FPGA 真的能够把成本降到大家认可的水平,而且基于 FPGA 的各种 SoC 能够和现在的各种 CPU 相媲美,但我想这还是要有一些年日甚至不太现实的。今天 Xilinx 的 ZYNQ 或是 Altera 的 SoC - FPGA 或许就在努力地朝此方向迈进吧,不过恐怕它们还是很难绕过成本这个敏感的话题。

话说回来,通过两年多来实实在在地做了两个 FPGA 的项目,通过对片上系统的架构以及各种总线和外设的熟悉,其实我觉得我会比传统的硬件工程师更深刻地去理解嵌入式系统。这是 FPGA 带给我意外的收获,但是我想,慢慢地,在继续往"深"里发展的同时,也会更多地注意一个硬件工程师在"广"这一层面的发展。毕竟,我的梦想不是做个仅仅写写代码跑跑仿真的 FPGA 工程师而已,我更希望通过 FPGA 逐渐将自己提高到系统层面,更多地从大局权衡应对各种不同的产品需求。

梦想,不总是一成不变的;梦想,有时候需要在现实面前适时调整和重新摆正……

笔记 **21**

我的工程师之道

　　前些日子,把"最后之舞"的第 4 集和第 10 集翻出来再看了一遍,有感于其中的两幕。一幕是公牛在惨败于"坏小子军团"活塞队之后的那个休赛期,没有人选择休假,乔丹带头开始了新赛季的准备,他们投身到健身房开始了针对性的体能训练。在接下来的赛季里,他们再次面对这帮靠身体吃饭的家伙时,以 4∶0 横扫之,并一举拿下他们的第一个总冠军。

　　另一幕则是被问及 1998 年乔丹完成第二个三连冠之后,是否还能够在下一年继续夺冠时。虽然历史没有给乔丹这样的机会,而且旁人可能觉得那时的乔丹年事已高,加上公牛在上一年的夺冠已经有些"踉踉跄跄",再拿冠军谈何容易。但是乔丹的回答却仍然自信"技术依然很重要,因为除了使用身体,我更学会了如何运用精神力量"。

　　对于第一幕,很多球迷或许看了只觉得解气,乔丹和公牛被活塞这帮坏小子欺负多年,终于翻身狠狠教训他们一顿,并且开启了属于他们的时代。而我有感的则是乔丹身上的领袖气质,可以说这是教科书式的领导力范本,当然还有公牛这帮球员们的团结和奋进。他们很清楚他们的弱项在哪里,也非常具有执行力,说干就干,并且加班加点地干。

　　今天这个知识爆炸的年代,学点啥都很容易,慕课、B 站、知乎……下个决心,立个 Flag 也容易,但是不容易的是坚持学,学完它,学会它。很多年轻人大把的时间消磨在抖音、头条这类影音文字中,却抱怨时间不够用,睡眠不充足,其实细细数算一下,不过是因为很多时间被那些社交媒体"吞噬"了,变无效了。很多刚工作三两年的工程师,还没有家庭和孩子,有着大把的时间可以用于学习,却也是这样被消磨掉了,甚觉可惜。

　　想想我二十多岁的时候,每到周末,六点来钟一觉醒来,躺在床上脑子里就想着"我今天有好多东西想学、好多事情想做",于是就一件一件地去完成。今天我的"工具箱"里还储存着好多可用技艺,只要稍加磨炼,就可以派上用场。而如今常是九九五并且周末也需要处理很多家庭琐事的我，虽然比过去忙碌许多，但是仍然可以挤出很多有效时间学习新知识、新技能。过去一年，我常常在工作日午休时挤出一刻钟，在送孩子去运动或练字的个把小时中，自学 B 站、慕课上的很多新技术领域的课程。前年，我利用周末一些忙里偷闲的时间完成了"Verilog 边码边学"视频教程的录制和《FPGA 时序约束与分析》一书的写作，实现了这些年两个最大的心愿，即用尽可能简单易懂的方式帮助 FPGA 初学者入门及把 FPGA 这项技能中或许可以算是理论性最强的时序知识点整理成书，填补国内这方面参考书籍的空白。我并不是很闲才去做这些事，而是把碎片时间化零为整，去做那些更有意义的事情，仅此而已。

有时也会听到一些职场上的工程师抱怨加班太多，没时间学习，最好在上班时给我学习时间。在我看来，这是个误区，工作不是为了学习，而学习的目的是更好地工作。在高强度的工作中，很多工程师往往以此为借口放弃了业余的学习。但工作中往往需要用到一些新知识新技能，怎么办？若是我，即便工作再忙再累，业余时间也要挤时间学习，而且不仅马上用到的要学，那些暂时用不上但是可以预见到不久就能派上用场的知识也要尽早学起来，否则就会一直处于被动学习的状态而心力交瘁。另外，学习的最终目的一定是更好地工作，绝不可以为了学习而牺牲了手头的工作。职场上的工程师一定要把自己岗位上的工作摆在第一位，全身心投入到工作中，把手头的本职工作先做专做精，甚至应该为此牺牲业余时间有针对性地学习。

有一回，需要针对某个技术点做一些持续的优化，在紧张的工作时间里只能走马观花地浏览一下这个技术点的相关论文。但是这个事情感觉又很紧急，正好又到假期，于是我就先停下原来的业余学习计划，3 天假期里大约花了 8 个小时（也是每天挤一点）把整篇论文翻译了一遍。这个过程强迫我反复推敲文中的内容，既痛苦又低效，但是这个假期过后我已经积累了很多新的、很具体的想法，回到工作岗位时就能够很快动手去验证这些想法。这一遍下来，可以说，我完全掌握了相关技术点。

很多工程师还有一个很大的问题：不能坚持，无法专注。前面提到的公牛队，打了败仗，很快就开始新赛季的训练，这就是执行力。人需要活在当下，不要总把事情拖到明天，决定做的事情、想去学的知识，不妨今天就开个头，每天再忙，总要抽点时间继续下去，日积月累，就一定可以完成。

对于第二幕，虽然两年前第一时间看过"最后之舞"，对于此景却没有太多感觉。但是时隔一年半，回想自己在过去一年，在与 35 岁时的乔丹相仿的年龄，也经历了一次巨大的技能转型，想起这句"技术依然很重要，因为除了使用身体，我更学会了如何运用精神力量"，非常有共鸣（仰视乔丹）。

国内的工程师们常常有一种误区，以为技术做到一定时候，一定要转型做管理才算是成功。我却不认同，如果喜欢做技术，能够保持着那股热情和热爱，那为何不一直坚持下去？运动员的竞技水平很大程度上是要依赖身体状况的，年纪越大，技术能力受身体的限制会越大，而精神力量能够起到的作用也会越来越低，35 岁的乔丹可以豪言壮语再拿一个三连冠，50 岁的乔丹想都不要想了。而工程师不是运动员，当然做那种高度重复、技术含量低的技术岗另当别论。我相信很多的技术岗位，随着时间和精力的丰富，可以越做越轻松、越做越出彩，即便是面对全新的领域和应用，还是会越做越游刃有余。如果一个工程师能在他所从事的领域深深扎根，有一万个小时的有效磨练（丹尼尔·科伊尔的"一万小时定律"），那么 35～50 岁绝对是体力和经验效能最高的阶段；如果这个阶段再加上乔丹的"精神力量"，那绝对到哪都是宝。

吴军博士在他的多本著作中仿照朗道的方法将工程师分为了 5 个等级，分类的原则大致如下。

> 第五级：能独立解决问题，完成工程工作。

> 第四级：能指导和带领其他人一同完成更有影响力的工作。

> 第三级：能独立设计和实现产品并且在市场上获得成功。

> 第二级：能设计和实现别人不能做出的产品，也就是说它的作用很难取代。

> 第一级：开创一个产业。

读者可以自己对号入座，但是别"自恃过高"。在我看来，很多初级工程师自认为可以算到第五级，但是其中提到的"完成工程工作"对于不同的人也还是有很大差异的。如果不用心做，哪怕很简单的活也未必做得好。

每一级工程师的差异，不是和薪水一样只差三两成的百分比，按照吴军博士的说法，他们的产出可能是 10 倍的差异。在职场上摸爬滚打数十年，我完全赞同这个观点。工程师在为奖金或涨薪愤愤不平时，还是先好好反思一下自身修养和技术能力，把更多的注意力放在如何提升自己这件事上，相信"是金子在哪都会发光"的。

记住，精神力量一定是在技术能力的基础之上才有效力的。年轻时苦练技艺，40来岁时的精神力量才会是一个加分项。

今天的我渐渐想明白了自己年轻时的梦想，就是做最好的自己，用最大的热情和热爱做我在做的事情，可以是很复杂的、技术含量很高的，也可以是很简单的、信手拈来的。事情本身如何都没有关系，重点是我在做的产品是有意义的，是可以有机会让我不断打磨推敲，用尽可能简单的方式，以极简的硬件或软件消耗，尽可能做出最好的性能。换句话说，就是能够尽可能把产品打磨到极致。有时可能会冥思苦想，涂涂画画，推敲公式；有时会不断调优，反复测试……无论如何，我会享受这样痛并快乐着的过程，也会享受最终哪怕只是一点点的性能提升。总而言之，做更好的产品、伟大的产品，这应该是工程师毕生的追求。

最后，推荐一些书单给工程师们，空闲之余也多读点书，学习和工作之间穿插放松调节一下也很有必要。

"鸡汤"读物：推荐吴军博士的《格局》和《态度》这两本书。吴军博士以自己过来人的经历现身说法,很接地气。书中的每一个论点见解,对于工程师的日常学习、工作和生活都是可实践的。还有时任 Intel CEO 帕特·基辛格的《平衡的智慧》也是一本不错的书。如果能践行这几本书,对提升工程师的自身修养大有裨益。

科普读物:推荐《算法之美》《数学之美》《数学通识讲义》《万物皆数》,书中的很多通俗易懂的数学和算法知识,都深藏着大智慧;科技史类,推荐《硅谷百年史》《信息简史》《浪潮之巅》,都算是大部头的科技史,那些大公司的发展潮起潮落、跌宕起伏很是精彩。

参考文献

［1］夏宇闻. Verilog 数字系统设计教程［M］. 北京：北京航空航天大学出版社，2003.

［2］SamirPalnitkar. Verilog HDL 数字设计与综合［M］. 夏宇闻，胡燕详，刁岚松，等，译. 2 版. 北京：电子工业出版社，2004.

［3］Clive "Max" Maxfield. FPGA 设计指南：器件、工具和流程［M］. 杜生海，邢闻，译. 北京：人民邮电出版社，2007.

［4］吴继华，王诚. 设计与验证 Verilog HDL［M］. 北京：人民邮电出版社，2006.

［5］Janick Bergeron. 编写测试平台［M］. 张春，陈新凯，李晓雯，等，译. 北京：电子工业出版社，2006.

［6］吴厚航. Xilinx Artix - 7 FPGA 快速入门、技巧与实例［M］. 北京：清华大学出版社，2019.

［7］RC Cofer，Ben Harding. Rapid System Prototyping with FPGAs［M］. UK：Butterworth-Heinemann，2005.

［8］ds181_Artix_7_Data_Sheet.［2016-9］. http://www. xilinx. com.

［9］ug472_7Series_Clocking.［2016-9］. http://www. xilinx. com.

［10］ug888-vivado-design-flows-overview-tutorial［2016-6］. http://www. xilinx. com.

［11］ug910-vivado-getting-started.［2016-6］. http://www. xilinx. com.

［12］ug949-vivado-design-methodology.［2016-2］. http://www. xilinx. com.

［13］ug586_7Series_MIS.［2016-6］. http://www. xilinx. com.

［14］pg150-ultrascale-memory-ip.［2016-6］. http://www. xilinx. com.